U0872854

数理逻辑与集合论

房元霞　赵汝木　盛秀艳　编著

科 学 出 版 社
北　京

内 容 简 介

本书的内容为数理逻辑和集合论，共8章.第1～5章是数理逻辑部分：第1～3章是数理逻辑，包括命题逻辑、谓词逻辑及其公理化理论；第4章是简单模态逻辑，第5章是利用基础知识分析基础教育阶段数学教学中遇到的问题.在每一节中将本节内容所渗透的重要的思想方法提炼出来放在后面，以期利于读者对内容的深入理解和对数学思想方法的进一步思考.第6～8章是集合论部分，包括集合、关系、函数、实数集与基数等基础知识.

本书主要适合中小学数学教师或师范院校数学专业学生阅读，也可作为大学离散数学的教科书，还可供从事计算机科学、人工智能等方面的科技人员参考.

图书在版编目(CIP)数据

数理逻辑与集合论/房元霞，赵汝木，盛秀艳编著.—北京：科学出版社，2016.1

ISBN 978-7-03-046908-3

Ⅰ.①数… Ⅱ.①房… ②赵… ③盛… Ⅲ.①数理逻辑 ②集论 Ⅳ.①O141 ②O144

中国版本图书馆CIP数据核字(2015)第310662号

责任编辑：王 静/ 责任校对：张凤琴

责任印制：赵 博/ 封面设计：陈 敬

科学出版社 出版

北京东黄城根北街16号

邮政编码：100717

http://www.sciencep.com

固安县铭成印刷有限公司印刷

科学出版社发行 各地新华书店经销

*

2015年12月第 一 版 开本：720×1000 1/16

2025年 1 月第十一次印刷 印张：15 1/4

字数：307 000

定价：59.00元

(如有印装质量问题，我社负责调换)

前　言

集合论是德国数学家康托尔(G. Cantor)于 19 世纪末创立的，它在数学中占有独特的地位. 由于集合语言简洁，概括性强，它的基本概念已经成为全部数学的基础. 虽然中小学数学课程并不直接涉及集合论理论，但由于集合语言已成为近现代数学的基础语言之一，所以中小学数学课程自然要涉及集合的语言及其研究问题的思想方法. 小学数学课程中的加法，要根据两个集合的基数求其并集的基数；高中数学课程《数学(必修 1)》第一章就介绍了集合的一些基础知识，学习集合语言是为用集合语言描述函数概念、表示数学对象做准备.

逻辑是数学语言的语法，在数学中逻辑用语的作用是至关重要的，数学内容的表达离不开逻辑用语. 现代数学的发展表明：逻辑方法在数学中的普遍应用使得数学更加依赖逻辑；同时，数学方法在逻辑中普遍应用直接促成了逻辑的发展. 要进行正确表达和思维就需要逻辑，数学离不开逻辑，数学课程与数学教学也离不开逻辑，所以《普通高中数学课程标准(实验)》中规定了常用逻辑用语，并且在各种版本的高中数学课程《数学(选修 1-1)》与《数学(选修 2-1)》中得到了体现.

从近年来一些中学数学杂志上刊载的有关简易逻辑与集合语言方面的文章来看，部分中学数学老师可能没有学习过相应的课程，还不能达到准确、熟练地驾驭，教学中会遇到一些不知可否、似是而非、难以决断的问题. 我们认为有补充数学语言方面的基础知识的必要. 借承担山东省教育科学规划课题“中小学数学课程语言基础研究”的机会，结合十余年《离散数学》课程教学的经验，将作者对数理逻辑语言及集合语言的思考进行较系统的整理，并对数学基础语言中所渗透的数学思想方法加以提炼，最终形成书稿.

在本课题的研究过程中，得到了聊城大学教师教育研究院院长陈黎明教授、聊城大学数学科学学院院长赵建立教授的大力支持. 作者的研究生井玉潇、张旭和赵冉冉帮助校订了书稿. 本书的出版得到聊城大学课程与教学论学科专项基金、山东省研究生教育创新计划项目(项目编号：SDYY10072)的资助，在此一并表示衷心的感谢. 本书写作过程中参考了大量的文献和资料，在此特向相关作者表示诚挚的谢意.

本书共 8 章. 第 1～5 章是数理逻辑部分：第 1～3 章是数理逻辑，第 4 章是简单模态逻辑，第 5 章是利用基础知识分析基础教育阶段数学教学中遇到的问题. 在每一节中，将内容所应用的重要的思想方法整理在后面，以利于读者对内容的深入理解和对数学思想方法的进一步思考.第 6～8 章是集合论部分,包括集合、关系、函数、实数集与基数等基础知识.

本书适合中小学数学教师或师范院校数学专业学生阅读,也可作为高等院校离散数学专业学生的教材,还可供从事计算机科学、人工智能等方面的科技人员参考.

由于作者学识、水平有限,书中不当之处在所难免,敬请读者批评指正.

房元霞

2014 年 12 月于聊城大学

目 录

前言

数理逻辑部分

数理逻辑简介 …… 3

1 命题逻辑及其思想方法 …… 8

1.1 命题与联结词 …… 8

1.2 命题公式及其赋值 …… 20

1.3 等值式 …… 28

1.4 析取范式与合取范式 …… 36

1.5 联结词的完备集 …… 51

1.6 推理的形式结构 …… 54

1.7 自然推理系统 P …… 60

1.8 反证法的逻辑基础 …… 66

习题 1 …… 69

2 谓词逻辑及其思想方法 …… 74

2.1 谓词逻辑命题符号化 …… 77

2.2 谓词公式及解释 …… 82

2.3 谓词逻辑等值演算 …… 86

2.4 谓词逻辑前束范式 …… 93

2.5 谓词逻辑的推理理论 …… 95

习题 2 …… 100

3 命题逻辑与谓词逻辑的公理化理论及其思想方法 …… 104

3.1 公理化理论的基本思想 …… 104

3.2 命题逻辑的公理系统 …… 108

3.3 谓词逻辑公理系统 …… 112

习题 3 …… 115

4 模态逻辑的基础知识及其思想方法 …… 116

4.1 模态逻辑概述 …… 117

4.2 模态命题逻辑 …… 119

4.3 模态谓词逻辑 …… 126

习题 4 …… 129

5 现代数学课程中的数理逻辑问题分析 ······ 131
5.1 开关电路与布尔代数 ······ 131
5.2 布尔函数 ······ 137
5.3 布尔函数的逻辑电路 ······ 145
5.4 高中数学简易逻辑中几个概念的辨析及教学建议 ······ 150
5.5 描述法表示集合 ······ 155
5.6 命题否定中文献中常见错误及析解 ······ 159
习题 5 ······ 162
参考文献 ······ 163

集合论部分

集合论简介 ······ 167
6 集合的基础知识及其思想方法 ······ 171
6.1 集合的基本概念 ······ 171
6.2 集合的运算及其思想方法 ······ 175
6.3 有穷集的计数问题及其思想方法 ······ 180
习题 6 ······ 184
7 关系及其思想方法 ······ 187
7.1 有序对与笛卡儿积 ······ 187
7.2 关系及其表示 ······ 191
7.3 关系的运算 ······ 194
7.4 关系的性质 ······ 201
7.5 关系的闭包 ······ 205
7.6 等价关系与划分 ······ 209
7.7 偏序关系 ······ 212
习题 7 ······ 215
8 函数及其数学思想方法 ······ 219
8.1 函数的概念与性质 ······ 219
8.2 函数的复合与反函数 ······ 223
8.3 集合的等势与优势 ······ 226
8.4 基数的概念 ······ 230
习题 8 ······ 234
参考文献 ······ 237

数理逻辑部分

数理逻辑简介

1. 逻辑与数理逻辑

“逻辑”一词是英文logic的音译，源于古希腊语中的logos一词，其意为思想、理性、言辞、规律性、推理等，古希腊学者用这个词来命名推理论证的学问. 逻辑学是研究思维形式结构及其规律和逻辑方法的科学. 直观地说，逻辑是研究推理方法的学科，逻辑提供确定论据是否成立的规则与方法，最早由古希腊学者亚里士多德(公元前384～前322)[①]创建. 由于研究的对象和方法各有侧重，所以分为形式逻辑、辩证逻辑和数理逻辑.

逻辑特别关注推理的正确性，重点研究命题之间的关系，而不是一个具体命题的内容. 例如，凡绿色植物都含有叶绿素，菠菜是绿色植物，所以菠菜含有叶绿素.

这里，逻辑并不能说明这些命题本身是否为真，但是，如果前两个命题为真，逻辑就可以保证结论命题“菠菜含有叶绿素”也为真.

数理逻辑又称符号逻辑、理论逻辑. 它是数学的一个分支，是用数学方法研究逻辑或形式逻辑的学科. 其研究对象是把证明和计算这两个直观概念进行符号化以后的形式系统，它是从量的侧面来研究思维规律的. 希尔伯特[②](D. Hilbert, 1862～1943)说：“它是把数学上形式化的方法应用到逻辑领域的结果.”数理逻辑是数学基础、数学语言不可缺少的组成部分. 虽然名称中有逻辑两字，但并不属于单纯逻辑学范畴.

---

① 亚里士多德：世界古代史上伟大的百科全书式的科学家. 他的写作涉及逻辑学、修辞学、物理学、生物学、教育学、心理学、政治学、经济学、美学、博物学等，他的思想对人类产生了深远的影响. 他创立了形式逻辑学，丰富和发展了哲学的各个分支学科，对科学等做出了巨大的贡献.

② 希尔伯特：对20世纪数学有深刻影响的数学家之一. 他领导了著名的哥廷根学派，使哥廷根大学成为当时世界数学研究的重要中心，并培养了一批对现代数学发展做出重大贡献的杰出数学家. 希尔伯特的数学工作可以划分为几个不同的时期，每个时期他几乎都集中精力研究一类问题. 按时间顺序，他的主要研究内容有不变量理论、代数数域理论、几何基础、积分方程、物理学、一般数学基础，其间穿插的研究课题有狄利克雷原理和变分法、华林问题、特征值问题、希尔伯特空间等. 在这些领域中，他都做出了重大的或开创性的贡献. 希尔伯特认为，科学在每个时代都有它自己的问题，而这些问题的解决对于科学发展具有深远意义. 在1900年巴黎国际数学家大会上，希尔伯特发表了题为“数学问题”的著名讲演. 他根据过去特别是19世纪数学研究的成果和发展趋势，提出了23个最重要的数学问题. 这23个问题统称希尔伯特问题，后来成为许多数学家力图攻克的难关，对现代数学的研究和发展产生了深刻的影响，并起到了积极的推动作用. 希尔伯特问题中有些现已得到圆满解决，有些至今仍未解决.

2. 数理逻辑的产生与发展

用数学的方法研究逻辑系统的思想一般可以追溯到德国数学家莱布尼茨[①](G. W. Leibniz，1646～1716). 他认为经典的传统逻辑必须改造和发展，使其更为精确和便于演算. 他提出了一种设想："如果能够创造一套表达概念的符号语言，并且把人类的推理过程用某种公式表示出来，那么就能发明一种思维演算，把逻辑推理过程转化为计算过程. 这样，解决人与人之间争论的困难就可以像做一道数学题那样给以解决."他在研究数学证明时，第一次尝试把字母演算的思想推广到逻辑中去，成为数理逻辑的创始人. 由于当时的社会条件所限，他的想法并没有实现. 但是他的思想却是现代数理逻辑部分内容的萌芽.

1848 年英国数学家布尔[②](G. Boole，1815～1864)出版了《逻辑的数学分析》一书，创造了一套表示逻辑推理中的基本概念，如"并且"、"非"、"或者"等符号，并建立了这些符号的运算规则，得到了有名的"布尔代数". 命题演算的一个具体模型就是逻辑代数. 逻辑代数也称为开关代数，它的基本运算是逻辑加、逻辑乘和逻辑非，也就是命题演算中的"或"、"与"、"非"，运算对象只有两个数，即 1 和 0，相当于命题演算中的"真"和"假". 逻辑代数的运算特点如同电路分析中的开和关、高电位和低电位、导电和截止等现象一样，都只有两种不同的状态，因此，它在电路分析中得到广泛的应用.

利用电子元件可以组成相当于逻辑加、逻辑乘和逻辑非的门电路，也就是逻辑元件，还能把简单的逻辑元件组成各种逻辑网络. 这样，任何复杂的逻辑关系都可以由逻辑元件经过适当的组合来实现，从而使电子元件具有逻辑判断的功能，因此，在自动控制方面有重要的应用.

布尔利用代数的方法研究逻辑问题，初步奠定了数理逻辑的基础. 1897 年，德国的数学家弗雷格[③](G. Frege，1848～1925)在《表意符号》中引进了谓词符号和量词符号，建立了比较严格的相当于谓词演算的逻辑演算系统. 在谓词演算里，把命题的内部结构分析成具有主词和谓词的逻辑形式，由命题变项、逻辑联结词和量词构成命题，然后研究这些命题之间的逻辑推理关系.

---

① 莱布尼茨：德国最重要的自然科学家、数学家、物理学家、历史学家和哲学家，与牛顿同为微积分的创建人. 莱布尼茨在数学方面的成就是巨大的，他的研究及成果渗透到高等数学的许多领域. 1673 年莱布尼茨制造了一个能进行加、减、乘、除及开方运算的计算机，系统提出了二进制的运算法则，为计算机的现代发展奠定了坚实的基础. 在形式逻辑方面，他区分和研究了理性的真理(必然性命题)、事实的真理(偶然性命题)，并在逻辑学中引入了"充足理由律"，后来被人们认为是一条基本思维定律. 他设想把数学方法应用于逻辑，把逻辑推理变成纯符号的演算.

② 乔治·布尔：英国数学家，1848 年布尔出版了 *The Mathematical Analysis of Logic*，1854 年出版了 *The Law of Thought*. 这是布尔最著名的著作，书中介绍了以他的名字命名的布尔代数.

③ 弗雷格：德国数学家、逻辑学家和哲学家，是数理逻辑和分析哲学的奠基人.

命题变项就是指除了含有常项以外还含有变项的逻辑公式. 常项是指一些确定的对象或者确定的属性和关系;变项是指一定范围内的任何一个,这个范围称为变项的论域. 命题变项和命题演算不同,它无所谓真和假. 如果以一定的对象概念代替变项,那么命题变项就成为真的或假的命题了. 如果命题变项加上全称量词或者存在量词,那么它就成为全称命题或者特称命题了.

数理逻辑建立以后,非欧几何的诞生,促使人们去研究非欧几何和欧氏几何的无矛盾性,进而推动了数理逻辑的迅速发展. 1903 年英国哲学家、逻辑学家罗素①(B. Russell, 1872～1970)提出了几乎动摇了整个数学基础的"罗素悖论",正是逻辑矛盾悖论的提出,促使数学界研究集合论的无矛盾性问题,进而产生了数理逻辑的重要分支——公理集合论.

非欧几何的产生和罗素悖论的提出,促使数学家们为了研究数学系统的无矛盾性,需要以数学理论的概念、命题、证明等作为研究对象,研究数学系统的逻辑结构和证明的规律性,这样又产生了数理逻辑的另一分支——证明论.

1910～1913 年,罗素与怀特海②(A. N. Whitehead, 1861～1947)出版了长篇巨著《数学原理》,给出了命题演算与谓词演算的完整的系统,但是它们的完备性仍然没有获得. 1918 年瑞士数学家贝尔奈斯③(P. Bernays, 1888～1977)在他的"执教资格"论文中表述并证明了命题演算的完备性. 1928 年德国数学家希尔伯特与阿克曼④(W. Ackerman, 1896～1962)出版《数理逻辑基础》,将谓词演算的完备性作为悬而未决的问题表述出来. 1929 年奥地利数学家哥德尔⑤(K. Godel, 1906～1978)在他的博士论文中证明了谓词演算的完备性. 至此,逻辑演算的体系最终完成,莱布尼茨关于数理逻辑的思想得以实现.

3. 数理逻辑的内容

数理逻辑代表一种新的倾向,要求系统地使用符号和公式语言,并将逻辑思维

---

① 罗素:英国哲学家、数学家、逻辑学家、历史学家,无神论和不可知论者,也是 20 世纪西方最著名、影响最大的学者和和平主义社会活动家,诺贝尔文学奖获得者. 罗素也被认为是与弗雷格、维特根斯坦和怀特海一同创建了分析哲学,他与怀特海合著的《数学原理》,对逻辑学、数学、集合论、语言学和分析哲学有着巨大影响.

② 怀特海:英裔美籍数学家、哲学家,因其数理逻辑、科学哲学和形而上学方面的成就而闻名于世,也是 20 世纪最伟大的哲学家之一.

③ 贝尔奈斯:在 1917～1934 年是希尔伯特研究逻辑和数学基础的助手和合作者,我国的莫绍揆(音 kuí)1947 年曾师从贝尔奈斯,研究数理逻辑和数学基础.

④ 阿克曼:德国数学家,最著名的成果是计算理论的重要例子——阿克曼函数,1928 年他与希尔伯特合著《数理逻辑基础》.

⑤ 哥德尔:数学家、逻辑学家和哲学家,其最杰出的贡献是哥德尔不完全性定理和连续统假设的相对协调性证明.

转换为计算过程. 20 世纪 30 年代前期,数理逻辑的发展与数学的发展紧密相连,互相促进,沿着这条路径产生了数理逻辑的四大分支:集合论、递归论、证明论和模型论. 最严格意义下的数理逻辑指纯逻辑演算. 广义的数理逻辑还包括已成为数学分支的集合论、证明论、模型论和递归论. 最广义的数理逻辑把各种非经典逻辑也包括在自己的范围之内.

20 世纪 40 年代,数理逻辑又与电子计算机的发明和发展产生了千丝万缕的联系,并成为计算机的重要基础理论之一. 可以预料,随着人类对自身思维的研究和模拟人的思维的不断深入,数理逻辑作为一种形式化的重要工具,必将发挥越来越大的作用,与此同时,数理逻辑自身也将得到进一步发展.

数理逻辑的研究内容概括地说是两个演算加上四论,两个演算为命题演算和谓词演算;四论为递归论、证明论、模型论、公理集合论. 其中命题演算和谓词演算是四论的共同基础. 本书将重点介绍命题逻辑(着眼于命题之间关系的分析)、谓词逻辑(着眼于命题内各构成要素间关系的分析)的思想与方法. 下面对其中的四论进行简单的说明,以便对数理逻辑有一个总的了解.

(1) 递归论(可计算性理论):是研究解决问题的可行的计算方法和计算的复杂程度的一门学科,主要研究递归函数及其推广.

(2) 证明论:这是关于数学证明的理论,试图用元数学去研究一个数学形式系统的逻辑性质,论证某个数学形式系统的无矛盾性.

(3) 模型论:这是语义的理论,主要对各种数学理论系统建立模型,并研究各种模型间的关系及模型和数学系统之间的关系.

(4) 公理集合论:是用公理化方法重建(朴素)集合论的研究,也是集合论的元数学和集合论的新的公理的研究,是关于集合概念外延的逻辑理论.

上述内容中,逻辑演算和递归论与计算机科学与技术有着紧密的关系,是计算机科学技术的重要基础,也是本书中详细讨论的内容.

数理逻辑的主要特征之一是形式化,就是将数理逻辑的研究对象"数学推理"形式化. 推理都有前提、结论和推理规则,这些前提和结论都是命题,因而一个推理系统应包括命题、公理和推理规则,而形式化就是将推理系统符号化,形成一个形式系统.

4. 数理逻辑在中国

1920 年,英国数学家罗素应邀来华讲学一年,这时数理逻辑开始传入中国. 1922 年,傅种孙等将罗素的《罗素算理哲学》翻译出版. 其后,汤璪(音 zǎo)真、朱言钧等对数理逻辑和数学基础作过介绍. 1926 年金岳霖在清华大学开设逻辑学课. 1927 年汪奠基的《逻辑和数学逻辑论》出版. 1937 年金岳霖的《逻辑》出版,其中有专门章节论及数理逻辑;同年,汪奠基的又一著作《现代逻辑》出版. 20 世纪 30 年代后期及40年代初，沈有鼎、王宪钧、胡世华先后从国外学成回国，数理逻辑开始在中国发展.

本部分只涉及数理逻辑中最基本的、非形式的命题演算与谓词演算.考虑到读者初学的困难和应用的需要，在材料的选择与处理上做了这样的安排：在命题演算部分尽可能“直观”，使得许多抽象的概念易于学习；在命题演算的推理演绎部分和谓词演算部分则多少带有“公理化”、“形式化”的味道，即从最必需的公理（有效式）和推理规则出发进行演绎推理，通过“赋值”、“解释”等概念将有关内容与日常生活联系起来.

数学中的判断就是命题，逻辑是数学的语言，学习逻辑推理可以判定命题的正确性，因而在数学中可以帮助我们正确认识知识的成立；学习逻辑推理也是获得、推出新知识的重要方法，因而是全面掌握数学知识所必需的；学习逻辑推理可以获得整理科学知识的重要方法和论证思想的工具，也是概括的重要形式；学习逻辑推理可以培养抽象思维和严格的逻辑思维能力.

1　命题逻辑及其思想方法

命题逻辑也称命题演算，是数理逻辑中最基本的部分. 命题逻辑是研究命题如何通过一些逻辑联结词构成复合命题和逻辑推理的方法. 如果把命题看成运算的对象，如同代数中的数字、字母、代数式或函数一样，而把逻辑联结词看成运算符号，就像代数中的“加、减、乘、除”一样，那么由简单命题组成复合命题的过程就可以当成逻辑运算的过程，即命题的演算. 逻辑运算同代数运算一样具有一定的性质，满足一定的运算规律.

1.1　命题与联结词

1.1.1　命题及其表示

数理逻辑是研究推理的数学分支，而推理必须包含前提（条件）和结论，且前提和结论又都是由陈述句组成的，因而陈述句就成了推理的基本要素. 但并不是所有的陈述句都是推理的要素，数理逻辑中所要求的是能判断真假而不是可真可假的陈述句，称这样的陈述句为命题. 在命题逻辑中，命题是最基本也是最小的研究单位（元素），对命题的句子成分不再细分.

命题这个词来源于形式逻辑，而且在形式逻辑中应用很普遍. 因此，我们在这里要特别介绍一下命题在形式逻辑这个范畴内的含义. 一个命题总有一个“值”，称为真值. 真值只有“真”和“假”两种，凡与客观情况符合的命题称为真命题，真命题表达的判断正确；凡与客观情况不符合的命题称为假命题，假命题表达的判断错误. 任何命题的真值都是唯一的，一般地，只有能确定真值的陈述句才是命题. 也就是说，并不是所有的语句都能判别真假，不能判别真假的语句不是命题.

于是，判断给定的句子是否为命题，应先看其是否为陈述句，再判断它是否有唯一的真值.

例如，下面的语句为命题：

(1) 北京是中国的首都.

(2) 莱布尼茨是德国数学家.

(3) 乌鸦是白色的.

(4) π 是有理数.

例如，下面语句均不为命题：

(1) 这种解法对不对？

(2) 请把门关上!

(3) 这朵花真美啊!

(4) 祝你新年快乐!

例如,下面语句均为命题:

(1) 100 年后人类将登上火星.

(2) 地球外存在类似人类的智慧生物.

(3) 教学楼东边的那棵法桐树上有一万片叶子.

(4) 2020 年的元旦是晴天.

由于现在认知的限制,我们还不能确定前两个语句的真值,但它们的真值是客观存在的而且是唯一的.

"教学楼东边的那棵法桐树上有一万片叶子."这句话虽然不能马上分辨其真假,但是只要足够认真、努力地去数一数,还是可以知道的.

虽然现在还不知道 2020 年的元旦是否为晴天,但到了那天,答案就揭晓了,因此它的真值客观存在,而且是唯一的,故为命题.

所以,一个陈述句能否分辨真假与是否知道它的真假是两回事.

例 1.1.1 判断下列语句是否为命题.

(1)《西游记》的作者是吴承恩.

(2) 4 是素数.

(3) $1+1=2$(十进制数).

(4) 三角形的内角和是 $180°$.

(5) 请勿吸烟!

(6) π 大于 3 吗?

(7) 今天的阳光多么明媚!

(8) $x+y\geqslant 3(x,y\in\mathbf{R})$.

(9) 我正在说谎.

解 本题中(1) 是真命题,(2) 是假命题,(3) 是真命题.(4) 是命题,在欧氏几何中为真,在非欧几何中为假,故需根据上下文才能确定真值.一般而言,我们学习的都是欧氏几何,所以命题(4) 为真命题.(5) 是祈使句,(6) 是疑问句,(7) 是感叹句,这三个句子在语法上都不是陈述句,因而都不是命题.(8) 不是命题,根据 x,y 的不同取值情况,它可真可假,即无唯一的真值(在 1.2 节和谓词逻辑部分都将介绍与此相关的知识).(9) 是悖论.事实上,若(9) 为真,则(9) 的真值应为假;反之,若(9) 的真值为假,也就是"我正在说真话"为真,则(9)的真值应为真.于是(9) 的真值无法确定,显然不是命题.像(9) 这样由真推出假,又由假推出真的陈述句称为悖论,凡是悖论都不是命题.

对命题以及其真值的首次抽象,就是将命题和真值符号化,这里用小写英文字

母 $p,q,r,\cdots,p_i,q_i,r_i,\cdots(i=1,2,3,\cdots)$表示命题，自然用“1”表示真，用“0”表示假，于是命题的真值取值为 1 或 0. 在例 1.1.1 中，用 p,q,r,s 分别表示(1)，(2)，(3)，(4)中的命题，称为这些命题的符号化，表示方法如下所示.

p:《西游记》的作者是吴承恩.

q:4 是素数.

r:$1+1=2$.

s:三角形的内角和是 $180°$.

于是，p,q,r,s 就成了它所表示命题的代表，其中 p 的真值为 1，q 的真值为 0，r 的真值为 1，s 的真值为 1.

命题的真值还会因条件与环境而异，即命题的真假可能与该命题的范围、时间和空间有关. 如下面的语句：

(1) 人类即将进入 21 世纪.

(2) 现在是六点钟.

(3) $1+101=110$.

注意：(1) 在 2000 年前为真；2000 年后是假. (2) 如果对于北京时间是真，则对于美国纽约时间便是假. (3) 如果所说是二进制，则是一个真命题；如果所说是十进制，则是一个假命题. 尽管如此，它们的范围、时间、空间都是特定的，所以它们的真值也是客观存在而且是唯一的. 因此它们也是命题.

例 1.1.1 中，p,q,r,s 所表示的命题都是简单陈述句，在语言学中，它们都是简单句，都不能被分解成更简单的陈述句，数理逻辑中称这样基本的、原始的、不能再分解出更小命题的命题为简单命题或原子命题. 但在各种论述和推理中，所出现的命题多数不是简单陈述句，而是由简单命题通过联结词联结而成的陈述句，称这样的命题为复合命题. 复合命题不是最基本的，它们可以分解成更小的命题，或者说它们由更小的命题组合而成. 在语言学中，它们都是复句，构成复合命题的命题称为复合命题的支命题.

一般地，将“$\sqrt{2}$是有理数是不对的”视为复合命题，将“‘$\sqrt{2}$是有理数’是不对的”视为简单命题.

例 1.1.2 将下面这段陈述中所出现的原子命题符号化，并指出它们的真值，然后写出这段陈述.

$\sqrt{2}$是有理数是不对的；2 是偶素数；3 或 4 是素数；如果 3 是素数，则 4 也是素数；3 是素数当且仅当 4 是素数.

解 这段陈述中出现了 4 个原子命题，可将它们分别符号化为

p:$\sqrt{2}$是有理数；q:2 是偶数；r:2 是素数；s:3 是素数；t:4 是素数.

p,t 的真值为 0，p,r,s 的真值为 1. 将原子命题的符号代入这段陈述：

“非 p;q 并且 r;s 或 t;如果 s,则 t;s 当且仅当 t.”

这种符号化的形式不会令人满意. 数理逻辑研究方法的主要特征是将论述或推理中的各种要素都符号化,即构造各种符号语言来代替自然语言,使其成为完全由符号所构成的语言,为了达到这个目的,就要求进一步抽象化,即将联结词也符号化.

值得注意的是,在自然汉语言中,人们常使用“非”、“并且”、“或”、“如果……,则……”、“当且仅当”等联结词,对它们的使用一般没有很严格的定义,因而有时显得很不确切. 逻辑语言必须给出联结词的严格定义并符号化,使其含义清晰准确,避免自然语言中常见的歧义. 所以,命题联结词产生于自然语言中的有关联结词,但又不同于自然语言中的联结词,更不同于自然语言中的相关词汇.

1.1.2　联结词及其表示

在实际生活中,命题与命题间是通过联结词联结起来的. 我们知道,若干个命题语句通过某些联结词可以构成一个复合语句. 本节介绍常用的五种逻辑联结词:否定联结词“非”、合取联结词“并且”、析取联结词“或”、蕴涵联结词“如果……,则……”、等价联结词“当且仅当”,类似于实数的四则运算,这五个联结词也称为命题的五种运算,我们称其为命题联结词或命题运算符.

这些联结词是自然语言中常用的联结词,但在自然语言中有的具有二义性,因而在数理逻辑中必须给出联结词的严格定义,并将它们符号化.

任何一个复合命题,不管其构成多么复杂,一般都可以分析出构成它的原子命题,将这些原子命题以及联结它们的联结词用恰当的字母、逻辑联结词符号和括号表示出来,这个过程就称为命题符号化.

1. 否定联结词“¬”

定义 1.1.1　设 p 为命题,复合命题“非 p”(p 的否定)称为 p 的否定式,记为“$\neg p$”,符号“¬”称为否定联结词,并规定 $\neg p$ 为真当且仅当 p 为假.

$\neg p$ 的逻辑关系为 p 不成立,因而当 p 为真时,$\neg p$ 为假;反之,当 p 为假时,$\neg p$ 为真. 否定联结词“¬”是一元联结词. $\neg p$ 的真值表如表 1.1.1 所示.

表 1.1.1

p	$\neg p$
0	1
1	0

问题:“¬”否定的是命题的全部还是部分或说是全部否定还是部分否定?

例 1.1.3　p:2 是有理数;$\neg p$:2 不是有理数.

例 1.1.4 p:2014 级 2 班的全体同学都在教室里上课;$\neg p$:2014 级 2 班的全体同学不都在教室里上课,而不是 2014 级 2 班的全体同学都不在教室里上课(可待学过 2.3 节全称量词的否定后,再返回来讨论这个问题).

日常语言中,诸如"并非"、"永不"、"绝不"等联结词,都用否定联结词"¬"来表示.最主要的是根据命题的含义,选用搭配的联结词,不拘泥于原句的形式.

例 1.1.5 p:上海是一个大城市;$\neg p$:上海不是一个大城市(或上海是一个不大的城市).

在语句中一个命题 p 的否定 $\neg p$ 也是一个命题,它的含义与原命题 p 相反.在逻辑电路中某电位 p 可通过反相器而得另一电位,这个电位与原电位相反即为 $\neg p$.在开关中,开关的一个状态为断开时,则另一个状态为闭合;反之亦然.因此,若一个状态是 p 时,则另一个状态为 $\neg p$.条件语句

If p then A else B

表示若为 p 时转向 A;若为 $\neg p$ 时转向 B.它可以用图 1.1.1 表示.

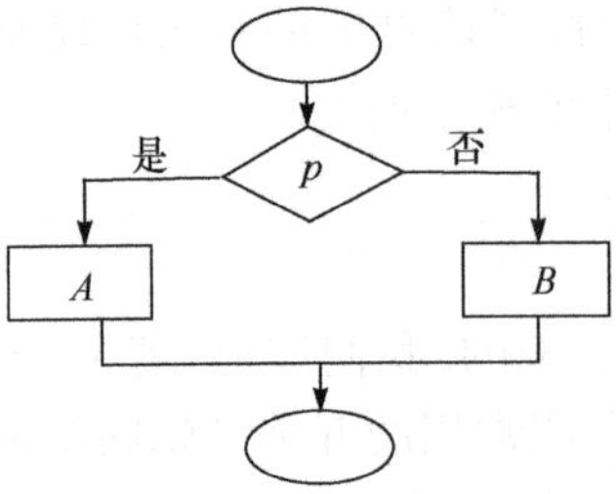

图 1.1.1

2. 合取联结词"∧"

定义 1.1.2 设 p,q 为两命题,复合命题"p 并且 q"(或"p 与 q")称为 p 与 q 的合取式,记作"$p\wedge q$","∧"称为合取联结词,并规定 $p\wedge q$ 为真当且仅当 p 与 q 同时为真.

$p\wedge q$ 的逻辑关系表示 p 与 q 同时成立,因而只有 p 与 q 同时为真,$p\wedge q$ 才为真,其他情况 $p\wedge q$ 均为假.

$p\wedge q$ 的真值表如表 1.1.2 所示.

表 1.1.2

p q	$p\wedge q$
0 0	0
0 1	0
1 0	0
1 1	1

合取这个联结词在词语中表示"并且"的含义;在逻辑电路中表示"与门";在开关电路中表示"串联"连接方式.

例 1.1.6 p:明天下雨;q:明天刮风.$p\wedge q$:明天下雨并且刮风(或明天既下雨又刮风).

使用联结词"∧"时需要注意,在汉语中不要见到"与"、"和"就使用合取联结

词，得看“与”、“和”在语境中是否是合取联结词的含义；再者，“$\wedge$”的含义非常灵活，自然语言中“既……，又……”、“不但……，而且……”、“虽然……，但是……”等联结词都可以符号化为“$\wedge$”，即凡是与“并且”有相同含义，联结词与命题间满足表1.1.2所示的关系，均是合取联结词.

例 1.1.7 将下列命题符号化.

(1) 小强既用功又聪明.

(2) 小强不但用功而且聪明.

(3) 小强虽然用功但不聪明.

(4) 小刚和小强都是三好学生.

(5) 小红和小丽是同学.

(6) 小丽一边看书一边听音乐.

解 首先将原子命题符号化.

p:小强用功；q:小强聪明；r:小强是三好学生；s:小刚是三好学生；t:小红和小丽是同学；u:小丽看书；v:小丽听音乐.

(1)～(4)和(6)都是复合命题，它们使用的联结词表面上看来各不相同，但都是合取联结词，分别符号化为 $p\wedge q, p\wedge q, p\wedge\neg q, r\wedge s, u\wedge v$. 在(5)中，虽然也使用了“与”，但这个连词“与”是联结该句主语的，不是联结两个句子，而整个句子仍是简单陈述句，所以(5)是原子命题，符号化为 t.

如果联结词联结的两个句子(命题)，不管两个句子(命题)有没有联系，都可以用“$\wedge$”符号化. 例如，(p)房间有 60 张桌子和(q)我们去看电影，符号化为 $p\wedge q$. $\wedge$甚至可以将两个互为否定的命题联结在一起，这时 $p\wedge\neg p$ 真值总是为 0.

3. 析取联结词“$\vee$”

定义 1.1.3 设 p,q 为两命题，复合命题“p 或 q”称为 p 与 q 的析取式，记为“$p\vee q$”，“$\vee$”称为析取联结词，并规定 $p\vee q$ 为假当且仅当 p 与 q 同时为假.

$p\vee q$ 为真，则 p 与 q 中至少一个为真，因而只有 p 与 q 同时为假时，$p\vee q$ 才为假，其他情况 $p\vee q$ 均为真.

$p\vee q$ 的真值表如表 1.1.3 所示.

表 1.1.3

p	q	$p\vee q$
0	0	0
0	1	1
1	0	1
1	1	1

从析取联结词的定义可以看到，析取联结词"$\vee$"的逻辑关系是严格的，在词语中表示"或者"的含义；在逻辑电路中表示"或门"；在开关电路中表示"并联"的连接方式. 但析取联结词与汉语中的"或者"的意义不完全相同，因为汉语中的"或"可表示"排斥或"(如 $3\geqslant 2$，3 大于或等于 2)，也可表示"相容或". 还有一些汉语中的"或"字，实际上不是联结词"或"，而是其他意思.

例 1.1.8　将下列命题符号化.

(1) 小静爱唱歌或爱听音乐.

(2) 小静是高三(2) 班或高三(3) 班的同学.

(3) 小静只能选择 202 宿舍的 5 号铺或 202 宿舍的 6 号铺.

解　先将原子命题符号化.

(1) p：小静爱唱歌；q：小静爱听音乐.

显然，p 与 q 可以同时为真，"或"为相容或，(1) 可符号化为 $p\vee q$.

(2) r：小静是高三(2) 班的同学；s：小静是高三(3) 班的同学.

小静不能既是高三(2) 班的又是(3) 班的，"或"为排斥或，不满足析取真值表的要求，但由于 r 与 s 不能同时为真，(2)也可以符号化为 $r\vee s$.

(3) t：小静挑选 202 宿舍的 5 号铺；u：小静挑选 202 宿舍的 6 号铺.

小静不能同时挑选 202 宿舍的两个铺位，"或"为排斥或，(3) 不能符号化为 $t\vee u$. 如何实现小静挑选铺位的要求呢？可以多使用联结词，(3) 符号化为$(t\wedge\neg u)\vee(\neg t\wedge u)$.

此复合命题为真当且仅当 t,u 中一个为真，一个为假，它准确地表达了(3)的要求，当 t 为真 u 为假时，小静挑选的是 202 宿舍的 5 号铺，当 t 为假 u 为真时，小静挑选的是 202 宿舍的 6 号铺，其他情况下为 0.

例 1.1.9　西安到青岛的 K912 次列车是 11:27 或 12:27 开.

解　m：西安到青岛的 K912 次列车是 11:27 开；n：西安到青岛的 K912 次列车是 12:27 开.

则命题可符号化为$(m\wedge\neg n)\vee(\neg m\wedge n)$.

例 1.1.10　他昨天做了 20 或 30 道习题.

这个例子中的"或"字只表示了习题的近似数目，不能用联结词"$\vee$"表达，所以本例是个原子命题.

例 1.1.11　他明天或后天去北京或天津.

解　设 p：他明天去北京；q：他后天去北京；r：他明天去天津；s：他后天去天津.

命题表示为 $p\vee q\vee r\vee s$.

4. 蕴涵联结词"$\rightarrow$"

定义 1.1.4　设 p,q 为两命题，符合命题"如果 p，则 q"称为 p 与 q 的蕴涵式，记为“$p \to q$”，并称 p 是蕴涵式的前件，q 为蕴涵式的后件，“$\to$”称为蕴涵联结词. 并规定

$p \to q$ 为假当且仅当 p 为真，q 为假.

$p \to q$ 的逻辑关系为 q 是 p 的必要条件.

$p \to q$ 的真值表如表 1.1.4 所示.

表 1.1.4

p q	$p \to q$
0 0	1
0 1	1
1 0	0
1 1	1

在自然语言中“如果……”与“那么……”之间常有因果关系，否则就没有意义，所以一般人对于 $1 \to 1$ 为真，$1 \to 0$ 为假是能够接受的，但对于 $0 \to 1$，$0 \to 0$ 为真，总会产生一些怀疑. 实际上这些在古希腊的逻辑学家那里已经出现了，他们研究过 $p \to q$ 的蕴涵关系，并且把它定义为 $\neg p \vee q$. 从那时起，$p \to q$ 这个定义就一直被沿用下来，有什么道理吗？没有很多道理，只是因为人们感到这样的定义是严格的，用起来也很方便. 例如，在著名数学家罗素和怀特海的《数学原理》一书中，就以这个定义为基础和主要工具来表达数学. 对蕴涵式 $p \to q$ 来说，只要 p，q 能够分别确定真值，$p \to q$ 即成为命题. 此外，自然语言中对“如果……，那么……”这样的语句，当前提为假时，不管结论真假，这个语句的意义往往无法判断；而在蕴涵式中，规定为“善意的推定”，即当前提为 0 时，蕴涵式的真值都取为 1. 例如，某人说：“如果我拿到奖学金，就去买一本英语词典.”当“我”拿到奖学金而没去买词典时，“我”就讲了假话；但是如果我没拿到奖学金，而不论“我”是否买了英语词典，与我的诺言并不矛盾，因此都认为“我”说的是真话.

注意：在自然语言或数学中，q 是 p 的必要条件有许多表述方式. 例如，“只要 p，就 q”、“因为 p，所以 q”、“p 仅当 q”、“只有 q，才 p”、“除非 q，否则非 p”等，都符号化成 $p \to q$.

例 1.1.12 将下列命题符号化，并指出各复合命题的真值.

(1) 如果雪是黑的，那么太阳从西方升起.

(2) 除非 a 能被 3 整除，否则 a 不能被 6 整除.

(3) 某城市只有处理好污水，才能搞好卫生.

解 (1) 令 p：雪是黑的；q：太阳从西方升起.

符号化为 $p \to q$. 前件为 0，蕴涵式为 1，但前件和后件没有内在联系.

(2) 令 r：a 能被 3 整除；s：a 能被 6 整除.

如果 a 是给定的整数，则 r 和 s 的真值是客观存在的，但是我们不知道 a 的值. 其实，r 和 s 是有内在联系的，当 s 为 1(a 能被 6 整除)时，r 必为 1(a 能被 3 整除)，于是 $s \to r$ 不会出现前件为 1、后件为 0 的情况，因而 $s \to r$ 的真值为 1.

(3) 令 u:某城市能处理好污水；v:某城市能搞好卫生.

处理好污水是搞好卫生的必要条件，而不是充分的，处理好污水了也不一定能搞好卫生，搞好卫生了必定能处理好污水，所以(3) 符号化为 $v \to u$，真值为 1.

5. 等价联结词"↔"

定义 1.1.5 设 p,q 为两命题，复合命题"p 当且仅当 q"称为 p 与 q 的等价式，记为"$p \leftrightarrow q$"，且"↔"称为等价联结词，并规定 $p \leftrightarrow q$ 为真，当且仅当 p,q 同时为真或同时为假.

$p \leftrightarrow q$ 的逻辑关系为 p 与 q 互为充要条件，即 $p \leftrightarrow q$ 与 $(p \to q) \wedge (q \to p)$ 等真值. "当且仅当"一词在汉语和英语语境中都不存在，是数学的创造.

$p \leftrightarrow q$ 的真值表如表 1.1.5 所示.

表 1.1.5

p	q	$p \leftrightarrow q$
0	0	1
0	1	0
1	0	0
1	1	1

与蕴涵类似，在日常生活中，p,q 等价中的 p,q 间存在逻辑关系，但 $p \leftrightarrow q$ 中不一定要求如此.

例 1.1.13 将下列命题符号化，并讨论它们的真值.

(1) $\sqrt{3}$是有理数当且仅当雪是白色的.

(2) 两个三角形全等的充要条件是它们的三组对应边分别相等.

解 令 p:$\sqrt{3}$是有理数，真值为 0；q:雪是白色的，真值为 1；r:两个三角形全等；s:它们的三组对应边分别相等.

则(1) 符号化为 $p \leftrightarrow q$，真值为 0；(2) 符号化为 $r \leftrightarrow s$，虽然不知道 r 与 s 的真值，但由 r 与 s 内在联系可知，(2) 的真值为 1.

多次使用上述联结词，可以组成更为复杂的复合命题，在求复杂的复合命题的真值时，除了依据定义外，还要根据联结词的优先顺序，有括号的先算括号里面的，没有括号的先算一元联结词，后算二元联结词，二元联结词按出现的顺序先后计算.

数理逻辑关心的是复合命题中命题之间的真值关系，而不关心命题的内容.

例 1.1.14 令 p:$\sqrt{3}$是无理数，真值为 1；q:乌鸦是白色的，真值为 0；

r:1+1=2,真值为1.

求下列复合命题的真值:

(1) $((\neg p \wedge q) \vee (p \wedge \neg q)) \to \neg r$.

(2) $(q \vee r) \leftrightarrow (p \to \neg r)$.

解 (1) $((\neg 1 \wedge 0) \vee (1 \wedge \neg 0)) \to 1$,真值为1.

(2) $(0 \vee 1) \leftrightarrow (1 \to \neg 1)$,真值为0.

例 1.1.15 判断下面语句是否是真的.

居里夫人是波兰人,她是一个伟大的科学家,由于她对科学事业做出了巨大的贡献,因此被授予诺贝尔奖.

解 令 p:居里夫人是波兰人;q:居里夫人是一个伟大的科学家;r:居里夫人对科学事业做出了巨大的贡献;s:居里夫人被授予诺贝尔奖.

由此,以上语句可以符号化为

$$p \wedge q \wedge (r \to s)$$

根据历史事实,有 p,q,r,s 的真值都为1,再根据$\wedge$,$\to$的真值表有

$$1 \wedge 1 \wedge (1 \to 1)\text{真值为}1$$

因此,这段语句是真的.

应用的数学思想方法

1. 数学化思想

弗赖登塔尔①(H. Freudenthal,1905~1990)认为:人们运用数学的思想方法来观察现实世界,分析研究各种事物,并加以整理组织,经过进一步形式化、抽象化形成数学概念、方法、思想等,这个过程就是数学化.简单地说,数学地组织现实世界的过程就是数学化.数学的产生和发展本身就是数学化的过程,而整个数学体系的形成则是数学化的结果.对数学本身进行的数学化,有两个方面的意思,它既可以是某些数学知识的深化,也可以是对已有的数学知识进行重新整理和组织.

在这一思想基础上,弗赖登塔尔认为:与其说是学习数学,还不如说是学习"数

① 弗赖登塔尔:国际上极负盛名的荷兰数学家和数学教育家.弗赖登塔尔在长期的数学教育研究实践中,逐步形成了适应儿童心理发展,符合教育规律,经得起实践检验,并且有自己独特风格的数学教育思想体系.弗赖登塔尔指导、推动和亲身参与了荷兰的数学教育改革实践,并对20世纪国际数学课程的改革与发展做出了重大贡献.1967年他担任了国际数学教育委员会(ICME)主席,是国际上最有影响的数学教育刊物《数学教育研究》杂志的创始人.弗赖登塔尔一生发表关于数学教育的著述达几百篇(部),其中三本巨著《作为教育任务的数学》、《播种和除草》、《数学结构的教学现象》影响巨大.在这些著作中,弗赖登塔尔详细论述了必须对传统数学教育进行改革的原因,系统阐述了现实数学教育思想的理论体系,具体探讨了如何按现实数学教育的观点设计数学课程、编写数学教材等方面的问题.他的许多结论都是在中小学课堂上经过长期实践之后得出的.他的工作奠定了现实数学教育的理论和实践基础,明确了现代数学教育改革的目标和方向.

学化”；与其说是学习公理系统，还不如说是学习“公理化”；与其说是学习形式体系，还不如说是学习“形式化”．传统的观点强调数学化是数学家的职责，学生只需掌握现成的知识，因而数学教学内容大多是数学化的结果．这就造成了学生所学知识与其实际背景相脱离，只知结果而不会应用．要改变这种局面，只有把数学与现实世界的背景联系起来，通过“数学化”的途径来进行数学教育，使学生真正获得数学知识，不仅能理解这些知识，而且能够在日常生活中运用．

数学无处不在，数学无往不利．命题逻辑中先定义了命题及其真值，将命题符号化，真值量化；然后将命题真值变化起来成为变项，又通过联结词运算将变项联结成命题公式，讨论各种赋值下命题公式的真值情况，不就是带领我们经历了命题逻辑量化、代数化、数学化的过程吗？

2．数学符号化方法

数学对象的表示是一个非常基础而又古老的问题，从古中国的位置制计数法到现代的计算机语言，数学语言的发展一日千里．在基础教育阶段的数学课程中，我们要花费很多的时间来学习数学的表示，如代数式及其运算，函数的解析式，方程及其求解公式，圆锥曲线的标准方程，集合的语言符号等．

计算的方法是否能代替人们思维中的逻辑推理过程？早在17世纪，德国数学家莱布尼茨就提出了这一大胆猜想，没有大胆的猜想就不可能有伟大的发现．莱布尼茨设想：能不能创造一种“通用的科学语言”，可以把推理的过程像数学一样利用公式进行计算，从而得出正确的结论．尽管囿于当时的社会条件，他的超前想法没有实现，但是“想象是灵魂的眼睛”，他的这种思想后来成为现代数理逻辑部分内容的萌芽．

星星之火，必将成为燎原之势．1848年英国数学家、逻辑学家布尔发表了《逻辑的数学分析》，建立了布尔代数．他创造了一套符号系统，用符号来表示逻辑中的各种概念．例如，他用“～”表示“非”，非 p，记成 $\sim p$；用符号“∧”表示“与”或“并且”，p 与 q 或者 p 并且 q 记成“$p\wedge q$”；用符号“∨”表示“或”，p 或 q 记成“$p\vee q$”．布尔的符号体系相当完备，还建立了有关这些符号的运算法则，他利用代数的方法研究逻辑问题，从而建立了以他的名字命名的布尔代数（又称为逻辑代数），初步奠定了数理逻辑的基础．

1897年，德国的数学家、数理逻辑的创始人之一弗雷格在《表意符号》中引入了谓词符号和量词符号，他用符号“∀”表示“所有”或“一切”（全部、任何、凡），符号“∀”源于英文“All”一词或“Any”一词中倒写的A；他用符号“∃”表示“存在”或“有”（有……使得……），符号“∃”源于英文“Existence”一词中反写的E．弗雷格引入量词的工作，使得数理逻辑的符号系统更加完备，是历史上的一件大事．由于量词的引入，今天大家才承认“数理逻辑中所使用的符号体系的确是完备的，它能够把一切数学公式，一切自然科学公式乃至一切日常语言叙述都表达出来，只用传统逻辑（乃至布尔代数）是不能完成这个任务的”①.

例如，数学中的数列极限、函数极限的定义以及其他数学公式、推理等，若用这条逻辑符号来表示，的确是十分简洁、完美的，并且成为通用的语言.

数列极限的定义，用文字叙述是：对于任意正数 ε，可以找到正整数 N，对一切正整数 n，当 $n>N$ 时，都有 $|a_n-a|<\varepsilon$，则称 a 为数列 $\{a_n\}$ 的极限. 这个定义改用数理逻辑语言，便缩写成：$\forall\varepsilon(>0)\exists N\forall n(n>N\rightarrow|a_n-a|<\varepsilon)\Leftrightarrow\lim\limits_{n\to\infty}a_n=a$. 可见数理逻辑中几个符号就足以表示出一长串语句. 在命题逻辑和谓词逻辑的起始章节，我们都是先学习将原子命题符号化，然后将推理和演算转化成合式公式的演算，通过演算结果来回答推理或演算的正确与否. 在数理逻辑中，我们可以充分地体会到数学符号化方法处理逻辑演算、推理问题是多么完美.

3. 形式化方法

形式化是数理逻辑最重要的方法与特色. 它以形式语言为基础，以形式系统为工具，以严格性、精确性、系统性为目标，将一套特制的人工符号应用于演绎体系的程序与方法. 波亨斯基②(J. M. Bochenski，1902～1995)指出“形式化系统总是按如下顺序形成的：先确定有意义的符号，然后从符号中抽象掉意义，并用形式化方法构成系统，最后对这个所构成的系统作一种新的诠释 .”要运用形式化的方法研究某种理论，就必须把该理论中的概念转换为形式语言中的符号，命题转化为符号公式，定理的推演转化成符号公式的变形，并把一个证明转换成符号公式的有穷序列，从而把对这一理论中概念、命题、推理的研究转化为对符号表达式组成的形式系统的研究. 因此，它包括符号化、构造形式系统和对形式系统进行解释等环节.

19 世纪，形式公理化同时发生在逻辑和数学领域. 为了给数学寻求一个更坚实的基础，弗雷格提出了逻辑主义纲领. 他认为，借助于逻辑的概念，完全可以定义算术中的所有非定义概念，用逻辑规律可以证明全部的算术定理，从而证明由逻辑可以推导出全部数学. 要实现这一纲领，首先必须完善逻辑工具，使逻辑本身形式化. 为此，弗雷格在 1879 年出版的《概念文字》一书中，发明了一套表意的符号语言，并且提出了九条公理. 同时，他陈述或使用了四条推演规则，即分离规则、后件概括规则、后件限制规则以及实际使用但未明确陈述的代入规则. 在此基础上，他构造了一个一致并且完全的命题逻辑公理系统，并且构造了一个一致并且近乎完全的一阶逻辑公理系统. 但是，由于某些客观性因素，弗雷格的这部著作在当时以至于后来的很长时期内没有受到应有的重视，几乎没有产生实际的影响.

---

① [俄]鲍尔加尔斯基. 数学简史. 北京：知识出版社，1984.

② 波亨斯基：瑞士哲学家、逻辑学家.

1910～1913 年，罗素与怀特海合著的三大卷巨著《数学原理》出版.《数学原理》在总结前人研究成果的基础上，建立了完全的命题演算和谓词演算，然后通过一元和二元命题涵项定义了类和关系概念，建立了抽象的类演算和关系演算. 由此出发，用连续定义和证明的方式引出了数学中的主要概念和定理. 因此，《数学原理》成为逻辑和数学发展史上的里程碑.

所以，形式化是以公理化为基础的，是在公理化的基础上发展起来的，并且形式化包括了公理化，但形式化不等同于公理化. 这是因为，有些公理系统的抽象域是先于对象而给定的，并且基本上是用自然语言加上特定的符号语言来陈述的；而形式系统事先不假定任何论域，事后容许有多种不同的解释，并且全部是用人工构造的形式语言陈述的. 所以，形式化比公理化抽象程度更高，因而具有更严格、更精确、更系统的特点. 可以这样说，首先，形式化是符号化与公理化相结合的产物，是公理化方法发展的必然结果和高级阶段；其次，形式化是一种符号化，不使用符号就没有形式化. 形式化作为构造形式系统的方法与程序，包括给出初始符号、给出形成规则、给出公理、给出变形规则等具体步骤，其中的初始符号和形成规则被称为构造形式系统的“形式语言”，成为形式化的基础. 作为形式化发展的最初阶段的实质公理化，是亚里士多德最先将变项引入逻辑，并且有意识地系统使用符号，用人工的符号语言来表述所要研究的概念与命题，它成为逻辑学领域革命性变革的先声，并由此给形式化的发展奠定了基础. 符号化本身经历了一个用符号表示理论研究中的特定概念、命题甚至定理的初步符号化到构造形式语言的严格意义的符号化的发展过程，形式化是严格意义的符号化，但即使是严格意义上的符号化，也只是形式化过程的一个步骤、一个环节、形式系统的一个构成要素而已，所以不可在形式化与符号化之间划等号.

1.2 命题公式及其赋值

1.1 节讨论的是简单命题(原子命题)和复合命题以及它们的符号化形式. 由于简单命题是真值唯一确定的命题逻辑中最基本的研究单位，所以也称为命题常项或命题常元. 但例 1.1.1 中(8)根据 x,y 的不同取值情况，它的真值可以变化，不是命题. 现在对命题进一步抽象，称真值可以变化的陈述句为命题变项或命题变元，也用 $p,q,r,\cdots,p_i,q_i,r_i,\cdots(i=1,2,3,\cdots)$ 表示. 当 $p,q,r,\cdots$ 表示命题变项时，它们变成了取值 0 或 1 的变元，因而命题变项已不是命题，这样一来，$p,q,r,\cdots$ 既可以表示命题常项又可以表示命题变项，这就需要由上下文确定它们表示的是常项还是变项.

将命题变项用联结词和圆括号按一定逻辑关系联结起来的符号串称为合式公式或命题公式，简称公式.

1.2.1　命题公式

定义 1.2.1　(1) 单个命题变项和命题常项是合式公式，并称为原子命题公式.

(2) 若 A 是合式公式，则 $(\neg A)$ 也是合式公式.

(3) 若 A,B 是合式公式，则 $(A\wedge B)$，$(A\vee B)$，$(A\rightarrow B)$，$(A\leftrightarrow B)$ 也是合式公式.

(4) 只有有限次地应用(1)～(3)形成的符号串才是合式公式.

合式公式又称为**命题公式**，简称为公式. 例如，$(p\vee q)\wedge\neg r$，$(p\vee q)\vee r$，$(((p\rightarrow q)\vee r)\wedge)s\leftrightarrow r$，都是合式公式.

说明：(1) 公式的定义方式为归纳(递归)定义方式. 其中(1)是递归的基础，(2)、(3)是归纳，(4) 称为界限.

(2) 若公式 B 为公式 A 的一部分，则称 B 为 A 的子公式.

(3) 公式中的 A,B 是元语言符号，代表任意命题公式，而不是某个具体的公式，这与具体的公式 $(p\vee q)\wedge\neg r$，$(p\vee q)\vee r$ 等有所不同，后者称为对象语言符号. 就像 $f(x)$，$g(x)$，…代表任意抽象的函数，而 $y=x^2+3x-5$，$y=2x+1$，…，是具体的函数一样.

(4) 不影响运算顺序的括号可以省略，上例中就是这样的.

为了讨论公式真值的变化情况，还需要剥开各层的子公式，下面给出公式的层的定义.

定义 1.2.2　(1) 若公式 A 是单个的命题变项(原子命题公式)，则称 A 为 0 层公式.

(2) 称 A 是 $n+1(n\geqslant 0)$ 层公式是指下面情况之一：

(a) $A=\neg B$，　B 是 n 层公式；

(b) $A=B\wedge C$，其中 B,C 分别为 i 层和 j 层公式，且 $n=\max\{i,j\}$；

(c) $A=B\vee C$，其中 B,C 的层数及 n 同(b)；

(d) $A=B\rightarrow C$，其中 B,C 的层数及 n 同(b)；

(e) $A=B\leftrightarrow C$，其中 B,C 的层数及 n 同(b).

(3) 若公式 A 的层数为 k，则 A 是 k 层公式.

易知，$(p\vee q)\wedge\neg r$，$(p\vee q)\vee r$ 是 2 层公式，$\neg(p\rightarrow q)\wedge(s\leftrightarrow r)$ 是 3 层公式.

像代数式的值随着它的字母的值变化一样，在命题公式中，由于命题变项的出现，因而真值是不确定的. 当将公式中出现的全部命题变项都解释成具体的命题之后，公式就成了真值确定的命题. 例如，在公式 $(p\vee q)\rightarrow r$ 中，若将 p 解释成：2 是素数；q 解释成：3 是偶数；r 解释成：0 是整数. 则 p,r 解释成真命题，q 解释成假命题，此时公式 $(p\vee q)\rightarrow r$ 被解释成：如果 2 是素数或 3 是偶数，那么 0 是整数. 这是一个真命题. 如果 p,q 的解释不变，r 解释成：0 是奇数，则公式 $(p\vee q)\rightarrow r$ 被解释成:如果2是素数或3是偶数,那么0是奇数.这是一个假命题.由此可见,公式的真值随着变项取值的变化而变化.下面要讨论的问题是指定变项的真值,确定公式的真和假.

1.2.2 公式的赋值

在命题公式中,由于命题变项的出现,因而真值是不确定的.当将公式中出现的全部命题变项都解释成具体的命题之后,公式就成了真值确定的命题.其实将命题变项解释成真命题,相当于指定命题变项的真值为1;将其解释成假命题,相当于指定命题变项的真值为0.这样,当需要研究指定命题变项的真值为何值时,公式的真值为1或0.

定义 1.2.3 设 $p_1,p_2,\cdots,p_n$ 是出现在公式 A 中的全部命题变项,给 $p_1,p_2,\cdots,p_n$ 各指定一个真值,称为对 A 的一个赋值或解释.若指定的一组值使 A 的真值为1,则称这组值为 A 的成真赋值;若使 A 的真值为0,则称这组值为 A 的成假赋值.

若 A 中出现的命题变项为 $p_1,p_2,\cdots,p_n$,给定 A 的赋值 $\alpha_1\alpha_2\cdots\alpha_n$ 是指 $p_1=\alpha_1,p_2=\alpha_2,\cdots,p_n=\alpha_n$;若 A 中出现的命题变项为 $p,q,r,\cdots$,给定 A 的赋值$\alpha_1\alpha_2\cdots\alpha_n$是指 $p=\alpha_1,q=\alpha_2,\cdots$,最后字母赋值 α_n,α_i 取值为0或1,$i=1,2,\cdots,n$.例如,对公式 $(p\vee q)\to r$,000($p=0,q=0,r=0$)是其一成真赋值,010($p=0,q=1,r=0$)是其一成假赋值.

不难看出,含 $n(n\geqslant 1)$ 个命题变项的公式共有 2^n 个不同的赋值,如表1.2.1所示.

表 1.2.1

次序	1	2	3	4	5	6	7	8
赋值	000	001	010	011	100	101	110	111

注:以 $n=3$ 为例

定义 1.2.4 将命题公式 A 在所有赋值下取值情况列成表,称为 A 的真值表.

构造真值表的具体步骤如下:

(1) 找出公式中所含的全体命题变项 $p_1,p_2,\cdots,p_n$(若无下角标就按字典顺序排列),列出 2^n 个赋值.赋值从 n 位的二进制数 $00\cdots0$ 开始,然后按二进制加法从小到大依次写出公式各赋值,直到 $11\cdots1$ 为止.

(2) 按从低到高的顺序写出公式的各层子公式.

(3) 对应各个赋值计算出子公式的真值,直到最后计算出公式的真值.

例 1.2.1 列出下面公式的真值表,并求成真赋值和成假赋值.

(1) $(\neg p\wedge q)\rightarrow\neg r$.

(2) $(p\wedge\neg p)\leftrightarrow(q\wedge\neg q)$.

(3) $\neg(p\rightarrow q)\wedge q\wedge r$.

解 公式(1)是含 3 个命题变项的 3 层公式,它的真值表如表 1.2.2 所示.

表 1.2.2

p q r	$\neg p$	$\neg r$	$\neg p\wedge q$	$(\neg p\wedge q)\rightarrow\neg r$
0 0 0	1	1	0	1
0 0 1	1	0	0	1
0 1 0	1	1	1	1
0 1 1	1	0	1	0
1 0 0	0	1	0	1
1 0 1	0	0	0	1
1 1 0	0	1	0	1
1 1 1	0	0	0	1

从表 1.2.2 可知,公式(1)的成假赋值为 011,其余 7 个赋值都是成真赋值.

公式(2)是含 2 个命题变项的 3 层公式,它的真值表如表 1.2.3 所示.

表 1.2.3

p q	$\neg p$	$\neg q$	$\neg p\wedge p$	$\neg q\wedge q$	$(p\wedge\neg p)\leftrightarrow(q\wedge\neg q)$
0 0	1	1	0	0	1
0 1	1	0	0	0	1
1 0	0	1	0	0	1
1 1	0	0	0	0	1

从表 1.2.3 中可以看出,公式(2)的 4 个赋值都是成真赋值.

公式(3)是含 3 个命题变项的 4 层公式,它的真值表如表 1.2.4 所示.

表 1.2.4

p q r	$p\rightarrow q$	$\neg(p\rightarrow q)$	$\neg(p\rightarrow q)\wedge q$	$\neg(p\rightarrow q)\wedge q\wedge r$
0 0 0	1	0	0	0
0 0 1	1	0	0	0
0 1 0	1	0	0	0
0 1 1	1	0	0	0
1 0 0	0	1	0	0
1 0 1	0	1	0	0
1 1 0	1	0	0	0
1 1 1	1	0	0	0

从表 1.2.4 可以看出,公式(3) 的 8 个赋值都是成假赋值,无成真赋值.

列表发现:对于公式$(\neg p \wedge q) \rightarrow \neg r$,011 使其为 0,另 7 个赋值都使其为 1;对于$(p \wedge \neg p) \leftrightarrow (q \wedge \neg q)$,4 个赋值都使其为 1;对于$\neg(p \rightarrow q) \wedge q \wedge r$,8 个赋值都使其为 0.

对于公式的真值表,只需考察最后一列,公式的真值表是不一样的.含有 n 个命题变项的公式,有 2^n 个赋值,在每个赋值下公式的真值可真可假,故共有 2^{2^n} 个真值表.于是,含有 n 个命题变项的公式有无限多个,而它们的真值表却仅有 2^{2^n} 种,其中两个是特殊的,一个最后一列全是 0,另一个最后一列全是 1,其余的 $2^{2^n}-2$ 种既有 0 也有 1.含有 n 个命题变项的公式是无限的,但其真值表却是有限的.至此,你会提出什么问题呢?

1.2.3 公式的分类

根据公式在各种赋值下的取值情况,可按下述定义将命题公式进行分类.

定义 1.2.5 设 A 为任意公式:

(1) 若 A 在它的各种赋值下均为真,则称 A 是重言式(永真式).

(2) 若 A 在它的各种赋值下均为假,则称 A 是矛盾式(永假式).

(3) 若 A 不是矛盾式,则称 A 是可满足式.

从定义可以看出:

(1) A 是可满足式当且仅当 A 至少存在一个成真赋值.

(2) 若公式真值表的最后一列全为 0,则公式为矛盾式;若公式真值表的最后一列至少有一个 1,则公式为可满足式;若公式真值表的最后一列全为 1,则公式为重言式.重言式一定是可满足式,但反之不真,若可满足式至少有一个成假赋值,则为非重言式可满足式.

例 1.2.1 中(1)是可满足式,(2)是重言式,(3)是矛盾式.

例 1.2.2 下列公式均含有两个命题变项 p 与 q,它们中哪些有相同的真值表?

(1) $p \rightarrow q$.

(2) $p \leftrightarrow q$.

(3) $\neg(p \wedge \neg q)$.

(4) $(p \rightarrow q) \wedge (q \rightarrow p)$.

(5) $\neg q \vee p$.

解 构造出 5 个公式的真值表,如表 1.2.5 所示.

表 1.2.5

p q	$p\to q$	$p\leftrightarrow q$	$\neg(p\wedge\neg q)$	$(p\to q)\wedge(q\to p)$	$\neg q\vee p$
0 0	1	1	1	1	1
0 1	1	0	1	0	0
1 0	0	0	0	0	1
1 1	1	1	1	1	1

从表中可以看出,公式(1)、(3)具有相同的真值表,公式(2)、(4)具有相同的真值表.

例 1.2.3 下列公式中哪些有相同的真值表?

(1) $p\to q$.

(2) $\neg q\vee r$.

(3) $\neg(p\vee q)\wedge((p\wedge r)\to p)$.

(4) $(q\to r)\wedge(p\to p)$.

解 构造出 4 个公式的真值表,如表 1.2.6 所示.

表 1.2.6

p q r	$p\to q$	$\neg q\vee r$	$\neg(p\vee q)\wedge((p\wedge r)\to p)$	$(q\to r)\wedge(p\to p)$
0 0 0	1	1	1	1
0 0 1	1	1	1	1
0 1 0	1	0	0	0
0 1 1	1	1	0	1
1 0 0	0	1	0	1
1 0 1	0	1	0	1
1 1 0	1	0	0	0
1 1 1	1	1	0	1

从表 1.2.6 可以看出(2)和(4)具有相同的真值表.

例 1.2.3 给出的 4 个公式中,共含有 3 个命题变项,r 是公式(1)中的哑元,p 是公式(2)中的哑元,我们看到哑元的取值不影响公式的真值.

从以上的讨论可知,真值表不但能准确地给出公式的成真赋值和成假赋值,而且能判断公式的类型,还能确定两个公式是否有相同的真值表.真值表含有的信息比较丰富,且一目了然.

应用的数学思想方法

1. 代数的思想方法

数学的发展并不是一些新概念、新命题、新方法的简单积累,它包含着数学本身许多根本的变化、质的飞跃.我们知道,算术的主要内容是自然数、分数和小数的性质与四则运算.算术只能对已知的数进行运算,不允许有抽象的、未知的数参加运算.我们学习算术可能印象最深刻的是解四则应用题时,首先要分析题意,画出线段图,分析已知数据之间、已知数据和未知数据之间的数量关系,并依据问题的条件列出关于这些具体数据的算式,然后通过加、减、乘、除四则运算求出算式的结果.许多古老的数学应用问题(也可能是为训练学生的思维能力而精心编制的),如行程问题、追击问题、工程问题、分配问题等都是借助这种方法求解的.算术解题的关键是正确地列出算式,建立能够反映实际问题的数学模型.对于只有简单数量关系的实际问题,列出算式并不难,但对于具有复杂数量关系的实际问题,列出其算式往往不是一件容易的事情,有时需要较高的技巧,甚至有些关于分数的四则应用题,绞尽脑汁也不一定能求出其解,于是一部分同学开始讨厌数学,数学学习的"后进生"就这样产生了.

算术自身运算的局限性影响了数学的应用、束缚了数学自身的进一步发展,也降低了数学在人们心目中的地位,于是代数思想的产生成为历史的必然.

"代数"一词原意是指"解方程的科学".在代数中用字母表示数,未知数和已知数一样也变成了可以运算的对象,它们可以参与各种运算,这样许多算术无能为力的问题,在代数中却能轻而易举地得到解决,从而极大地拓展了数学的应用范围.数学课程最先研究的是代数式的运算和方程的求解这些初等代数的内容,当然,代数的研究对象不断扩大,思想方法不断创新,代数学由低级到高级不断演进、不断抽象,发展为现代的多个分支.

数理逻辑中的命题逻辑部分就是代数中的一个分支——布尔代数,也称二值代数、逻辑代数或开关代数,就是建立在三种运算上的抽象的代数系统.1.1 节中已将命题符号化为 $p,q,r,\cdots$,此时 $p,q,r,\cdots$ 的真值不能发生变化是命题常元,大致相当于 a,b,c 等.本节中的 $p,q,r,\cdots$ 将代表命题变元,真值可以在 $\{0,1\}$ 上变化,大致相当于 x,y,z 等,命题公式大致相当于代数式,由常元到变元,数理逻辑由算术发展到了代数阶段.

2. 函数思想方法

函数的思想,就是用运动和变化的观点、集合与对应的思想去分析和研究数学问题中的数量关系,通过建立函数关系或构造函数,运用函数的图像或性质去分析问题、转化问题,使问题获得解决的思想,它是对函数概念的本质认识.函数思想的实质就是变量与变量之间的一种对应,或者说是一个集合到另一个集合的一种映射,这种思想无处不在.函数方法是有效地表示、处理、交流和传递信息的强有力的工具,是探讨事物的发展规律和预测事物发展方向的重要手段.今日,"函数的观念已经成为对公民素质的基本要求，成为人们在现代社会交往中必备的能力”①.

在数学教材中，函数的定义在初中、高中、大学是有所不同的，即使都在高中阶段，不同版本的函数的定义方法也有差异，不同的定义从一个侧面反映了函数定义的发展历史，三个学段的不同定义方法也考虑到学生的认知特点. 初中用运动、直观的观点来理解函数，高中和分析学中用集合与对应的概念定义函数，集合论部分我们会用关系来定义函数.

本节中，我们要对命题公式中所含的变项 $p_1, p_2, \cdots, p_n$ 进行赋值，然后计算公式 $f(p_1, p_2, \cdots, p_n)$ 的真值，一般情况下 $f(p_1, p_2, \cdots, p_n)$ 的真值随变量的赋值发生变化，$p_1, p_2, \cdots, p_n$ 是自变量，$f(p_1, p_2, \cdots, p_n)$ 是自变量 $p_1, p_2, \cdots, p_n$ 的 n 元函数，这是用变量说的函数定义来分析. 我们要讨论公式 $f(p_1, p_2, \cdots, p_n)$ 的真值表，看清其在 2^n 个赋值下的真值情况，就是构建了对应 $f: A \to \{0,1\}$，其中定义域 $A = \{\underbrace{00\cdots0}_{n\text{位}}, \underbrace{00\cdots1}_{n\text{位}}, \cdots, \underbrace{11\cdots1}_{n\text{位}}\}$，这是按照对应说的函数定义来处理. 后面学习了集合论部分函数的关系说定义，可以用关系定义来思考. 其实，命题公式的真值表是用列表法来表示的函数，无论我们用哪种定义方式来分析，都非常得心应手.

3. 分类方法

数学中的分类，以比较为基础，通过比较识别出研究对象之间的相同点和差异点，然后根据相同点将数学对象归并为较大的部分，根据差异点将数学对象分解为较小的部分，从而将数学对象区分为具有一定从属关系的等级类别. 分类的方法是理解概念、揭示概念外延的一种逻辑方法.

在本节列出公式真值表的过程中，我们发现公式在其 2^n 个赋值下的真值表是不同的，有的全为真，有的全为假，有的既有真也有假，公式是不一样的，从而根据公式在各种赋值下的取值情况的差异，将公式分类为永真式、非永真式可满足式以及矛盾式，对于明确命题公式的外延，理解命题公式概念非常有价值.

4. 算法思想

在数学中，现代意义上的“算法”通常是指可以用计算机来解决的某一类问题的程序或步骤，这些程序或步骤必须是明确的、有效的，而且能够在有限步之内完成②.

从数学发展的历史来看，算法并不是一个全新的概念. 在西方数学中很早就有了欧几里得算法，中国古代数学中蕴涵着更为丰富的算法内容和思想：割圆术、秦九韶算法、盈不足算法等都是很经典的算法，算筹、算盘都是盛行一时的计算工具. 从对各种运算法则、运算规律的探索，到今天利用计算机为人类解决各种复杂的问

① 张奠宙，张广祥. 中学代数研究. 北京：高等教育出版社，2006：93.

② 普通高中课程标准实验教材. 数学(3) A版. 北京：人民教育出版社，2004：3.

题，算法也从最初的数值性算法发展到了数值算法和非数值算法并存的时代. 如今，算法已经成为计算机科学的重要基础，同时计算机又是实现各种算法的强大的工具.

一般说来，数学各门学科中的构造性定义所占的比例并不高，而数理逻辑基础部分选择的内容较少，概念也不多，但构造性的定义占的比例却不低. 例如，本节中的合式公式(命题公式)，公式的层数都是程序化、构造性的，按照定义给出的方法，经过有限的步骤即能实现.

(1) 单个命题变项和命题常项是合式公式，并称为原子公式.

(2) 若 A 是合式公式，则 $(\neg A)$ 是合式公式.

(3) 若 A,B 是合式公式，则 $(A\wedge B)$，$(A\vee B)$，$(A\rightarrow B)$，$(A\leftrightarrow B)$ 是合式公式.

(4) 有限次地应用(1)～(3)形成的符号串是合式公式.

这种递归式的定义(1)是递归的基础，(2)、(3)是归纳，(4)称为界限. 像 p,q,r 单个命题变项是原子公式；于是 $p\wedge q$，$\neg r$ 是公式；$(p\wedge q)\vee(\neg r)$ 是公式. 这种构造性的定义虽然不能保证构造的过程在动态环境下实际执行次数的有穷性和输出结果的唯一性，还不是一个严格的数学算法，但其中蕴涵的算法思想是浓郁的.

通过这些基础知识的教学，反复渗透算法思想，使程序化、构造性、机械化方法成为学生思考问题的习惯，形成对算法的追求，把复杂问题转化成一系列可以机械执行的算法的意识. 为了解决一个问题，设计出解决问题的系列步骤，任何人实施这些步骤就可以解决问题. 当然，这还是对算法的一种广义理解.

以公式 $\neg p\wedge q\rightarrow r$ 为例说明列命题公式真值表的算法步骤. 第一步，列第一列. 找出公式中所含的全体命题变项 p,q,r(按字母表顺序或角标顺序)，列出 2^3 个赋值，赋值从 3 位的二进制数 0 开始，到 $2^3-1=7$ 为止. 第二步，列第一行. 按层数从低到高的顺序依次写出公式 $\neg p\wedge q\rightarrow r$ 的各子公式，先列 1 层的，再列 2 层的，直到要求的公式. 第三步，填表. 对应各个赋值，计算出各公式的真值. 事实上，命题公式的真值表实质上就是用列表法表示函数，由于自变量的值是有限个，所以为了不重不漏、有序地列出自变量的值，先计算函数子公式的值(直接列出公式的真值有困难，同时也易于出错)，然后求出函数值，非常条理、有序. 如果按照从左到右的顺序列同层子公式，真值表是唯一的. 列真值表就是执行一个算法.

1.3 等 值 式

我们知道含有 n 个命题变项的公式有无限多个，而其真值表仅有 2^{2^n} 种，这说明许多公式的真值表是相同的，即不同形式的公式在相同的赋值下真值相同. 同时我们也看到，真值表相同的公式有的形式很简单，有的形式较复杂. 另外，如果公式中的变项较多，公式较复杂，列真值表的确烦琐. 这样就需要解决两个问题，一是有没有简单直接判断两个公式等值的方法？二是是否能将公式变形成形式上简单的公式或者说这类公式的标准形呢？下面我们来回答这两个问题.

1.3.1　等值式的概念

定义 1.3.1　设 A,B 是两个命题公式，若 $A\leftrightarrow B$ 为重言式（永真式），则称 A 与 B 是等值的，记为“$A\Leftrightarrow B$”，否则 $A\not\Leftrightarrow B$.

等值关系是自反的、对称的和传递的.

1.3.2　判断公式等值的方法

1. 真值表法

例 1.3.1　判断下列各组公式是否等值.

(1) $p\to(q\to r)$ 与 $(p\wedge q)\to r$.

(2) $(p\to q)\to r$ 与 $(p\wedge q)\to r$.

解　构造 3 个公式的真值表，如表 1.3.1 所示.

表 1.3.1　3 个公式的真值表

p q r	$p\to q$	$q\to r$	$p\wedge q$	$p\to(q\to r)$	$(p\wedge q)\to r$	$(p\to q)\to r$
0 0 0	1	1	0	1	1	0
0 0 1	1	1	0	1	1	1
0 1 0	1	0	0	1	1	0
0 1 1	1	1	0	1	1	1
1 0 0	0	1	0	1	1	1
1 0 1	0	1	0	1	1	1
1 1 0	1	0	1	0	0	0
1 1 1	1	1	1	1	1	1

从表 1.3.1 不难看出，$p\to(q\to r)\Leftrightarrow(p\wedge q)\to r$，$(p\to q)\to r\not\Leftrightarrow(p\wedge q)\to r$.

虽然可用真值表法判断任何两个公式是否等值，但当命题变项较多时，工作量是很大的，这不是一个好办法. 原因如下：

(1) 真值表法是一种很麻烦的方法，特别是当命题变元较多时，真值表的计算是很花费时间的，所花费时间的程度甚至可能连现代最快的计算机也无法计算. 这样说很多读者可能会不相信，但是只要仔细推算，就会发现事情远比想象复杂得多. 我们知道，有 n 个变元的公式，它们必须具有 2^{2^n} 个不同的真值表，而每个真值表都有 2^n 行. 若 $n=6$，则 $2^{2^6}=2^{64}\approx2\times10^{19}$；若 $n=9$，真值表的数目就达到 $2^{2^9}=2^{512}\approx10^{154}$.

(2) 真值表法也是一个乏味的方法，它对于培养逻辑思维与推理能力的帮助甚少.

既然命题公式是代数式(或函数),我们也希望能像代数式恒等变形一样,计算出两个公式是否等值,这样就需要先证明一些基本的等值式,作为后来演算的基础.这种方法基本上是利用等值演算(推导)而求得等式的,因此也可以称为等值演算法(推导法).

2. 等值演算法

1) 基本等值式

在下面公式中出现的 A,B,C 为元语言符号,代表任意命题公式,这样的等值式为等值式模式.

(1) 双重否定律: $\neg\neg A \Leftrightarrow A$.

证明　将 $\neg\neg A$ 与 A 的真值取值情况列入表 1.3.2.

表 1.3.2

A	$\neg A$	$\neg\neg A$
0	1	0
1	0	1

从表 1.3.2 中可以看出,A 为 1 时,$\neg\neg A$ 同时为 1;A 为 0 时,$\neg\neg A$ 同时为 0.从而 $\neg\neg A\leftrightarrow A$ 为永真式,即 $\neg\neg A\Leftrightarrow A$.

以下模式均可用归纳法证明,在此略去不证.

(2) 幂等律: $A\Leftrightarrow A\vee A$,　$A\Leftrightarrow A\wedge A$.

(3) 交换律: $A\vee B\Leftrightarrow B\vee A$,　$A\wedge B\Leftrightarrow B\wedge A$.

(4) 结合律:

$$(A\vee B)\vee C\Leftrightarrow A\vee(B\vee C)$$

$$(A\wedge B)\wedge C\Leftrightarrow A\wedge(B\wedge C)$$

(5) 分配律(交换运算顺序):

$$A\vee(B\wedge C)\Leftrightarrow(A\vee B)\wedge(A\vee C)$$

$$A\wedge(B\vee C)\Leftrightarrow(A\wedge B)\vee(A\wedge C)$$

(6) 德·摩根①律: $\neg(A\vee B)\Leftrightarrow\neg A\wedge\neg B$, $\neg(A\wedge B)\Leftrightarrow\neg A\vee\neg B$.

(7) 吸收律: $A\vee(A\wedge B)\Leftrightarrow A$, $A\wedge(A\vee B)\Leftrightarrow A$.

---

① 德·摩根(A. De Morgan,1803～1871):英国数学家、逻辑学家.德·摩根还是一位多产的作家,他为不止 15 家杂志写了 1000 多篇文章,还为许多学科撰写课本,包括概率、微积分和代数.1838 年,他首次给出了数学归纳法这一重要证明技术的清晰解释,数学归纳法这一术语即由他创造.19 世纪 40 年代他对符号逻辑的发展做出了奠基性的贡献.他发明了帮助他证明命题等价的符号,其中包括以他的名字命名的定律,1874 年出版《形式逻辑》一书,用代数方法进行演算,并把关系区别为不同逻辑性质的演算,对后来逻辑代数有一定的影响.

(8) 零律： $A\vee 1\Leftrightarrow 1$， $A\wedge 0\Leftrightarrow 0$.

(9) 同一律： $A\vee 0\Leftrightarrow A$， $A\wedge 1\Leftrightarrow A$.

(10) 排中律： $A\vee\neg A\Leftrightarrow 1$.

(11) 矛盾律： $A\wedge\neg A\Leftrightarrow 0$.

(12) 蕴涵等值式： $A\rightarrow B\Leftrightarrow\neg A\vee B$.

(13) 等价等值式： $A\leftrightarrow B\Leftrightarrow(A\rightarrow B)\wedge(B\rightarrow A)$.

(14) 假言易位： $A\rightarrow B\Leftrightarrow\neg B\rightarrow\neg A$.

(15) 等价否定等值式： $A\leftrightarrow B\Leftrightarrow\neg B\leftrightarrow\neg A$.

(16) 归谬论： $(A\rightarrow B)\wedge(A\rightarrow\neg B)\Leftrightarrow\neg A$.

(17) 间接等值式： 若 $A\Leftrightarrow B,\varphi(A)\Leftrightarrow\varphi(B)$(其中 $\varphi(x)$是关于 x 的函数).

上述模式都是以两个公式为例,有的可以推广到多个公式.

2) 等值演算

由已知的等值式推演出另外一些等值式的过程称为等值演算.

例 1.3.2 $(p\rightarrow q)\rightarrow r$

$\Leftrightarrow(\neg p\vee q)\rightarrow r$ (蕴涵等值式,置换规则)

$\Leftrightarrow\neg(\neg p\vee q)\vee r$ (蕴涵等值式,置换规则)

$\Leftrightarrow(p\wedge\neg q)\vee r$ (德·摩根律,置换规则)

$\Leftrightarrow(p\vee r)\wedge(\neg q\vee r)$ (分配律,置换规则)

下面用等值演算法证明等值式.

例 1.3.3 用等值演算法证明等值式:

$$(p\vee q)\rightarrow r\Leftrightarrow(p\rightarrow r)\wedge(q\rightarrow r)$$

证明 从左边开始演算.

$(p\vee q)\rightarrow r$

$\Leftrightarrow\neg(p\vee q)\vee r$ (蕴涵等值式)

$\Leftrightarrow(\neg p\wedge\neg q)\vee r$ (蕴涵等值式)

$\Leftrightarrow(\neg p\vee r)\wedge(\neg q\vee r)$ (分配律)

$\Leftrightarrow(p\rightarrow r)\wedge(q\rightarrow r)$ (蕴涵等值式)

例 1.3.4 用等值演算法验证两个公式不等值.

$$(p\rightarrow q)\rightarrow r\not\Leftrightarrow p\rightarrow(q\rightarrow r)$$

证明 设

$$A=(p\rightarrow q)\rightarrow r,\quad B=p\rightarrow(q\rightarrow r)$$

$$
\begin{aligned}
A &= (p \to q) \to r \\
&\Leftrightarrow (\neg p \vee q) \to r \\
&\Leftrightarrow \neg(\neg p \vee q) \vee r \\
&\Leftrightarrow (p \wedge \neg q) \vee r
\end{aligned}
$$

$$
\begin{aligned}
B &= p \to (q \to r) \\
&\Leftrightarrow \neg p \vee (\neg q \vee r) \\
&\Leftrightarrow \neg p \vee \neg q \vee r
\end{aligned}
$$

容易观察出，000 是 A 的成假赋值，而是 B 的成真赋值，从而两个公式不等值.

等值演算法能判定公式的类型.

例 1.3.5 用等值演算法判定公式的类型：

(1) $(p \to q) \wedge p \to q$.

(2) $\neg(p \to (p \vee q)) \wedge r$.

(3) $p \wedge (((p \vee q) \wedge p) \to q)$.

解 (1) $(p \to q) \wedge p \to q$

$$
\begin{aligned}
&\Leftrightarrow (\neg p \vee q) \wedge p \to q \\
&\Leftrightarrow \neg((\neg p \vee q) \wedge p) \vee q \\
&\Leftrightarrow (\neg(\neg p \vee q) \vee \neg p) \vee q \\
&\Leftrightarrow ((p \wedge \neg q) \vee \neg p) \vee q \\
&\Leftrightarrow ((p \vee \neg p) \wedge (\neg p \vee \neg q)) \vee q \\
&\Leftrightarrow (1 \wedge (\neg p \vee \neg q)) \vee q \\
&\Leftrightarrow (\neg p \vee \neg q) \vee q \\
&\Leftrightarrow \neg p \vee (\neg q \vee q) \\
&\Leftrightarrow \neg p \vee 1 \\
&\Leftrightarrow 1
\end{aligned}
$$

最后结果说明公式(1) 是永真式.

(2) $\neg(p \to (p \vee q)) \wedge r$

$$
\begin{aligned}
&\Leftrightarrow \neg(\neg p \vee p \vee q) \wedge r \\
&\Leftrightarrow (p \wedge \neg p \wedge \neg q) \wedge r \\
&\Leftrightarrow 0 \wedge r \Leftrightarrow 0
\end{aligned}
$$

最后结果说明公式(2)是矛盾式.

(3) $p \wedge (((p \vee q) \wedge p) \to q)$

$$\Leftrightarrow p\wedge(\neg((p\vee q)\wedge p)\vee q)$$
$$\Leftrightarrow p\wedge((\neg(p\vee q)\vee\neg p)\vee q)$$
$$\Leftrightarrow p\wedge(((\neg p\wedge\neg q)\vee\neg p)\vee q)$$
$$\Leftrightarrow p\wedge(\neg p\vee q)$$
$$\Leftrightarrow(p\wedge\neg p)\vee(p\wedge q)$$
$$\Leftrightarrow 0\vee(p\wedge q)$$
$$\Leftrightarrow p\wedge q$$

最后结果说明公式(3) 不是重言式,01,10,00 都是其成假赋值,也不是矛盾式,11 是其成真赋值.

公式的等值性在实际中有很多用处,它不仅可以优化一个电路,简化一个程序,还可以简化混乱的逻辑思维,使它们表达清晰,条理清楚.

例 1.3.6 请将下面的语句表达得更清楚一些,或将它的确切含义表达出来.

(1) 你去不去都没有关系.

(2) 兰花香,茉莉花香,兰花与茉莉花都香,没有不香的兰花也没有不香的茉莉花.

解 (1) 设 p:你去.

则上述语句可表示为:$p\vee\neg p$. 因为 $p\vee\neg p\Leftrightarrow 1$,所以它表示的这个语句永远是真的.

(2) 设 p:兰花香;q:茉莉花香.

则上述语句可表示为:$p\wedge q\wedge(p\wedge q)\wedge\neg(\neg p)\wedge\neg(\neg q)$.

$$p\wedge q\wedge(p\wedge q)\wedge\neg(\neg p)\wedge\neg(\neg q)$$
$$\Leftrightarrow p\wedge q\wedge(p\wedge q)\wedge p\wedge q$$
$$\Leftrightarrow p\wedge q$$

所以这个语句的含义是:兰花香,茉莉花香.

例 1.3.7 试用较少的开关设计一个与图 1.3.1 有相同功能的开关电路.

解 可以将图 1.3.1 所示的开关电路写成:$(p\wedge q\wedge s)\vee(p\wedge s\wedge r)$. 而

$$(p\wedge q\wedge s)\vee(p\wedge s\wedge r)$$
$$\Leftrightarrow(p\wedge s)\wedge(q\vee r)$$

因此,可以将这个开关电路图简化成如图 1.3.2 所示的开关电路. 这个电路的功能与图 1.3.1 所示一样,但它更简单,所需开关数更少.

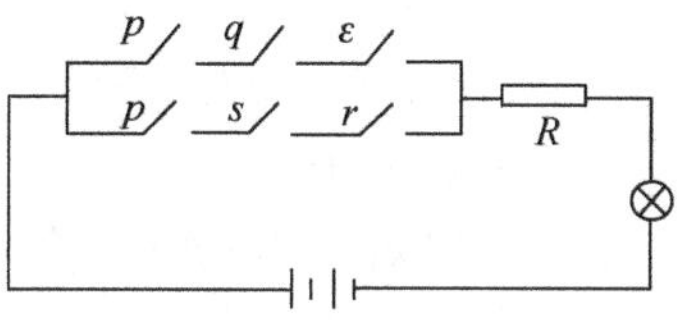

图 1.3.1

等值演算法可解决工作和生活中的判断问题.

例 1.3.8 侦探调查了罪案的四位证人. 侦探从证人的话中得出的结论是:如果男管家说的是真话,那么厨师说的也是真话;厨师和园丁说的不都是真话;园丁和杂役不都在

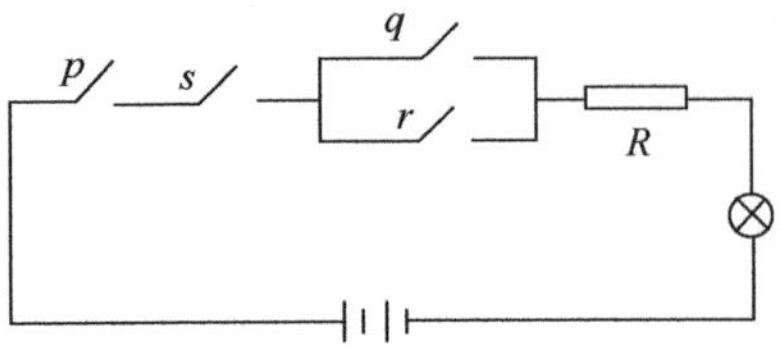

图 1.3.2

说谎;如果杂役说真话,那么厨师在说谎.侦探能判定这四位证人分别是在说谎还是在说真话吗?

解　设命题.

p:男管家说的是真话;q:厨师说真话;r:园丁说真话,s:杂役说真话.

侦探得出的结论可以符号化为

$$A=(p\to q)\wedge\neg(q\wedge r)\wedge\neg(\neg r\wedge\neg s)\wedge(s\to\neg q)$$

下面进行等值演算.

$A=(p\to q)\wedge\neg(q\wedge r)\wedge\neg(\neg r\wedge\neg s)\wedge(s\to\neg q)$

$\Leftrightarrow(\neg p\vee q)\wedge(\neg q\vee\neg r)\wedge(r\vee s)\wedge(\neg s\vee\neg q)$

$\Leftrightarrow(((\neg p\vee q)\wedge\neg q)\vee((\neg p\vee q)\wedge\neg r))\wedge(((r\vee s)\wedge\neg s)\vee((r\vee s)\wedge\neg q))$

$\Leftrightarrow((\neg p\wedge\neg q)\vee(\neg p\wedge\neg r)\vee(q\wedge\neg r))\wedge((r\wedge\neg s)\vee(r\wedge\neg q)\vee(s\wedge\neg q))$

$\Leftrightarrow\cdots$

$\Leftrightarrow(\neg p\wedge\neg q\wedge r\wedge\neg s)\vee(\neg p\wedge\neg q\wedge r)\vee(\neg p\wedge\neg q\wedge s)\vee(\neg p\wedge\neg q\wedge\neg r\wedge s)$

$\Leftrightarrow(\neg p\wedge\neg q\wedge r\wedge\neg s)\vee(\neg p\wedge\neg q\wedge r\wedge s)\vee(\neg p\wedge\neg q\wedge\neg r\wedge s)$

$\Leftrightarrow(\neg p\wedge\neg q\wedge r\wedge\neg s)\vee(\neg p\wedge\neg q\wedge\neg r\wedge s)$

所以,侦探的结论是男管家和厨师都在说谎,园丁和杂役一个说真话一个说谎.

例 1.3.9　某勘探队有 3 名队员,有一天取得一块矿样,3 人的判断如下.甲说:这不是铁,也不是铜.乙说:这不是铁,是锡.丙说:这不是锡,是铁.

经实验室鉴定后发现,其中一人两个判断都正确,一个人的判断对一半,另一个人的判断全错了.根据以上情况判断矿样的种类.

解　设 p:矿样为铁;q:矿样为铜;r:矿样为锡.有

$F_1\Leftrightarrow$(甲全对)$\wedge$(乙对一半)$\wedge$(丙全错)

$\Leftrightarrow(\neg p\wedge\neg q)\wedge((\neg p\wedge\neg r)\vee(p\wedge r))\wedge(\neg p\wedge r)$

$\Leftrightarrow(\neg p\wedge\neg q\wedge\neg p\wedge\neg r\wedge\neg p\wedge r)\vee(\neg p\wedge\neg q\wedge p\wedge r\wedge\neg p\wedge r)$

$\Leftrightarrow 0\vee 0\Leftrightarrow 0$

$F_2\Leftrightarrow$(甲全对)$\wedge$(乙全错)$\wedge$(丙对一半)

$\Leftrightarrow(\neg p\wedge\neg q)\wedge(p\wedge\neg r)\wedge((p\wedge r)\vee(\neg p\wedge\neg r))$

$\Leftrightarrow(\neg p\wedge\neg q\wedge p\wedge\neg r\wedge p\wedge r)\vee(\neg p\wedge\neg q\wedge p\wedge\neg r\wedge\neg p\wedge\neg r)$

$\Leftrightarrow 0\vee 0\Leftrightarrow 0$

$F_3\Leftrightarrow$(甲对一半)$\wedge$(乙全对)$\wedge$(丙全错)

$\Leftrightarrow((\neg p\wedge q)\vee(p\wedge\neg q))\wedge(\neg p\wedge r)\wedge(\neg p\wedge r)$

$\Leftrightarrow(\neg p\wedge q\wedge\neg p\wedge r\wedge\neg p\wedge r)\vee(p\wedge\neg q\wedge\neg p\wedge r\wedge\neg p\wedge r)$

$\Leftrightarrow(\neg p\wedge q\wedge r)\vee 0\Leftrightarrow\neg p\wedge q\wedge r$

$F_4 \Leftrightarrow$(甲对一半)$\wedge$(乙全错)$\wedge$(丙全对)

$\Leftrightarrow((\neg p \wedge q) \vee (p \wedge \neg q)) \wedge (p \wedge \neg r) \wedge (p \wedge \neg r)$

$\Leftrightarrow(\neg p \wedge q \wedge p \wedge \neg r \wedge p \wedge \neg r) \vee (p \wedge \neg q \wedge p \wedge \neg r \wedge p \wedge \neg r)$

$\Leftrightarrow 0 \vee (p \wedge \neg q \wedge \neg r) \Leftrightarrow p \wedge \neg q \wedge \neg r$

$F_5 \Leftrightarrow$(甲全错)$\wedge$(乙对一半)$\wedge$(丙全对)

$\Leftrightarrow(p \wedge q) \wedge ((\neg p \wedge \neg r) \vee (p \wedge r)) \wedge (p \wedge \neg r)$

$\Leftrightarrow(p \wedge q \wedge \neg p \wedge \neg r \wedge p \wedge \neg r) \vee (p \wedge q \wedge p \wedge r \wedge p \wedge \neg r)$

$\Leftrightarrow 0 \vee 0 \Leftrightarrow 0$

$F_6 \Leftrightarrow$(甲全错)$\wedge$(乙全对)$\wedge$(丙对一半)

$\Leftrightarrow(p \wedge q) \wedge (\neg p \wedge r) \wedge ((p \wedge r) \vee (\neg p \wedge \neg r))$

$\Leftrightarrow(p \wedge q \wedge \neg p \wedge r \wedge p \wedge r) \vee (p \wedge q \wedge \neg p \wedge r \wedge \neg p \wedge \neg r)$

$\Leftrightarrow 0 \vee 0 \Leftrightarrow 0$

设 $F \Leftrightarrow$(一人全对)$\wedge$(一人对一半)$\wedge$(一人全错),则 F 为真命题,并且

$$\begin{aligned} F &\Leftrightarrow F_1 \vee F_2 \vee F_3 \vee F_4 \vee F_5 \vee F_6 \\ &\Leftrightarrow (\neg p \wedge q \wedge r) \vee (p \wedge \neg q \wedge \neg r) \\ &\Leftrightarrow 1 \end{aligned}$$

但是矿样不可能既是铜又是锡,于是 q,r 中必有假命题,所以 $\neg p \wedge q \wedge r \Leftrightarrow 0$,因而必有 $p \wedge \neg q \wedge \neg r \Leftrightarrow 1$. 于是,必有 p 为真,q,r 为假,即矿样为铁.

应用的数学思想方法

1. 计算证法

几何中的某些命题,如果经过观察、分析,仍然感到思路不明,步履艰难,这时不妨通过计算达到证明的目的,这种利用计算进行证明的方法称为计算证明法. 我们熟悉的解析几何就是用代数方法研究图形的几何性质的,首先将几何问题代数化,建立坐标系,建立点与有序实数对,曲线与方程的一一对应关系,用代数语言描述几何要素及其关系,进而将几何问题转化为代数问题,处理代数问题,分析代数关系的意义,即对代数关系的几何意义的解释. 我们现在使用的《普通高中数学课程标准(实验)》教材,用代数学中的基本方法——向量,沟通代数与几何,用演算向量的数量积来刻画两条直线平行与垂直的位置关系,体现了向量方法在研究和解决几何问题方面的优势.

命题公式、谓词公式的等值演算,是根据已知的等值式(先证明其为真)模式,从一个公式出发,进行等值演算,化出另一个公式,从而证明两个公式等值或不等值. 这也是用计算的方法来证明问题.

2. 等价方法

分类是一种逻辑方法，人们把具有统一特征的东西归为一类，但是什么是具有同一性质？数学上自有它的判定准则，这就是等价关系. 等价关系是具有自反性、对称性和传递性的关系（在本书的集合论部分 7.6 节讨论），数学中特别重视等价关系，因为其既是观察数学对象、进行分类的依据，也是进行数学推导、转化数学形式的基本手段. 在数、代数与函数中进行等值变换构成了初等数学中最基本的内容. 等价变换将原问题作有利的变形，使问题在变换过程中既能保持等价又可逐步简化，从而得到它的等价问题. 在本节中我们通过等值演算（和代数中的计算、恒等变形相似）将公式化成与其等值但便于理解的形式就是等价方法的运用.

1.4 析取范式与合取范式

命题公式的形式多样性，给我们的研究带来了不便. 矩阵代数中，n 阶方阵可以通过初等变换化为对角矩阵，这个对角矩阵就含有我们所需要的信息且形式简单. 那么一个命题公式能否通过等值演算化为直观的形式，并且这种形式能提供给我们足够丰富的信息，如公式的类型、公式的成真赋值等，回答是肯定的，这就是本节要介绍的析取（合取）范式.

例如，$p \wedge q \wedge \neg r$ 的成真赋值是 110，其他的 7 个赋值都是其成假赋值；$\neg p \vee q \vee \neg r$ 的成假赋值是 101，其他的 7 个赋值都是其成真赋值. 若公式用这种形式的子公式来表示，就可以解决问题.

1.4.1 析取范式与合取范式

定义 1.4.1 命题变项及其否定统称为文字. 由有限个文字组成的析取式称为简单析取式，由有限个文字组成的合取式称为简单合取式.

$p, \neg q$ 为一个文字组成的简单析取式，$p \vee q, p \vee \neg q$ 为两个文字组成的简单析取式，$p \vee q \vee \neg r, p \vee \neg q \vee \neg p$ 为三个文字组成的简单析取式.

$p, \neg q$ 为一个文字组成的简单合取式，$p \wedge q, p \wedge \neg q$ 为两个文字组成的简单合取式，$p \wedge q \wedge \neg r, p \wedge \neg q \wedge \neg p$ 为三个文字组成的简单合取式.

一个文字既是简单析取式又是简单合取式. 简单析取式与简单合取式通常用 A_i 来表示.

定理 1.4.1 (1) 一个简单析取式是重言式当且仅当它同时含有某个命题变项及其否定.

(2) 一个简单合取式是矛盾式当且仅当它同时含有某个命题变项及其否定.

定义 1.4.2 (1) 由有限个简单合取式构成的析取式称为析取范式.

(2) 由有限个简单析取式构成的合取式称为合取范式.

(3) 析取范式与合取范式统称为范式.

例如,设 $A_i(i=1,2,3)$ 为简单合取式,则 $A=A_1\vee A_2\vee A_3$ 为析取范式. 若 $A_1=p\wedge\neg q,A_2=q\wedge\neg r,A_3=p$,则 $A=(p\wedge\neg q)\vee(q\wedge\neg r)\vee p$.

设 $A_i(i=1,2,3)$ 为简单析取式,则 $A=A_1\wedge A_2\wedge A_3$ 为合取范式. 若 $A_1=p\vee\neg q$, $A_2=q\vee\neg r,A_3=p$,则 $A=(p\vee\neg q)\wedge(q\vee\neg r)\wedge p$.

$p\wedge q\wedge\neg r$ 既可以看成由三个简单析取式组成的合取范式,又可以看成由一个简单合取式构成的析取范式;同理,$p\vee q\vee\neg r$ 既可以看成由三个简单合取式组成的析取范式,又可以看成由一个简单析取式组成的合取范式.

定理 1.4.2 (1) 一个析取范式是矛盾式当且仅当它的每个简单合取式都是矛盾式.

(2) 一个合取范式是重言式当且仅当它的每个简单析取式都是重言式.

探索:(1) 在范式中,若出现联结词→,↔,就可以利用等值式模式

$$A\to B\Leftrightarrow\neg A\vee B$$

$$A\leftrightarrow B\Leftrightarrow(A\to B)\wedge(B\to A)$$

消去公式中的这两个联结词.

(2) 在范式中,若出现联结词 $\neg\neg A$, $\neg(A\vee B)$, $\neg(A\wedge B)$,就可以利用等值式模式

$$\neg\neg A\Leftrightarrow A$$

$$\neg(A\vee B)\Leftrightarrow\neg A\wedge\neg B,\quad \neg(A\wedge B)\Leftrightarrow\neg A\vee\neg B$$

将公式中的否定联结词消去或内移到命题变项前.

(3) 在析取范式中,若出现了 $A\wedge(B\vee C)$,就可以利用公式

$$A\wedge(B\vee C)\Leftrightarrow(A\wedge B)\vee(A\wedge C)$$

化为析取范式;在合取范式中,若出现了 $A\vee(B\wedge C)$,就可以利用公式

$$A\vee(B\wedge C)\Leftrightarrow(A\vee B)\wedge(A\vee C)$$

化为合取范式.

定理 1.4.3 (范式存在定理) 任一命题公式都存在着与之等值的析取范式与合取范式.

求范式的步骤:

(1) 消去联结词→,↔(若存在).

(2) 否定联结词的消去(利用双重否定律)或内移(利用德·摩根律).

(3) 利用分配律:利用合取对析取的分配律求析取范式,利用析取对合取的分配律求合取范式.

例 1.4.1 求下面公式的析取范式与合取范式:

$$(p\to q)\leftrightarrow r$$

解　(1) 求合取范式.

$$
\begin{aligned}
&(p\to q)\leftrightarrow r\\
\Leftrightarrow&(\neg p\vee q)\leftrightarrow r\\
\Leftrightarrow&((\neg p\vee q)\to r)\wedge(r\to(\neg p\vee q))\\
\Leftrightarrow&(\neg(\neg p\vee q)\vee r)\wedge(\neg r\vee\neg p\vee q)\\
\Leftrightarrow&((p\wedge\neg q)\vee r)\wedge(\neg p\vee q\vee\neg r)\\
\Leftrightarrow&(p\vee r)\wedge(\neg q\vee r)\wedge(\neg p\vee q\vee\neg r)
\end{aligned}
$$

(2) 求析取范式.

$$
\begin{aligned}
&(p\to q)\leftrightarrow r\\
\Leftrightarrow&(\neg p\vee q)\leftrightarrow r\\
\Leftrightarrow&((\neg p\vee q)\to r)\wedge(r\to(\neg p\vee q))\\
\Leftrightarrow&(\neg(\neg p\vee q)\vee r)\wedge(\neg r\vee\neg p\vee q)\\
\Leftrightarrow&((p\wedge\neg q)\vee r)\wedge(\neg p\vee q\vee\neg r)\\
\Leftrightarrow&((p\wedge\neg q)\wedge(\neg p\vee q\vee\neg r))\vee(r\wedge(\neg p\vee q\vee\neg r))\\
\Leftrightarrow&(p\wedge\neg q\wedge\neg r)\vee(\neg p\wedge r)\vee(q\wedge r)
\end{aligned}
$$

不论是求析取范式还是求合取范式,前两步是一样的,只是第三步用的分配律不同.

公式的析取范式与合取范式不是唯一的,并且有的简单合取(析取)式中不是含有所有的命题变项,公式还需要进一步变形.

1.4.2　主析取范式与主合取范式

1. 主析取范式与主合取范式的概念

定义 1.4.3　在含有 n 个命题变项及其否定的简单合取式(简单析取式)中,若每个命题变项和它的否定不同时出现,而二者之一必出现且仅出现一次,且第 i 个命题变项或它的否定出现在从左算起的第 i 位上(若变元无角标,就按字典排序),这样的简单合取式(简单析取式)称为极小项(极大项).

由于每个命题变项在极小项中以原形或其否定出现且仅出现一次,因而 n 个命题变项共可产生 2^n 个不同的极小项.其中每个极小项都有且仅有一个赋值,使其真值为 1.若这个赋值所对应的二进制数转化为十进制数为 i,就将所对应极小项记为 m_i.类似地,n 个命题变项共可产生 2^n 个不同的极大项.其中每个极大项都有且仅有一个赋值,使其真值为 0.若这个赋值所对应的二进制数转化为十进制数为 i,将所对应极大项记为 M_i.为了便于记忆,将 p,q 与 p,q,r 形成的极小项和极大项分别列成表 1.4.1 和表 1.4.2.

表 1.4.1 p,q 形成的极小项和极大项

极小项			极大项		
公式	成真赋值	名称	公式	成假赋值	名称
$\neg p\wedge\neg q$	0 0	m_0	$p\vee q$	0 0	M_0
$\neg p\wedge q$	0 1	m_1	$p\vee\neg q$	0 1	M_1
$p\wedge\neg q$	1 0	m_2	$\neg p\vee q$	1 0	M_2
$p\wedge q$	1 1	m_3	$\neg p\vee\neg q$	1 1	M_3

表 1.4.2 p,q,r 形成的极小项和极大项

极小项			极大项		
公式	成真赋值	名称	公式	成假赋值	名称
$\neg p\wedge\neg q\wedge\neg r$	0 0 0	m_0	$p\vee q\vee r$	0 0 0	M_0
$\neg p\wedge\neg q\wedge r$	0 0 1	m_1	$p\vee q\vee\neg r$	0 0 1	M_1
$\neg p\wedge q\wedge\neg r$	0 1 0	m_2	$p\vee\neg q\vee r$	0 1 0	M_2
$\neg p\wedge q\wedge r$	0 1 1	m_3	$p\vee\neg q\vee\neg r$	0 1 1	M_3
$p\wedge\neg q\wedge\neg r$	1 0 0	m_4	$\neg p\vee q\vee r$	1 0 0	M_4
$p\wedge\neg q\wedge r$	1 0 1	m_5	$\neg p\vee q\vee\neg r$	1 0 1	M_5
$p\wedge q\wedge\neg r$	1 1 0	m_6	$\neg p\vee\neg q\vee r$	1 1 0	M_6
$p\wedge q\wedge r$	1 1 1	m_7	$\neg p\vee\neg q\vee\neg r$	1 1 1	M_7

从极小项的定义出发可以证明其具有如下重要性质：

(1) 在命题变项的任何赋值下必有一个极小项，而且只有一个极小项的真值为 1.

(2) 全体极小项组成的主析取范式为 1.

(3) 任意两个极小项的合取范式为 0.

(4) 只有一个命题变项不同的两个极小项的合取等于各相同命题变项的合取.

根据极大项的定义同样也可以得到它的重要性质：

(1) 在命题变项的任何赋值下必有一个极大项，而且只有一个极大项的真值为 0.

(2) 全体极大项组成的主合取范式为 0.

(3) 任意两个极大项的析取为 1.

(4) 只有一个命题变项不同的两个极大项的析取等于各相同变项的析取.

下面讨论极小项与极大项之间的关系.

定理 1.4.4 设 m_i 和 M_i 是命题变项 $p_1,p_2,\cdots,p_n$ 形成的极小项和极大项，

从表 1.4.1 和表 1.4.2 中可发现，极小项和极大项之间存在如下关系

$$\neg m_i \Leftrightarrow M_i$$

例如，$m_0 = \neg p \wedge \neg q \wedge \neg r$，则 $\neg m_0 \Leftrightarrow \neg(\neg p \wedge \neg q \wedge \neg r) \Leftrightarrow p \vee q \vee r \Leftrightarrow M_0$.

定义 1.4.4 若由 n 个命题变项构成的析取范式（合取范式）中所有的简单合取式（简单析取式）都是极小项（极大项），则称该析取范式（合取范式）为主析取范式（主合取范式）.

问题：(1) 文字的顺序不对，可调整顺序，使简单合取式（简单析取式）成为极小项（极大项）.

(2) 文字不够时可以利用同一律、排中律（矛盾律）、分配律补上哑元.

定理 1.4.5 任何命题公式都存在着与之等值的主析取范式和主合取范式，并且是唯一的.

证明 这里只证明主析取范式的存在性和唯一性.

存在性 若 A 是任一含 n 个命题变元的命题公式，由定理 1.4.3 可知，存在与之等值的析取范式 A'，即 $A \Leftrightarrow A'$. 若 A' 的某个简单合取式 A_i 中既不含命题变项 p_j，也不含它的否定式 $\neg p_j$，则将 A_i 展开成如下形式

$$A_i \Leftrightarrow A_i \wedge 1 \Leftrightarrow A_i \wedge (p_j \vee \neg p_j) \Leftrightarrow (A_i \wedge p_j) \vee (A_i \wedge \neg p_j)$$

继续这个过程，直到所有的简单合取式都含有 n 个命题变项或它的否定.

若在演算过程中重复出现命题变项、极小项时，要利用幂等律及时消去，若出现矛盾式，及时用 0 代替，并应用同一律，最后就将 A 化成与之等值的主析取范式 A''.

唯一性 假设某一命题公式 A 存在两个与之等值的主析取范式 B,C，则 $B \Leftrightarrow C$. 由于 B,C 是不同的主析取范式，可设极小项 m_i 只出现在 B 中，在 C 中不出现，于是 m_i 的角标 i 对应的二进制数是 B 的成真赋值，是 C 的成假赋值，这与 $B \Leftrightarrow C$ 相矛盾，因而 B 与 C 必相同.

为了方便，最后的主析取范式（主合取范式）都要用极小项（极大项）表示，并按角标由小到大的顺序排列.

2. 求主析取范式与主合取范式的方法

1) 等值演算法

例 1.4.2 求 $(p \to q) \leftrightarrow r$ 的主析取范式和主合取范式.

解 (1) 求主析取范式.

$$\begin{aligned}
&(p \to q) \leftrightarrow r \\
\Leftrightarrow &(p \wedge \neg q \wedge \neg r) \vee (\neg p \wedge r) \vee (q \wedge r) \\
\Leftrightarrow &(p \wedge \neg q \wedge \neg r) \vee (\neg p \wedge (q \vee \neg q) \wedge r) \vee ((p \vee \neg p) \wedge q \wedge r) \\
\Leftrightarrow &(p \wedge \neg q \wedge \neg r) \vee (\neg p \wedge q \wedge r) \vee (\neg p \wedge \neg q \wedge r) \vee (p \wedge q \wedge r) \\
\Leftrightarrow &m_1 \vee m_3 \vee m_4 \vee m_7
\end{aligned}$$

(2) 求主合取范式.

$$
\begin{aligned}
&(p \to q) \leftrightarrow r \\
&\Leftrightarrow (p \lor r) \land (\neg q \lor r) \land (\neg p \lor q \lor \neg r) \\
&\Leftrightarrow (p \lor (q \land \neg q) \lor r) \land ((p \land \neg p) \lor \neg q \lor r) \land (\neg p \lor q \lor \neg r) \\
&\Leftrightarrow (p \lor q \lor r) \land (p \lor \neg q \lor r) \land (\neg p \lor \neg q \lor r) \land (\neg p \lor q \lor \neg r) \\
&\Leftrightarrow M_0 \land M_2 \land M_5 \land M_6
\end{aligned}
$$

例 1.4.3 求 $p \to q$ 的主合取范式和主析取范式.

解 (1) 求主合取范式.

$$p \to q \Leftrightarrow \neg p \lor q \Leftrightarrow M_2$$

(2) 求主析取范式.

$$
\begin{aligned}
p \to q &\Leftrightarrow \neg p \lor q \Leftrightarrow (\neg p \land (q \lor \neg q)) \lor ((p \lor \neg p) \land q) \\
&\Leftrightarrow (\neg p \land \neg q) \lor (\neg p \land q) \lor (p \land q) \Leftrightarrow m_0 \lor m_1 \lor m_3
\end{aligned}
$$

若公式中的极小项按序号递增(或递减)的次序排列,则所得的主析取范式(主合取范式)是唯一的. 由此可见,主析取范式(主合取范式)是一种较为理想的标准形式.

2) 真值表法

一个命题公式除了用上述等值演算的方法可以建立主析取范式(主合取范式)外,还可以用真值表的方法建立主析取范式(主合取范式). 其过程如下:

(1) 构造真值表;

(2) 从真值表中取得极小(大)项,即从真值表中取公式为 1(0)时变项的赋值,每个赋值对应一个极小(大)项;

(3) 将所得极小(大)项按序号递增次序排列得主析取(主合取)范式.

例 1.4.4 设公式 A 的真值表如表 1.4.3 所示,求其主析取范式.

表 1.4.3 A 的真值表

p	q	r	A
0	0	0	1
0	0	1	0
0	1	0	0
0	1	1	0
1	0	0	1
1	0	1	0
1	1	0	0
1	1	1	0

解 由 A 的真值表可知,A 的极小项为 m_0, m_4,所以 A 的主析取范式是

$$A \Leftrightarrow m_0 \lor m_4 \Leftrightarrow (\neg p \land \neg q \land \neg r) \lor (p \land \neg q \land \neg r)$$

1.4.3 主析取范式(主合取范式)的用途

1. 求公式的成真赋值与成假赋值

公式中含有 n 个命题变项,若其主析取范式出现几个极小项,则有几个成真赋值,极小项的角标对应的 n 位二进制数即为其成真赋值,其余的赋值均为成假赋值. 对于主合取范式也有类似的结论.

2. 判断公式的类型

设公式 A 中含有 n 个命题变项,则:

(1) A 为重言式当且仅当 A 的主析取范式含有全部的 2^n 个极小项(A 的主合范式不含任何的极大项,A 的主合范式为 1).

(2) A 为矛盾式当且仅当 A 的主析取范式不含任何的极小项,A 的主析取范式为 0(A 的主合取范式含有全部的 2^n 个极大项).

(3) A 为可满足式当且仅当 A 的主析取范式中至少含有一个极小项.

例 1.4.5 用公式的主析取范式判断公式的类型.

(1) $\neg(p\rightarrow q)\wedge q$.

(2) $p\rightarrow(p\vee q)$.

(3) $(p\vee q)\rightarrow r$.

解 (1)

$$\begin{aligned}&\neg(p\rightarrow q)\wedge q\\\Leftrightarrow&\neg(\neg p\vee q)\wedge q\\\Leftrightarrow&p\wedge\neg q\wedge q\\\Leftrightarrow&0\end{aligned}$$

这说明公式(1)是矛盾式.

(2)

$$\begin{aligned}&p\rightarrow(p\vee q)\Leftrightarrow\neg p\vee(p\vee q)\\\Leftrightarrow&(\neg p\wedge\neg q)\vee(\neg p\wedge q)\vee(p\wedge\neg q)\vee(p\wedge q)\vee(\neg p\wedge q)\vee(p\wedge q)\\\Leftrightarrow&m_0\vee m_1\vee m_2\vee m_3\end{aligned}$$

这说明公式(2)是重言式. 事实上,有

$$p\rightarrow(p\vee q)\Leftrightarrow\neg p\vee(p\vee q)\Leftrightarrow(\neg p\vee p)\vee q\Leftrightarrow 1$$

(3)

$$\begin{aligned}&(p\vee q)\rightarrow r\Leftrightarrow\neg(p\vee q)\vee r\Leftrightarrow(\neg p\wedge\neg q)\vee r\\\Leftrightarrow&(\neg p\wedge\neg q\wedge\neg r)\vee(\neg p\wedge\neg q\wedge r)\vee(\neg p\wedge q\wedge r)\\&\vee(p\wedge\neg q\wedge r)\vee(p\wedge q\wedge r)\\\Leftrightarrow&m_0\vee m_1\vee m_3\vee m_5\vee m_7\end{aligned}$$

这说明公式(3)是非重言式可满足式.

3. 判断两个公式是否等值

设公式 A,B 的主析取范式分别为 A',B',若 $A'\Leftrightarrow B'$,则 $A\Leftrightarrow B$,否则 $A\not\Leftrightarrow B$.

例 1.4.6 判断下面两组公式是否等值:

(1) $p\to(q\to r)$ 与 $p\wedge q\to r$.

(2) $(p\to q)\to r$ 与 $p\wedge q\to r$.

解 (1)

$$
\begin{aligned}
& p\to(q\to r)\\
\Leftrightarrow & \neg p\vee\neg q\vee r\\
\Leftrightarrow & m_0\vee m_1\vee m_2\vee m_3\vee m_4\vee m_5\vee m_7
\end{aligned}
$$

$$
\begin{aligned}
& p\wedge q\to r\\
\Leftrightarrow & \neg(p\wedge q)\vee r\Leftrightarrow\neg p\vee\neg q\vee r\\
\Leftrightarrow & m_0\vee m_1\vee m_2\vee m_3\vee m_4\vee m_5\vee m_7
\end{aligned}
$$

所以这两个公式等值.

(2)

$$
\begin{aligned}
& (p\to q)\to r\\
\Leftrightarrow & \neg(\neg p\vee q)\vee r\\
\Leftrightarrow & (p\wedge\neg q)\vee r\\
\Leftrightarrow & (p\wedge\neg q\wedge r)\vee(p\wedge\neg q\wedge\neg r)\vee(\neg p\wedge\neg q\wedge r)\\
& \vee(\neg p\wedge q\wedge r)\vee(p\wedge q\wedge r)\\
\Leftrightarrow & m_1\vee m_3\vee m_4\vee m_5\vee m_7
\end{aligned}
$$

$$p\wedge q\to r\Leftrightarrow m_0\vee m_1\vee m_2\vee m_3\vee m_4\vee m_5\vee m_7$$

所以$(p\to q)\to r\not\Leftrightarrow(p\wedge q)\to r$.

4. 分析与解决实际问题

例 1.4.7 某科研所要从 3 名科研骨干 A,B,C 中挑选 1 至 2 名出国进修,由于工作需要,选派时要满足以下条件:

(1) 若 A 去,则 C 同去.

(2) 若 B 去,则 C 不能去.

(3) 若 C 不去,则 A 或 B 可以去.

问所里应如何选派他们?

解 设 p:派 A 去;q:派 B 去;r:派 C 去.

由已知条件可得公式

$$(p\to r)\wedge(q\to\neg r)\wedge(\neg r\to(p\vee q))$$

等值演算化为主析取范式

$$
\begin{aligned}
&(p\to r)\wedge(q\to\neg r)\wedge(\neg r\to(p\vee q))\\
\Leftrightarrow&(\neg p\vee r)\wedge(\neg q\vee\neg r)\wedge(p\vee q\vee r)\\
\Leftrightarrow&(((\neg p\vee r)\wedge\neg q)\vee((\neg p\vee r)\wedge\neg r)))\wedge(p\vee q\vee r)\\
\Leftrightarrow&((\neg p\wedge\neg q)\vee(\neg q\wedge r)\vee(\neg p\wedge\neg r)\vee(r\wedge\neg r))\wedge(p\vee q\vee r)\\
\Leftrightarrow&((\neg p\wedge\neg q)\wedge(p\vee q\vee r))\vee((\neg q\wedge r)\wedge(p\vee q\vee r))\\
&\vee((\neg p\wedge\neg r)\wedge(p\vee q\vee r))\\
\Leftrightarrow&(\neg p\wedge\neg q\wedge r)\vee(p\wedge\neg q\wedge r)\vee(\neg q\wedge r)\vee(\neg p\wedge q\wedge\neg r)\\
\Leftrightarrow&(\neg p\wedge\neg q\wedge r)\vee(p\wedge\neg q\wedge r)\vee(\neg p\wedge q\wedge\neg r)
\end{aligned}
$$

可知,选派方案有三种:

(1) C 去,A,B 都不去;

(2) A,C 同去,B 不去;

(3) B 去,A,C 都不去.

1.4.4 主析取范式与主合取范式的关系

设公式 A 含 n 个命题变项,A 的主析取范式含 $s(0<s<2^n)$ 个极小项,即

$$A\Leftrightarrow m_{i_1}\vee m_{i_2}\vee\cdots\vee m_{i_s},\quad 0\leqslant i_j\leqslant 2^n-1,\ j=1,2,\cdots,s$$

设没出现的极小项为 $m_{j_1},m_{j_2},\cdots,m_{j_{2^n-s}}$,它们的角标的二进制表示为 $\neg A$ 的成真赋值,因而 $\neg A$ 的主析取范式为

$$\neg A\Leftrightarrow m_{j_1}\vee m_{j_2}\vee\cdots\vee m_{j_{2^n-s}}$$

又

$$
\begin{aligned}
A\Leftrightarrow\neg\neg A&\Leftrightarrow\neg(m_{j_1}\vee m_{j_2}\vee\cdots\vee m_{j_{2^n-s}})\\
&\Leftrightarrow\neg m_{j_1}\wedge\neg m_{j_2}\wedge\cdots\wedge\neg m_{j_{2^n-s}}\\
&\Leftrightarrow M_{j_1}\wedge M_{j_2}\wedge\cdots\wedge M_{j_{2^n-s}}
\end{aligned}
$$

于是,若已知公式的主析取范式,即可求出它的主合取范式.

含有 n 个命题变项的公式不等值的只有 2^{2^n} 种,而等值的公式其主析取范式是相同的,那么公式的主析取范式也仅有 2^{2^n} 种. n 个命题变项共可产生 2^n 个极小项,2^n 个极小项可以产生 2^{2^n} 种不同的主析取范式. 两个公式若有相同的真值表,则有相同的主析取范式;若有相同的主析取范式,则有相同的真值表. 所以真值表与主析取范式是刻画公式的两种等价形式.

1.4.5 重要定理

定义 1.4.5 如果命题公式中只出现$\{\neg,\wedge,\vee\}$中的联结词,则称其为受限的命题公式.

定义 1.4.6 设有受限的命题公式 A 和 A^*，A^* 是由 A 进行如下置换得到的：

(1) 联结词 $\wedge$，$\vee$ 相互置换；

(2) 真值 0 和 1 相互置换.

则称 A^* 是 A 的对偶式，或称 A 与 A^* 互为对偶. 也称联结词 $\wedge$，$\vee$ 是互为对偶的.

例 1.4.8 给出下列命题公式的对偶式.

(1) $(p\vee q)\wedge r$.

(2) $(p\wedge q)\vee 1$.

(3) $\neg(p\wedge q)\vee(p\wedge\neg(q\vee\neg s))$.

解 根据定义，它们的对偶式分别为

(1) $(p\wedge q)\vee r$.

(2) $(p\vee q)\wedge 0$.

(3) $\neg(p\vee q)\wedge(p\vee\neg(q\wedge\neg s))$.

下面定理给出了命题公式与它的对偶式之间的联系.

定理 1.4.6（对偶原理） 设命题公式 $A(p_1,\cdots,p_n)$ 与命题公式 $A^*(p_1,\cdots,p_n)$ 互为对偶（其中 $p_1,\cdots,p_n$ 命题变量），则有

(1) $\neg A(p_1,\cdots,p_n)\Leftrightarrow A^*(\neg p_1,\cdots,\neg p_n)$.

(2) $A(\neg p_1,\cdots,\neg p_n)\Leftrightarrow\neg A^*(p_1,\cdots,p_n)$.

定理中的(1)、(2)两个结论可以相互推导.

定理 1.4.7 设命题公式 A，A^* 互为对偶，B，B^* 也互为对偶，则当 $A\Leftrightarrow B$ 时，有

(1) $A^*\Leftrightarrow B^*$.

(2) $(A^*)^*\Leftrightarrow A$.

注：(1) 由对偶原理，则可以理解许多等值变换的规律总是成对出现的. 实际上，每对中两个等值公式是互为对偶的.

(2) 由对偶原理，可以方便地从一个定理推出另一个定理. 同时可以把寻找对偶式的操作看成一种运算.

(3) 在对偶运算中，只对 0，1 相互置换，对联结词 $\wedge$，$\vee$ 相互置换，否定联结词保持不变.

(4) 利用对偶原理可以从命题公式 A 找到它的否定式 $\neg A$. 只要把 A 换成它的对偶式 A^*，再把出现在 A^* 中所有命题变项换成它的否定式即可.

应用的数学思想方法

1. 模型化方法

模型是一个常用的名词，所谓模型是一种结构，这种结构是通过对原型的形式

化或模拟与抽象得到的. 模型的种类很多，可以是物质的，也可以是思想的(抽象的). 思想模型又可分为不同的类：形象模型(如地图)和符号模型. 模型方法是借助模型来研究原型的功能特征、内在规律，并应用于实际的一种方法.

所谓数学模型就是研究者依据研究目的，将所研究的客观事物的过程和现象的主要特征、主要关系，采用形式化的数学语言，概括或近似地表达出来的一种结构. 因此，数学模型是数学抽象的结果，是对现实原型的概括反映或模拟，是一种符号模型. 其原型可以是具体事物，也可以是数学对象. 对数学模型的理解有两种：一种是广义的理解，即把从现实原型抽象概括出来的数学概念、公式、定理、理论体系以及应用数学中各种具体的数学模型，统称为数学模型；另一种是狭义的理解，只是指应用数学的各种具体模型. 这里的数学模型是广义下的理解. 数学模型是针对或参照某种事物系统的特征或数学相依关系，采用形式化数学语言近似地表述出来的一种数学结果. 数学模型不仅包含数学基本概念(如实数、向量、集合、群等)和数学理论体系(如公式、法则、方程等)，而且是特定问题或特定具体事物系统的数学结构. 它具有两大特点：①数学模型是一种科学概念，是进行科学抽象的产物，是反映事物本质属性的思维形式；②数学模型是一种理想模型，它是应用科学抽象的理想化方法，在思维中把事物的某些属性引导到极限的结果.

数学模型化方法不仅是处理数学理论问题的经典方法，也是处理各种实际问题的一般数学方法；数学模型化方法不仅广泛应用于自然科学的各个领域，而且应用于人文社会科学的各个领域. 简单地说，数学模型化方法是通过研究事物的数学模型来认识事物的方法，它是数学抽象方法的直接应用和体现. 数学模型化方法是通过建立和研究客观对象的数学模型来揭示对象的本质特征和变化规律的一种方法.

本节中定义了简单合取式、简单析取式、析取范式、合取范式. 遇到推理问题便符号化成命题公式，并通过等值演算将其化成范式的形式. 由于范式不唯一，我们又进一步定义极小项、极大项，将范式化为唯一的标准形式——主析取范式或主合取范式，从而这种标准的形式反映出公式(函数)所包含的信息.

2. 算法

一个算法应该具有以下 5 个重要的特征①.

(1) 有穷性：一个算法必须保证执行有限步之后结束. 此处“有限”不同于数学概念的“有限”，天文数字般的有限对于实际问题并无意义.

(2) 确切性：算法的每一步骤必须有确切的定义，以保证算法的执行结果是确定的.

---

① 李亚玲. 算法及其学习的意义. 数学通报，2004，(2)：7-9.

(3) 输入：一个算法有 0 个或多个输入，以刻画运算对象的初始情况，所谓 0 个输入是指算法本身定义了初始条件.

(4) 输出：一个算法有 1 个或多个输出，以反映对输入数据加工后的结果，没有输出的算法是毫无意义的.

(5) 可行性：算法原则上能够精确地运行，可以通过已经实现的基本运算执行有限次来实现，而且人们用笔和纸进行有限次运算后即可完成.

等值演算是数理逻辑中最基本的同时也是最重要的内容. 本节及 1.5 节中命题公式等值演算化标准形式——主析取范式或主合取范式的步骤实际上就是算法：

(1) 用等价等值式消去↔，用蕴涵等值式消去→；

(2) 用双重否定律消去¬¬，用德·摩根律内移¬；

(3) 用∧对∨的分配律求析取范式，用∨对∧的分配律求合取范式；

(4) 用同一律、∧对∨的分配律(或同一律、∨对∧的分配律)，将简单合取式(简单析取式)中缺失的文字补齐，成为极小项(或极大项)，并及时应用幂等律、同一律，最终将任意命题公式化成主析取范式(主合取范式).

命题公式等值演算化范式的三个步骤(消去联结词↔，→；消去双¬¬，内移¬；用分配律交换运算顺序)完全是程序化的，顺序和内容都是明确的，没有任何歧义，任何人演算的结果都是一样的. 以求析取范式为例，用框图表示如图 1.4.1 所示.

通过日常课程的演算练习，理解运算定律的作用和相互之间的联系，明确每一步演算算理、结果和意义，深刻认识算法的有效性，可以极大地提高人们学习的兴趣，也有利于提高逻辑思维能力.

"算法所体现出来的逻辑化特点被有些学者看成是逻辑学继形式逻辑和数理逻辑之后发展的第三个阶段."[①]由此我们可以体会到数理逻辑基础与算法相继的关系，善于搭建数理逻辑和算法知识之间联系的桥梁，领悟算法思想，体验算法操作，培养理性精神和实践能力.

3. 构造法

从数学产生那天起，数学中构造性方法也就伴随着产生了. 所谓构造性方法就是数学中的概念和方法按固定的方式经有限个步骤能够定义的概念和能够实现的方法. 数学史上直觉主义学派曾提出过一个著名的口号："存在必须是被构造."

数理逻辑中的构造性方法比较浓郁. 比如，命题公式、谓词公式的递归(归纳)定义，公式层的定义. 命题公式化成主析取(主合取)范式的步骤：①消去联结词↔，

① 吴素萍. 算法教学中的几点思考. 计算机工程应用技术，2008，4(9)：2799-2804.

→;②否定符号¬的内移与消去;③利用∧对∨的分配律求析取范式,利用∨对∧的分配律求合取范式;④把缺少的命题变项及其否定补上(及时使用幂等律、0代替矛盾式、1代替永真式、使用同一律).谓词公式化成前束范式的步骤:①利用换名规则或代替规则将既自由出现又约束出现的变项换成只自由出现或约束出现的变项;②将量词的辖域逐次按先后顺序扩张.

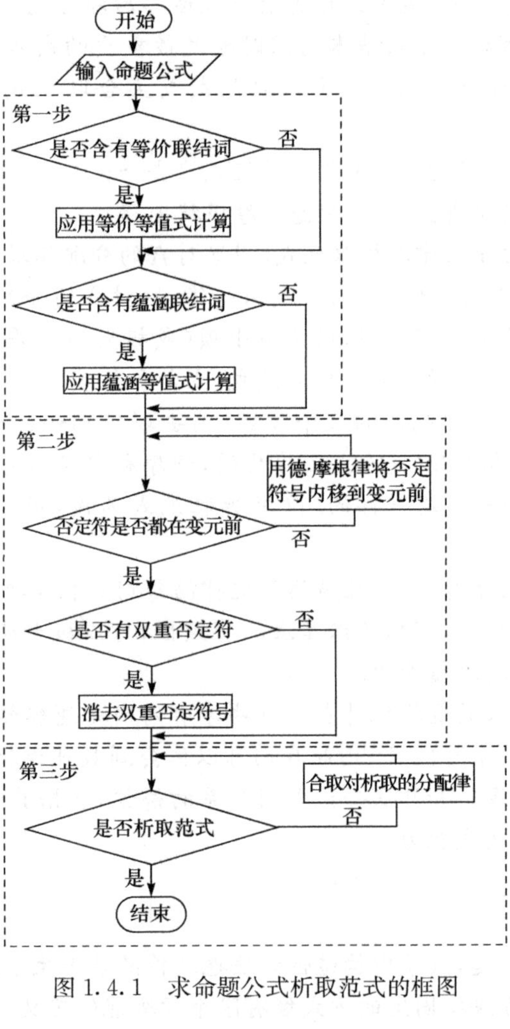

图 1.4.1 求命题公式析取范式的框图

4. 化归方法

人们在研究数学的长期实践中获得了大量的成果,积累了丰富的经验,产生了一定的方法与技能,许多问题的研究已经形成了固定的方法和约定俗成的步骤,人们将这种有既定解决方案和固定处理程序的问题称为规范问题,把一个待求解的问题转化为规范问题的过程称为问题的规范化.

所谓"化归",字面上可理解为转化和归结的意思,数学中的"化归"方法,是指数学家们把待解决或未解决的问题,通过某种转化过程,归结到一类已解决或者比较容易解决的问题中去,最终求得原问题解答的一种手段和方法,即通过数学的内部联系,利用矛盾转换,归结为规范问题或可求解问题的思想方法.

笛卡儿①(R. Descartes,1596～1650)称这种化归方法为解决数学问题的"万能方法";波利亚②(G. Polya,1887～1985)也对化归方法高度评价,认为它是解决数学问题的首要方法.匈牙利著名数学家 P. 罗莎(R. Peter)曾用以下比喻十分生动地说明了化归思想方法的实质.她写道:"假设在你面前有煤气灶、水龙头、水壶和火柴,现在的任务是要烧水,你应当怎样去做?"正确的回答是:"在水壶中放上水,点燃煤气,再把水壶放到煤气灶上."接着,罗莎又提出第二个问题:"假设所有的条件都不变,只是水壶中已有了足够的水,这时你应该怎样去做?"对此,人们往往回答说:"点燃煤气,再把壶放到煤气灶上."但罗莎却认为这并不是最好的回答,因为"只有物理学家才会这样做,而数学家则会倒去壶中的水,并且声称我已经把后一问题化归成先前的问题了,而先前的问题我已回答."

"把水倒掉"——这是多么简洁的回答呀! 比喻有点夸张,但它的确表明了数学家思考与解决问题的一个特点,与其他应用科学家相比,他们更善于使用化归思想方法.

尽管化归的方法众多,但是所有利用化归法解决问题的过程均可简单地归结为:将所要研究的问题,先通过某种途径转化为一个已解决的问题,再对问题求得解答,从而完成对原问题的解答.这就是化归方法的基本模式,如图 1.4.2 所示.

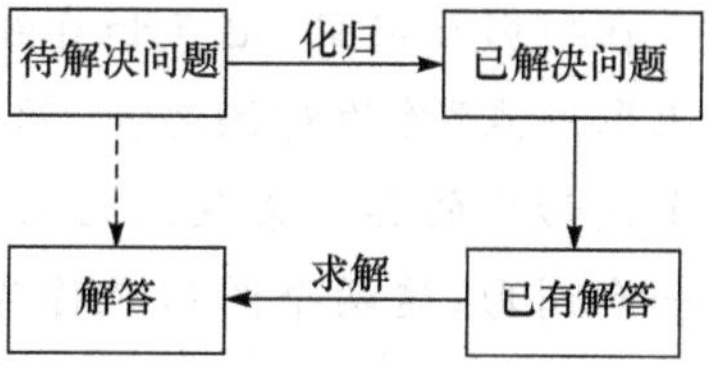

图 1.4.2

化归的方向,可简述为:由已知化为未知,由困难化为容易,由烦琐化为简洁.即向基本模型化归,向特殊模型化归,向低层模型化归

化归的原则是化难为易、化生为熟、化繁为简.具体化归时,一般应遵循以下原则,即

(1) 简单化原则:将复杂问题化为简单问题;

① 笛卡儿:著名的法国哲学家、科学家和数学家.笛卡儿对数学最重要的贡献是创立了解析几何.笛卡儿成功地将当时完全分开的代数和几何学联系到了一起.在他的著作《几何》中,笛卡儿向世人证明,几何问题可以归结成代数问题,也可以通过代数转换来发现、证明几何性质.笛卡儿引入了坐标系以及线段的运算概念.笛卡儿在数学上的成就为后人在微积分上的工作提供了坚实的基础,而后者又是现代数学的重要基石.

② 波利亚:美籍匈牙利数学家.著有《怎样解题》、《数学的发现》、《数学与猜想》等,被译成多种文字,广为流传.

(2) 熟悉化原则:将生疏问题化为熟悉问题;

(3) 具体化原则:将抽象问题化为具体问题;

(4) 标准化原则:将待解决问题在形式上向该类问题的标准形式化归;

(5) 低层次化原则:将高层次问题化为低层次问题;

(6) 和谐统一原则:指化归应朝着使待解决的问题在表现形式上趋于和谐,在量、形、关系方面趋于统一的方向进行,使问题的条件和结论表现得更匀称和恰当.

本节中命题公式的等值演算需要把公式化成析取(合取)范式,进一步化成主析取(主合取)范式,在主析取(主合取)范式中,只有文字的合取与析取运算结构简单,容易理解,含有的信息能够被直观地读出.谓词逻辑中的等值演算需要把公式化成前束范式,这样形式上统一,容易处理,方便推理.

5. 对偶原理

对偶原理是从数学理论整体结构的角度考察数学的一种方法,它具有整体性、对称性和审美性.

在射影几何中有两个著名定理:

(1) 帕斯卡定理:内接于二次曲线的六边形的三对对边的交点共线.

(2) 布列昂匈定理:连接外切于二次曲线的六边形的相对顶点的三条对角线共点.

这两条定理有着惊人的相似之外,这是因为两个定理之间存在着一种对偶关系.

在射影几何里,把点和直线称为对偶元素,把"过一点作一直线"和"在一直线上取一点"称为对偶运算.两个图形,它们都是由点和直线组成的,如果把其中一个图形中的各元素改为它的对偶元素,各运算改为它的对偶运算,结果就得到另一个图形,这两个图形就称为对偶图形.一个命题叙述的内容只是关于点、直线和平面的位置的,可把各元素改为它的对偶元素,各运算改为它的对偶运算,结果就得到另一个命题,这两个命题就称为对偶命题.如果一个命题真,则另一个命题必然真.

在命题逻辑中:

(1) 真(1)与假(0)是对偶的真值;

(2) 合取"$\wedge$"与析取"$\vee$"运算是对偶运算,$p\wedge q$ 为真当且仅当两个命题同时为真,$p\vee q$ 为假当且仅当两个命题同时为假;

(3) 幂等律、交换律、结合律、分配律、德·摩根律等是对偶的定律;

(4) 公式的极小项与极大项,合取范式与析取范式是对偶的标准形式.

在一阶逻辑中：

(1) 全称量词“$\forall$”与存在量词“$\exists$”是对偶的量词；

(2) 量词消去等值式、量词否定等值式、量词辖域的收缩和扩张与量词分配等值式是对偶的等值式；

(3) 命题符号化的形式是对偶的. 比如，

① 取个体域为全总个体域，$M(x)$：x 是人；$F(x)$：x 呼吸. 于是“凡人都呼吸”可以符号化为：$\forall x(M(x)\to F(x))$，也可以符号化为：$\neg\exists x(M(x)\wedge\neg F(x))$.

② 取个体域为全总个体域，$F(x)$：x 是负数；$G(x)$：x 是正数，$H(x,y)$：$x<y$. 于是“凡负数都小于正数”可以符号化为：$\forall x\forall y(F(x)\wedge G(y)\to H(x,y))$，也可以符号化为：$\neg\exists x\exists y(F(x)\wedge G(y)\wedge\neg H(x,y))$.

正是集合的元素、集合上的运算、运算律的对偶性保证了对偶定理的正确性.

1.5　联结词的完备集

1.5.1　*n* 元真值函数

定义 1.5.1　称 $F:\{0,1\}^n\to\{0,1\}$ 为 n 元真值函数.

在这个定义中，F 的自变量是 n 个命题变项，定义域 $\{0,1\}^n=\{\underbrace{00\cdots0}_{n位},\underbrace{00\cdots1}_{n位},\cdots,\underbrace{11\cdots1}_{n位}\}$ 共 2^n 个值，其中每个数字串的长度为 n，值域为 $\{0,1\}$，对于每个自变量的值，函数值有两种取法，因而共有 2^{2^n} 种不同的 n 元真值函数，每个 n 元真值函数与一个主析取范式、一个真值表是等价的. 在表 1.5.1 和表 1.5.2 中，我们将其汇集到了一起，因而不管是用真值表、n 元真值函数，还是用主析取范式的方式来刻画，公式是等价的.

(1) 一元真值函数的例子(表 1.5.1).

表 1.5.1

p	0	m_0	m_1	$m_0\vee m_1$
	$F_0^{(1)}$	$F_1^{(1)}$	$F_2^{(1)}$	$F_3^{(1)}$
0	0	0	1	1
1	0	1	0	1

(2) 二元真值函数的例子(表 1.5.2).

表 1.5.2

p q	0	m_3	m_2	$m_2 \vee m_3$	m_1	$m_1 \vee m_3$	$m_1 \vee m_2$	$m_1 \vee m_2 \vee m_3$
	$F_0^{(2)}$	$F_1^{(2)}$	$F_2^{(2)}$	$F_3^{(2)}$	$F_4^{(2)}$	$F_5^{(2)}$	$F_6^{(2)}$	$F_7^{(2)}$
0 0	0	0	0	0	0	0	0	0
0 1	0	0	0	0	1	1	1	1
1 0	0	0	1	1	0	0	1	1
1 1	0	1	0	1	0	1	0	1
p q	m_0	$m_0 \vee m_3$	$m_0 \vee m_2$	$m_0 \vee m_2 \vee m_3$	$m_0 \vee m_1$	$m_0 \vee m_1 \vee m_3$	$m_0 \vee m_1 \vee m_2$	$m_0 \vee m_1 \vee m_2 \vee m_3$
	$F_8^{(2)}$	$F_9^{(2)}$	$F_{10}^{(2)}$	$F_{11}^{(2)}$	$F_{12}^{(2)}$	$F_{13}^{(2)}$	$F_{14}^{(2)}$	$F_{15}^{(2)}$
0 0	1	1	1	1	1	1	1	1
0 1	0	0	0	0	1	1	1	1
1 0	0	0	1	1	0	0	1	1
1 1	0	1	0	1	0	1	0	1

1.5.2 联结词的完备集

定义 1.5.2 设 S 是一个联结词集合，如果任何 n 元真值函数都可以由仅含 S 中的联结词构成的公式表示，则称 S 是一个联结词完备集.

定理 1.5.1 $S=\{\neg, \wedge, \vee\}$是联结词完备集.

证明 因为如果任何 n 元真值函数都与唯一的主析取范式等值，而在主析取范式中仅含联结词$\neg, \wedge, \vee$，所以 $S=\{\neg, \wedge, \vee\}$是联结词的完备集.

推论 1.5.1 以下联结词集都是完备集.

(1) $S_1=\{\neg, \wedge, \vee, \rightarrow\}$.

(2) $S_2=\{\neg, \wedge, \vee, \rightarrow, \leftrightarrow\}$.

(3) $S_3=\{\neg, \wedge\}$.

(4) $S_4=\{\neg, \vee\}$.

(5) $S_5=\{\neg, \rightarrow\}$.

设 S_1 和 S_2 是两个不同的联结词完备集，用 S_1 中联结词构成的任何公式，可以等值转化成用 S_2 中联结词构成的公式，反之亦然.

于是，人们可以构造只含某确定联结词完备集中的联结词的公式的形式系统. 如将任何公式都转化为它的主析取范式，则所用的联结词完备集为$\{\neg, \wedge, \vee\}$. 人们还常用联结词完备集$\{\neg, \rightarrow\}$来构造形式系统.

根据需要人们可以构造形式上更为简单的联结词完备集. 例如，在数字电路设计中，用与非门或者或非门来设计逻辑电路，这就需要构造新的联结词.

定义 1.5.3 设 p,q 为两个命题，复合命题“p 与 q 的否定式”(“p 或 q 的否定式")称为p,q的与非式(或非式),记为$p\uparrow q(p\downarrow q)$. 符号$\uparrow(\downarrow)$(谢弗[①]竖(皮尔斯[②]箭))称为与非联结词(或非联结词). $p\uparrow q$为真当且仅当p,q不同时为真($p\downarrow q$为真当且仅当p,q同时为假),即

$$p\uparrow q=\neg(p\wedge q),\quad p\downarrow q=\neg(p\vee q)$$

表 1.5.3

p q	$p\wedge q$	$p\uparrow q$	$p\vee q$	$p\downarrow q$
0 0	0	1	0	1
0 1	0	1	1	0
1 0	0	1	1	0
1 1	1	0	1	0

定理 1.5.2 $\{\uparrow\},\{\downarrow\}$都是联结词的完备集.

证明 已知$\{\neg,\wedge,\vee\}$是联结词的完备集,因而只需证明其中的每个联结词都可以由$\uparrow$定义即可. 而

$$\begin{aligned}&\neg p\\ \Leftrightarrow&\neg(p\wedge p)\\ \Leftrightarrow&p\uparrow p\end{aligned}$$

$$\begin{aligned}&p\wedge q\\ \Leftrightarrow&\neg\neg(p\wedge q)\\ \Leftrightarrow&\neg(p\uparrow q)\\ \Leftrightarrow&(p\uparrow q)\uparrow(p\uparrow q)\end{aligned}$$

$$\begin{aligned}&p\vee q\\ \Leftrightarrow&\neg\neg(p\vee q)\\ \Leftrightarrow&\neg(\neg p\wedge\neg q)\\ \Leftrightarrow&\neg p\uparrow\neg q\\ \Leftrightarrow&(p\uparrow p)\uparrow(q\uparrow q)\end{aligned}$$

可知,$\{\uparrow\}$是联结词的完备集,类似地可以证明$\{\downarrow\}$也是联结词的完备集.

应用的数学思想方法

1. 函数思想方法

函数思想方法,作为最重要、最基本的数学思想方法之一,就是运用运动和变

---

① 谢弗(H. M. Sheffer):美国逻辑学家. 我国哲学家、逻辑学家金岳霖(1895~1984)曾于1931年赴哈佛大学随谢弗学习逻辑.

② 皮尔斯(C. S. Peirce,1839~1914):美国科学家、逻辑学家与哲学家,他的研究方向是逻辑和科学方法论,他对逻辑、集合论、抽象代数和数学原理的贡献至今仍有影响.

化的观点、集合与对应的思想，去分析问题的数量关系，或通过类比、联想、转化合理地构造函数，运用函数的图像和性质，去解决问题. 本节定义了真值函数，沟通了真值函数与主析取范式、真值表的等价性，终于"戳破了这层窗户纸"，揭示了命题逻辑的代数本质，实现了联结词完备集的定义.

2. 等价变换方法

以前学习中常见的等价变换在数的方面有等值变换、同余变换、通解变换；在形的方面有合同变换、相似变换、等积变换. 数的运算法则和整式的恒等变形法则所反映的是等值变换，解一元一次方程和线性方程组的过程所反映的是通解变换，利用"出入相补"原理把梯形面积的求解转化为矩形面积的求解，反映的是等积变换. 两个集合等价则意味着这两个集合之间能相互对应，即一个集合中的元素在另一个集合中都有等价的对应形式.

在 n 元真值函数构成的集合 A 与主析取范式构成的集合 B 之间存在一个一一映射，表 1.5.1 与表 1.5.2 是 $n=1,2$ 的两个例子.

1.6　推理的形式结构

命题公式等值演算的主要任务在于提供了一种正确的思维规律，从已知命题出发，经过等值演算，得到相应的等值式，这就给出了前提和结论之间的逻辑关系，涉及推理. 数理逻辑就是用形式化的方法研究数学中的推理理论. 大家知道，推理就是从前提出发推出结论的思维过程. 命题逻辑的推理前提是已知的命题公式集，结论是从前提出发应用推理规则推出的命题公式. 学习推理，应先明确什么样的推理是有效的，推理的形式结构怎样?

1.6.1　推理有效性及形式结构

定义 1.6.1　设 $A_1,A_2,\cdots,A_k,B$ 都是命题公式，若对于 $A_1,A_2,\cdots,A_k,B$ 中出现的命题变项的任意一组赋值，或者 $A_1\wedge A_2\wedge\cdots\wedge A_k$ 为假，或者当 $A_1\wedge A_2\wedge\cdots\wedge A_k$ 为真时，B 也为真，则称由前提 $A_1,A_2,\cdots,A_k$ 推出 B 的推理是有效的或正确的，并称 B 是有效的结论.

说明：(1) 推理的有效性与前提中诸命题的次序无关，所以推理的前提应是一个集合 Γ，而不是一个序列. 推理的形式结构为：$\Gamma\vdash B$ 或 $\{A_1,A_2,\cdots,A_k\}\vdash B$，若推理是正确的记为 $\Gamma\models B$，否则记为 $\Gamma\not\models B$.

(2) 对于 $A_1,A_2,\cdots,A_k,B$ 中出现的命题变项的任何一组赋值，前提和结论的取值情况只有 4 种，如表 1.6.1 所示.

表 1.6.1

$A_1 \wedge A_2 \wedge \cdots \wedge A_k B$	B
0	0
0	1
1	0
1	1

判断一个推理正确就是看是否出现情况 3. 推理正确，推理的结论未必正确，这和数学公理系统中的推理是不同的.

定理 1.6.1　命题公式 $A_1, A_2, \cdots, A_k$ 推出 B 的推理正确当且仅当

$$A_1 \wedge A_2 \wedge \cdots \wedge A_k \rightarrow B$$

为永真式(证明略).

推理的形式结构：$A_1 \wedge A_2 \wedge \cdots \wedge A_k \rightarrow B$，一般成下列形式：前提：$A_1, A_2, \cdots, A_k$，结论：$B$.

推理有效：$A_1 \wedge A_2 \wedge \cdots \wedge A_k \Rightarrow B$.

1.6.2　推理有效的证明

1. 判断推理有效的方法(真值表法)

例 1.6.1　用真值表法判断推理是否正确.

(1) $\{p, p \rightarrow q\} \vdash q$.

(2) $\{p, q \rightarrow p\} \vdash q$.

解　列出前提合取式与结论的真值表，如表 1.6.2 所示.

表 1.6.2

p	q	$p \wedge (p \rightarrow q)$	q	$p \wedge (q \rightarrow p)$	q
0	0	0	0	0	0
0	1	0	1	0	1
1	0	0	0	1	0
1	1	1	1	1	1

由表 1.6.2 可知：①没有出现前提合取式为真而结论为假的情况，因而推理正确，即 $\{p, p \rightarrow q\} \models q$；②在赋值为 10 的条件下出现了前提合取式为真而结论为假的情况，因而推理不正确，即 $\{p, q \rightarrow p\} \not\models q$.

2. 等值演算法

例 1.6.2　一份统计表格的错误或者是由于材料不可靠，或者是由于计算有

错误;这份统计表格的错误不是由于材料不可靠,所以这份统计表格的错误是由于计算有错误.

解 设 p:统计表格的错误是由于材料不可靠;q:统计表格的错误是由于计算有误.

本例中推理的形式结构为:$(p \vee q) \wedge \neg p \rightarrow q$.

因为

$$
\begin{aligned}
& (p \vee q) \wedge \neg p \rightarrow q \\
\Leftrightarrow & \neg((p \vee q) \wedge \neg p) \vee q \\
\Leftrightarrow & \neg(p \vee q) \vee (p \vee q) \\
\Leftrightarrow & 1
\end{aligned}
$$

所以,$(p \vee q) \wedge \neg p \Rightarrow q$.

3. 主析取范式法

例 1.6.3 如果王老师来了,这个问题可以得到解答,如果周老师来了,这个问题也可以得到解答,总之,王老师或周老师来了,这个问题就可以得到解答.

解 设 p:王老师来了;q:周老师来了;r:这个问题得到解答.

本例中推理的形式结构为:$(p \rightarrow r) \wedge (q \rightarrow r) \rightarrow ((p \vee q) \rightarrow r)$.

因为

$$
\begin{aligned}
& (p \rightarrow r) \wedge (q \rightarrow r) \rightarrow ((p \vee q) \rightarrow r) \\
\Leftrightarrow & \neg((\neg p \vee r) \wedge (\neg q \vee r)) \vee (\neg(p \vee q) \vee r) \\
\Leftrightarrow & \neg(\neg p \vee r) \vee \neg(\neg q \vee r) \vee ((\neg p \wedge \neg q) \vee r) \\
\Leftrightarrow & (p \wedge \neg r) \vee (q \wedge \neg r) \vee (\neg p \wedge \neg q) \vee r \\
\Leftrightarrow & (p \wedge q \wedge \neg r) \vee (p \wedge \neg q \wedge \neg r) \vee (p \wedge q \wedge \neg r) \vee (\neg p \wedge q \wedge \neg r) \\
& \vee (\neg p \wedge \neg q \wedge r) \vee (\neg p \wedge \neg q \wedge \neg r) \vee (p \wedge q \wedge r) \vee (p \wedge \neg q \wedge r) \\
& \vee (\neg p \wedge q \wedge r) \vee (\neg p \wedge \neg q \wedge r) \\
\Leftrightarrow & m_6 \vee m_4 \vee m_6 \vee m_2 \vee m_1 \vee m_0 \vee m_7 \vee m_5 \vee m_3 \vee m_1 \\
\Leftrightarrow & m_0 \vee m_1 \vee m_2 \vee m_3 \vee m_4 \vee m_5 \vee m_6 \vee m_7 \\
\Leftrightarrow & 1
\end{aligned}
$$

所以,$(p \rightarrow r) \wedge (q \rightarrow r) \Rightarrow ((p \vee q) \rightarrow r)$.

例 1.6.4 判断下面推理是否有效.

(1) a 能被 6 整除,则 a 能被 3 整除. a 能被 6 整除,所以 a 能被 3 整除.

(2) a 能被 6 整除,则 a 能被 3 整除. a 能被 3 整除,所以 a 能被 6 整除.

(3) 下午小芳或去图书馆或去游泳. 她没去图书馆,所以她去游泳了.

(4) 若下午气温超过 30℃,则小燕去游泳,若她去游泳,她就不去图书馆了. 所以,若小燕没去图书馆,下午气温必超过 30℃.

解 (1) 先将原子命题符号化，p:a 能被 6 整除；q:a 能被 3 整除.

前提：$p, p \to q$.

结论：q.

推理的形式结构：$p \wedge (p \to q) \to q$（证明略）.

(2) p, q 的含义同(1).

前提：$p \to q, q$.

结论：p.

推理的形式结构：$q \wedge (p \to q) \to p$（证明略）.

(3) 先将原子命题符号化，p:小芳下午去图书馆；q:小芳下午去游泳.

前提：$\neg p, p \vee q$.

结论：q.

推理的形式结构：$\neg p \wedge (p \vee q) \to q$（证明略）.

(4) 先将原子命题符号化，p:下午气温超过30℃；q:小燕去游泳；r:小燕去图书馆.

前提：$p \to q, q \to \neg r$.

结论：$\neg r \to p$.

推理的形式结构：$(p \to q) \wedge (q \to \neg r) \to (\neg r \to p)$.

用主析取范式法判定其是否是重言式.

$$
\begin{aligned}
& (p \to q) \wedge (q \to \neg r) \to (\neg r \to p) \\
\Leftrightarrow & \neg((\neg p \vee q) \wedge (\neg q \vee \neg r)) \vee (r \vee p) \\
\Leftrightarrow & \neg(\neg p \vee q) \vee \neg(\neg q \vee \neg r) \vee (p \vee r) \\
\Leftrightarrow & (p \wedge \neg q) \vee (q \wedge r) \vee p \vee r \\
\Leftrightarrow & p \vee r \\
\Leftrightarrow & (p \wedge \neg q \wedge \neg r) \vee (p \wedge \neg q \wedge r) \vee (p \wedge q \wedge \neg r) \vee (p \wedge q \wedge r) \\
& \vee (\neg p \wedge \neg q \wedge r) \vee (\neg p \wedge q \wedge r) \\
\Leftrightarrow & m_1 \vee m_3 \vee m_4 \vee m_5 \vee m_6 \vee m_7
\end{aligned}
$$

可见，$(p \to q) \wedge (q \to \neg r) \to (\neg r \to p)$不是重言式，所以推理不正确.

例 1.6.5 已知 A 是 B 的充分条件，B 是 C 的必要条件，C 是 D 的必要条件，D 是 B 的必要条件，问：

(1) A 是 D 的什么条件？

(2) B 是 D 的什么条件？

解 已知 $A \Rightarrow B, C \Rightarrow B, D \Rightarrow C, B \Rightarrow D$，故有：

(1) $A \Rightarrow B, B \Rightarrow D$，所以 $A \Rightarrow D$，即 A 是 D 的充分条件.

(2) $D \Rightarrow C, C \Rightarrow B$，所以 $D \Rightarrow B$；又因为 $B \Rightarrow D$，所以 $B \Leftrightarrow D$，即 B 是 D 的充要条件.

例 1.6.6 张三说李四在说谎，李四说王五在说谎，王五说张三、李四都在说谎. 问谁说真话,谁说假话?

解　设 A:张三说真话;B:李四说真话;C:王五说真话.

依题意有 $A\leftrightarrow\neg B, B\leftrightarrow\neg C, C\leftrightarrow\neg A\wedge\neg B$.

$$
\begin{aligned}
&(A\leftrightarrow\neg B)\wedge(B\leftrightarrow\neg C)\wedge(C\leftrightarrow(\neg A\wedge\neg B))\\
\Leftrightarrow&(A\rightarrow\neg B)\wedge(\neg B\rightarrow A)\wedge(B\rightarrow\neg C)\wedge(\neg C\rightarrow B)\\
&\wedge(C\rightarrow(\neg A\wedge\neg B))\wedge((\neg A\wedge\neg B)\rightarrow C)\\
\Leftrightarrow&(\neg A\vee\neg B)\wedge(B\vee A)\wedge(\neg B\vee\neg C)\wedge(C\vee B)\\
&\wedge(\neg C\vee\neg A)\wedge(\neg C\vee\neg B)\wedge(A\vee B\vee C)\\
\Leftrightarrow&\cdots\Leftrightarrow\neg A\wedge B\wedge\neg C
\end{aligned}
$$

即李四说真话,张三和王五说假话.

例 1.6.7　有一位逻辑学家误入某部落,被拘于牢狱,酋长意欲放行,他对逻辑学家说:"今有两门,一为自由,一为死亡,你可任意开启一门. 为了协助你脱逃,今加派两名战士负责解答你所提出的任何问题. 唯可虑者,这两个战士中一名天性诚实,一名说谎成性,今后生死由你自己选择."逻辑学家沉思片刻,即向一战士发问,然后开门从容离去. 该逻辑学家应如何发问?

解　逻辑学家手指一门问身旁一名战士:"这扇门是死亡门,他(指另一名战士)将回答'是',对吗?"

当被问战士回答"对",则逻辑学家开启所指的门从容离去;当被问战士回答"否",则逻辑学家开启另一门从容离去.

如果被问者是诚实战士,他回答"对",则另一名战士是说谎战士,他回答"是",那么这扇门不是死亡门. 如果被问者是诚实战士,他回答"否",则另一名是说谎战士,他回答"不是",那么这扇门是死亡门.

如果被问者是说谎战士,他回答"对",则另一名战士是诚实战士,他回答"否",那么这扇门不是死亡门. 如果被问者是说谎战士,他回答"否",则另一名是诚实战士,他回答"是",那么这扇门是死亡门.

设 p:被问战士是诚实人;q:被问战士的回答是"是";r:另一战士的回答是"是";s:这扇门是死亡门.

可以构造真值表,如表 1.6.3 所示.

表 1.6.3

p	q	r	s
0	0	1	1
0	1	0	0
1	0	0	1
1	1	1	0

$$
\begin{aligned}
r &\Leftrightarrow (p \leftrightarrow q) \\
s &\Leftrightarrow (p \wedge \neg q) \vee (\neg p \wedge \neg q) \\
&\Leftrightarrow (p \vee \neg p) \wedge \neg q \\
&\Leftrightarrow \neg q
\end{aligned}
$$

因此，当被问人回答“是”时，此门不是死亡门，逻辑学家可开此门从容离去. 当被问人回答“否”时，此门是死亡门，逻辑学家可开另一扇门从容离去.

1.6.3 推理定律

人们在研究的过程中，发现了一些重要的蕴涵重言式，这些蕴涵重言式称为推理定律，运用推理定律可以给推理带来方便.

(1) $A \Rightarrow A \vee B$ （附加律）.

(2) $A \wedge B \Rightarrow A$ （化简律）.

(3) $(A \to B) \wedge A \Rightarrow B$ （假言推理）.

(4) $(A \to B) \wedge \neg B \Rightarrow \neg A$ （拒取式）.

(5) $(A \vee B) \wedge \neg B \Rightarrow A$ （析取三段论）.

(6) $(A \to B) \wedge (B \to C) \Rightarrow (A \to C)$ （假言三段论）.

(7) $(A \leftrightarrow B) \wedge (B \leftrightarrow C) \Rightarrow (A \leftrightarrow C)$ （等价三段论）.

(8) $(A \to B) \wedge (C \to D) \wedge (A \vee C) \Rightarrow (B \vee D)$ （构造性二难）.

$(A \to B) \wedge (\neg A \to B) \wedge (A \vee \neg A) \Rightarrow B$ （特殊形式）.

(9) $(A \to B) \wedge (C \to D) \wedge (\neg B \vee \neg D) \Rightarrow (\neg A \vee \neg C)$ （破坏性二难）.

例如，析取三段论$(A \vee B) \wedge \neg B \Rightarrow A$ 的归纳证明（表 1.6.4）.

表 1.6.4 $(A \vee B) \wedge \neg B \to A$ 的真值表

A	B	$\neg B$	$A \vee B$	$(A \vee B) \wedge \neg B$	$(A \vee B) \wedge \neg B \to A$
0	0	1	0	0	1
0	1	0	1	0	1
1	0	1	1	1	1
1	1	0	1	0	1

由表 1.6.4 可知，不论 A，B 的真值如何，$(A \vee B) \wedge \neg B \to A$ 恒为 1，所以 $(A \vee B) \wedge \neg B \to A$ 为永真式，$(A \vee B) \wedge \neg B \Rightarrow A$.

1.3 节的等值式模式每个都可派生出两个推理定律. 等价重言式表示了两个公式间的双向推导性，而蕴涵重言式则表示了两个公式间的单向推导性. 蕴涵重言式反映了人类思维的一些推理方法与规则. 我们知道，在人类思维活动中，需要进行大量的逻辑推理，如数学定理证明、科学规则的探索、社会现象的分析等. 这些推理一般是由一些已知条件出发推得一些未知结果，也就是由一些前提推得一些结论.

例 1.6.8 如果下列前提是真的.

如果你吸烟，则你会吸入大量尼古丁；

如果吸入了大量尼古丁，那么你将会患很多病；

如果你患了病，就会影响你的寿命.

根据这些前提，两次利用假言三段论推理定理，可以得到结论：如果你吸烟，就会影响你的寿命.

例 1.6.9　某女子在某晚归家途中被杀害，据多方调查确证凶手为王某或陈某，但是，后来又经查证，作案之晚王某在工厂值夜班，没有外出.

根据上述案情可得前提：

(1) 凶手为王某或陈某；

(2) 如果某某为凶手，他在作案当晚必外出；

(3) 王某案发之晚并未外出.

由(2)、(3)得结论：(4)王某不是凶手.

由(1)、(4)得(5)陈某是凶手.

应用的数学思想方法

1. 数理逻辑的方法——原因与结果

原因和结果是一对哲学范畴，它反映事物、现象之间的相互联系和相互制约. 当我们把事物从普遍联系中抽象出来，就会看到有序地不断更替的运动，一种现象引起另一种现象. 前者为原因，后者为结果，这种因果观念是人们一切自觉活动必不可少的逻辑条件.

原因和结果是有客观内容的，但当人们撇去这些具体内容，仅考察它的形式方面时，就会看到人类思维具有的形式结构，遵循某种形式推理的规律，形式地表示命题，从前提出发，运用规则，得到结论. 我们看到的是形式化的原因和结果，不管它的含义是什么，形式推演总是正确的.

2. 逻辑方法

逻辑方法是各门学科都采用的方法，但以数学为最多，而且数学论证只允许演绎逻辑论证，不承认不完全归纳论证、类比论证和实验论证. 本节中列出了多种演绎推理，学习者应该通过适量的练习来理解和运用这些逻辑推理.

1.7　自然推理系统 P

当前提和结论中所含的命题变项较多时，用真值表法、等值演算法、主析取范式法都比较费事，因而必须构造从前提条件出发到结论的证明. 证明是一个描述推理过程的命题公式序列，其中的每个公式或者是已知前提，或者是由某些前提应用推理规则得到的结论.

1.7.1 自然推理系统

定义 1.7.1 形式系统 I 由如下 4 部分组成.

(1) 非空的字母集 $A(I)$.

(2) $A(I)$中的符号构成的合式公式集 $E(I)$.

(3) $E(I)$中的一些特殊的公式组成的公理集 $A_X(I)$.

(4) 推理规则集 $R(I)$.

其中,$\langle A(I),E(I)\rangle$是 I 的形式语言系统,$\langle A_X(I),R(I)\rangle$是 I 的形式演算系统.

形式系统一般分为两类,一类是自然推理系统,另一类是公理推理系统. 公理推理系统从公理出发,应用系统中的推理规则进行推理演算,得到的结论是系统中的重言式,称为系统中的定理. 自然推理系统从任意给定的前提出发,应用系统中的推理规则进行推理演算,得到的最后命题公式是推理的结论(它可能是重言式也可能不是).

定义 1.7.2 自然推理系统 P.

(1) 字母表:命题变项符号、联结词符号、标点符号.

(2) 合式公式:同前.

(3) 推理规则.

前提引入规则:在证明的任何步骤上都可以引入前提.

结论引入规则:在证明的任何步骤上所得到的结论都可以作为后继证明的前提.

置换规则:在证明的任何步骤上,命题公式中的子公式都可以用与之等值的公式置换,得到序列中的另一个公式.

假言推理规则:若证明的公式序列中已出现过 $A\rightarrow B$ 和 A,则可将 B 引入命题序列中. 即

$$\begin{array}{l} A\rightarrow B \\ A \\ \hline B \end{array}$$

附加规则:

$$\frac{A}{A\vee B}$$

化简规则:

$$\frac{A\wedge B}{A}$$

拒取式规则:

$$\begin{array}{c} A\rightarrow B \\ \neg B \\ \hline \neg A \end{array}$$

假言三段论规则：

$$\frac{\begin{array}{c}A\rightarrow B\\ B\rightarrow C\end{array}}{A\rightarrow C}$$

析取三段论规则：

$$\frac{\begin{array}{c}A\vee B\\ \neg B\end{array}}{A}$$

构造性二难规则：

$$\frac{\begin{array}{c}A\rightarrow B\\ C\rightarrow D\\ A\vee C\end{array}}{B\vee D}$$

破坏性二难规则：

$$\frac{\begin{array}{c}A\rightarrow B\\ C\rightarrow D\\ \neg B\vee\neg D\end{array}}{\neg A\vee\neg C}$$

合取引入规则：

$$\frac{\begin{array}{c}A\\ B\end{array}}{A\wedge B}$$

1.7.2　在自然推理系统 *P* 中构造推理的证明

例 1.7.1　在自然推理系统 P 中构造下面推理的证明.

(1) 前提：$p\vee q, q\rightarrow r, p\rightarrow s, \neg s$.

结论：$r\wedge(p\vee q)$.

证明：

① $p\rightarrow s$ (前提引入).

② $\neg s$ (前提引入).

③ $\neg p$ (①②拒取式).

④ $p\vee q$ (前提引入).

⑤ q (③④析取三段论).

⑥ $q\rightarrow r$ (前提引入).

⑦ r (⑤⑥假言推理).

⑧ $r\wedge(p\vee q)$ (④⑦合取).

(2) 前提：$\neg p\vee q, r\vee\neg q, r\rightarrow s$.

结论：$p\rightarrow r$.

证明：

① $\neg p\vee q$ (前提引入).

② $p\rightarrow q$ (①置换).

③ $r\vee\neg q$ (前提引入).

④ $q\rightarrow r$ (③置换).

⑤ $p\rightarrow r$ (②④假言三段论).

⑥ $r\rightarrow s$ (前提引入).

⑦ $p\rightarrow r$ (⑤⑥假言三段论).

例 1.7.2 在自然推理系统 P 中构造下面推理的证明.

若数 a 是实数,则它不是有理数就是无理数. 若 a 不能表示成分数,则它不是有理数,a 是实数且它不能表示成分数,所以 a 是无理数.

解 首先将原子命题符号化.

p:a 是实数;q:a 是有理数;r:a 是无理数;s:a 能表示成分数.

前提：$p\rightarrow(q\vee r), \neg s\rightarrow\neg q, p\wedge\neg s$.

结论：r.

证明：

① $p\wedge\neg s$ (前提引入).

② p (①化简).

③ $\neg s$ (①化简).

④ $p\rightarrow(q\vee r)$ (前提引入).

⑤ $q\vee r$ (②④假言推理).

⑥ $\neg s\rightarrow\neg q$ (前提引入).

⑦ $\neg q$ (③⑥假言推理).

⑧ r (⑤⑦析取三段论).

1.7.3 证明的技巧

1. 附加前提证明法

由于

$$
\begin{aligned}
&(A_1\wedge A_2\wedge\cdots\wedge A_k)\rightarrow(A\rightarrow B)\\
\Leftrightarrow&\neg(A_1\wedge A_2\wedge\cdots\wedge A_k)\vee(\neg A\vee B)\\
\Leftrightarrow&\neg(A_1\wedge A_2\wedge\cdots\wedge A_k\wedge A)\vee B\\
\Leftrightarrow&(A_1\wedge A_2\wedge\cdots\wedge A_k\wedge A)\rightarrow B
\end{aligned}
$$

所以，当推理的结论是蕴涵式时，可以将其前件作为附加前提，这种证明方法称为附加前提证明法.

例 1.7.3 在自然推理系统 P 中构造下面推理的证明.

如果小张和小王去看电影，则小李也去看电影，小赵不去看电影或小张去看电影，小王去看电影．所以，当小赵去看电影时，小李也去.

解 首先将原子命题符号化.

p：小张去看电影；q：小王去看电影；r：小李去看电影；s：小赵去看电影.

前提：$p \wedge q \to r$，$\neg s \vee p$，q.

结论：$s \to r$.

证明：

① s（附加前提引入）.

② $\neg s \vee p$（前提引入）.

③ p（①②析取三段论）.

④ q（前提引入）.

⑤ $p \wedge q$（③④合取）.

⑥ $p \wedge q \to r$（前提引入）.

⑦ r（⑤⑥假言推理）.

直接证明如下：

① $p \wedge q \to r$（前提引入）.

② $\neg(p \wedge q) \vee r$（①置换）.

③ $\neg p \vee \neg q \vee r$（②置换）.

④ q（前提引入）.

⑤ $\neg p \vee r$（③④析取三段论）.

⑥ $p \to r$（⑤置换）.

⑦ $\neg s \vee p$（前提引入）.

⑧ $s \to p$（⑦置换）.

⑨ $s \to r$（⑧⑥假言三段论）.

2. 归谬法(否定结论推出矛盾)

由于

$$
\begin{aligned}
&(A_1 \wedge A_2 \wedge \cdots \wedge A_k) \to B \\
\Leftrightarrow\ &\neg(A_1 \wedge A_2 \wedge \cdots \wedge A_k) \vee B \\
\Leftrightarrow\ &\neg(A_1 \wedge A_2 \wedge \cdots \wedge A_k \wedge A \wedge \neg B)
\end{aligned}
$$

若 $A_1 \wedge A_2 \wedge \cdots \wedge A_k \wedge A \wedge \neg B$ 为矛盾式，说明 $(A_1 \wedge A_2 \wedge \cdots \wedge A_k) \to B$ 为重言式，故 $(A_1 \wedge A_2 \wedge \cdots \wedge A_k) \Rightarrow B$.

例 1.7.4　在自然推理系统 P 中构造下面推理的证明.

如果小张守第一垒并且小李向 B 队投球，则 A 队将取胜. 或者 A 队未取胜，或者 A 队成为联赛第一名. A 队没有成为联赛第一名，小张守第一垒，因此小李没向 B 队投球.

解　首先将原子命题符号化.

p：小张守第一垒；q：小李向 B 队投球；r：A 队取胜；s：A 队成为联赛第一名.

前提：$p \wedge q \to r, \neg r \vee s, \neg s, p$.

结论：$\neg q$.

证明：

① q（结论否定引入）.

② p（前提引入）.

③ $p \wedge q$（①②合取）.

④ $p \wedge q \to r$（前提引入）.

⑤ r（③④假言推理）.

⑥ $\neg r \vee s$（前提引入）.

⑦ s（⑤⑥析取三段论）.

⑧ $\neg s$（前提引入）.

⑨ $s \wedge \neg s$（⑦⑧合取）.

因为最后一步 $s \wedge \neg s \Leftrightarrow 0$，所以 $((p \wedge q \to r) \wedge (\neg r \vee s) \wedge \neg s \wedge p) \wedge q \Leftrightarrow 0$，从而推理正确.

直接证明如下：

① $\neg r \vee s$（前提引入）.

② $\neg s$（前提引入）.

③ $\neg r$（①②析取三段论）.

④ $p \wedge q \to r$（前提引入）.

⑤ $\neg(p \wedge q)$（③④拒取）.

⑥ $\neg p \vee \neg q$（⑤置换）.

⑦ p（前提引入）.

⑧ $\neg q$（⑥⑦析取三段论）.

虽然间接证明步骤不一定少，但间接证明条件较多，容易寻找证明思路.

应用的数学思想方法

1. 数学证明方法

证明就是根据一些已经确定了真实性的命题来断定某一个命题的真实性的思维过程. 一个数学证明可以看成一个由命题组成的有序的和有限的逻辑链. 要证明一个命题就是从已知条件和已有真命题出发,逐步进行推理,不断得出互相连接的新命题,直到推出所证命题的结论为止.

自然推理系统中的证明与数学公理系统中的证明不同,但仅是没有公理,并无质的区别. 自然推理系统中的推理是从已知条件出发,运用推理规则,推出结论,是从前提出发到结论为止的命题公式序列. 自然推理系统中证明的都是形式化的公式,有较强的可靠性,有利于培养观察、分析和解决问题的数学观念、数学意识和数学方法.

2. 化归思想方法

所谓化归方法,就是将一个问题 A 进行变形,使其归结为另一个已能解决的问题 B,既然 B 已可解决,那么 A 也就可以解决了. 数学证明方法千变万化,并无一定之规,一律之法. 从一般科学方法的角度来看,化归方法是数学证明中常用的方法. 本节中的命题公式是形式化的思想材料,所以变换比较自由,容易找到明确的逻辑关系解决问题 ."善于使用化归法是数学家思维方式的一个重要特点. ①"

1.8　反证法的逻辑基础

我们知道,一个数学命题,可能是正确的,也可能是错误的. 因此,要想肯定一个命题的正确与否就需要加以证明,但是有些数学命题给出直接证明是很困难的,而用反证法证明要简洁容易得多. 有些命题,至今除了反证法以外还不能给出其他的证明,甚至有这样的命题,它可以用反证法证明,但由于这个命题本身的特点,即使在原则上也不可能给出直接的构造性证明.

什么是反证法呢? 反证法就是证明某个命题时,先假定它的结论的否定成立,然后从这个假定出发,概括命题的条件和已知的真命题,经过推理,得出与已知事实(如条件、公理、定理、定义、法则、公式等)相矛盾的结果. 这样,就证明了结论的否定不成立,从而间接地肯定了原命题的结论成立. 反证法在数学证明中有广泛的应用,在数学教材中很容易找到例子,我们也能机械地套用反证法的证明步骤. 至

---

① 郑毓信. 数学方法论入门. 杭州:浙江教育出版社,1985.

于反证法的逻辑原理如何，却不一定能说明白.

根据数理逻辑的知识，我们把反证法的逻辑原理证明如下：

$A_1 \wedge A_2 \wedge \cdots \wedge A_k \to B$

$\Leftrightarrow \neg(A_1 \wedge A_2 \wedge \cdots \wedge A_k) \vee B$ （蕴涵等值式）

$\Leftrightarrow \neg(A_1 \wedge A_2 \wedge \cdots \wedge A_k) \vee \neg\neg B$ （双重否定律）

$\Leftrightarrow \neg(A_1 \wedge A_2 \wedge \cdots \wedge A_k \wedge \neg B)$ （德·摩根律）

其中，$A_1, A_2, \cdots, A_k$ 为前提，B 为结论，$\Leftrightarrow$为两个命题逻辑等值(相等).

由上式可见，$A_1 \wedge A_2 \wedge \cdots \wedge A_k \to B$ 与 $A_1 \wedge A_2 \wedge \cdots \wedge A_k \wedge \neg B$ 是两个互相矛盾的判断. 根据矛盾律，两个互相矛盾的判断不能同真，必有一假. 在 $A_1 \wedge A_2 \wedge \cdots \wedge A_k \wedge \neg B$ 的假设下，通过规则的逻辑推理，出现了矛盾，故 $A_1 \wedge A_2 \wedge \cdots \wedge A_k \wedge \neg B$ 为假. 又根据排中律，两个互相矛盾的判断不能同假，必有一真，所以 $A_1 \wedge A_2 \wedge \cdots \wedge A_k \to B$ 为真，即原命题成立.

下面的五个逻辑等值式更简明地表达了我们在实际证明中经常采用的几种形式.

(1) $A \to B$

$\Leftrightarrow \neg A \vee B$ （蕴涵等值式）

$\Leftrightarrow \neg A \vee \neg\neg B$ （双重否定律）

$\Leftrightarrow \neg\neg B \vee \neg A$ （交换律）

$\Leftrightarrow \neg B \to \neg A$ （蕴涵等值式）

(2) $A \to B$

$\Leftrightarrow \neg A \vee B$ （蕴涵等值式）

$\Leftrightarrow \neg A \vee \neg\neg B$ （双重否定律）

$\Leftrightarrow \neg A \vee \neg\neg B \vee \neg A$ （幂等律）

$\Leftrightarrow \neg(A \wedge \neg B) \vee \neg A$ （德·摩根律）

$\Leftrightarrow (A \wedge \neg B) \to \neg A$ （蕴涵等值式）

(3) $A \to B$

$\Leftrightarrow \neg A \vee B$ （蕴涵等值式）

$\Leftrightarrow \neg A \vee \neg\neg B$ （双重否定律）

$\Leftrightarrow \neg A \vee \neg\neg B \vee (C \wedge \neg C)$ （同一律，矛盾律）

$\Leftrightarrow \neg(A \wedge \neg B) \vee (C \wedge \neg C)$ （德·摩根律）

$\Leftrightarrow (A \wedge \neg B) \to (C \wedge \neg C)$ （蕴涵等值式）

(4) $A \to B$

$\Leftrightarrow \neg A \vee B$ （蕴涵等值式）

$\Leftrightarrow \neg A \vee \neg\neg B \vee B$ （幂等律，双重否定律）

$\Leftrightarrow \neg(A \wedge \neg B) \vee B$ （德·摩根律）

$\Leftrightarrow (A \wedge \neg B) \to B$ （蕴涵等值式）

(5) $(A_1 \wedge A_2) \rightarrow B$

$\Leftrightarrow \neg(A_1 \wedge A_2) \vee B$　（蕴涵等值式）

$\Leftrightarrow \neg A_1 \vee \neg A_2 \vee \neg\neg B$　（德・摩根律，双重否定律）

$\Leftrightarrow \neg(A_1 \wedge \neg B) \vee \neg A_2$　（交换律，结合律，德・摩根律）

$\Leftrightarrow (A_1 \wedge \neg B) \rightarrow \neg A_2$　（蕴涵等值式）

其中，A 及 A_1，A_2 为前提，B 为结论，C 为任意命题.

第一种形式：$A \rightarrow B \Leftrightarrow \neg B \rightarrow \neg A$，是通过证明原命题的逆否命题来证明原命题；第二种形式：$A \rightarrow B \Leftrightarrow (A \wedge \neg B) \rightarrow \neg A$，是把结论的否定作为前提，与已知条件一起推出与已知条件相矛盾的结果；第三种形式：$A \rightarrow B \Leftrightarrow (A \wedge \neg B) \rightarrow (C \wedge \neg C)$，是把结论的否定作为前提，与已知条件一起，推出互相矛盾的两个命题，包括与公理、定理及已知真命题等相矛盾的情形；第四种形式：$A \rightarrow B \Leftrightarrow \neg(A \wedge \neg B) \vee B$，是把结论的否定作为前提条件，与已知条件一起，推出结论，这样与假设结论的否定成立自相矛盾；第五种形式：$(A_1 \wedge A_2) \rightarrow B \Leftrightarrow (A_1 \wedge \neg B) \rightarrow \neg A_2$，是把结论的否定与命题中的部分条件一起，推出与前提中另一部分条件相矛盾的命题.

反证法的这五种形式都可以用一句话来概括，即“否定结论，推出矛盾”. 认为反证法是“证逆否命题”的观点是不全面的，因为通过证明逆否命题来证明原命题的方法仅是反证法的一种形式(形式 1). 反证法的关键在于推出矛盾，其实在一开始作假设时就已经蕴涵有矛盾了，只是不那么明显，而整个推理过程就是把不明显的矛盾推至明显的矛盾的过程. 在我们的学习过程中，认识到反证法常用来证明某学科中起始性的命题、结论是否定形式的命题、存在性问题、唯一性的问题、与无限有关的问题、任意性问题、已知条件较少或条件与结论之间没有直接关系的命题等.

反证法也称归谬法(其另一类型穷举法的原理亦如此，此外不再赘述). 它的证明简洁、优美，又极为深刻，曾为推动数学的发展做出过巨大的贡献，如欧几里得关于素数是无限的证明、费马关于$\sqrt{2}$是无理数的证明等，被人们作为数学定理证明的典范．因此，反证法在数学思想方法中占有一席之地. 哈代(G. H. Hardy，1877～1947)对这种证明方法做过一个很好的评论，在棋类比赛中，经常采用的一种策略是“弃子取势”(牺牲一些棋子以换取优势). 他说：“归谬法是远比任何棋术更为高超的一种策略，棋手牺牲的是几个棋子，而数学家可以牺牲的却是整个一盘棋，归谬法就作为一种可以想象的最了不起的一种策略而产生.”当然，这种想象是以逻辑为基础的，是有理有据的.

应用的数学思想方法

1.7 节中的间接证法和本节中的反证法都巧妙地使用了化归的方法.

习　题　1

1. 判断下列句子是否为命题？若是命题说明是真命题还是假命题.

(1) 8 是正数吗?

(2) $x+y=10$.

(3) 请保持安静.

(4) $2+3=9$.

(5) 任一个实数的平方都是正实数.

(6) 不存在最大素数.

(7) 明天我去滑冰.

(8) 加拿大位于亚洲.

(9) 飞吧,雄鹰!

(10) 白求恩是加拿大共产党员.

2. 设 p 表示命题"天下雪",q 表示命题"我将去书店",r 表示命题"我有时间",以符号形式写出下列命题.

(1) 如果天不下雪并且我有时间,那么我将去书店.

(2) 我将去书店,仅当我有时间.

(3) 天不下雪.

(4) 如果天下雪,我将不去书店.

3. 将下列命题符号化.

(1) 夏雨球打得好,歌也唱得好.

(2) 我一边做作业,一边听音乐.

(3) 老张和老李都是球迷.

(4) 只要努力,我就会取得成功.

(5) 只有休息好,才能工作好.

(6) 如果 a 和 b 是奇数,那么 $a+b$ 是偶数.

(7) 虽然今天下雪了,但是路不滑.

(8) 如果我不获得奖学金,我就不能完成学业.

(9) 如果 $f(x)$ 在点 x_0 处可导,则 $f(x)$ 在点 x_0 处可微.反之亦然.

(10) 如果张老师和李老师都不讲这门课,那么王老师就讲这门课.

(11) 如果 $\Delta=b^2-4ac<0$,则方程 $ax^2+bx+c=0$ 无实数解.

(12) 或者你没有给我写信,或者信在途中丢失了.

4. 判断下列公式哪些是合式公式,哪些不是合式公式.

(1) $q\leftrightarrow r\rightarrow s$.

(2) $p\leftrightarrow(r\wedge s)$.

(3) $((\neg p\to q)\to(q\to p))$.

(4) $pq\to r$.

(5) $(p\to(q\to r))\to((p\to q)\to(p\to r))$.

5. 给出下列命题的否定.

(1) 桂林处处山清水秀.

(2) 每一个整数都是偶数.

6. 求下列各式的真值表.

(1) $p\wedge q\to r$.

(2) $(p\wedge q)\vee(p\to r)$.

(3) $(p\vee q)\leftrightarrow(q\wedge r)$.

(4) $(p\vee\neg q)\wedge r$.

(5) $(p\to(q\to r))\to((p\to\neg q)\to(p\to r))$.

7. 用真值表判断下列公式的类型.

(1) $(\neg p\wedge\neg q)\to r$.

(2) $(\neg p\to q)\to(\neg q\vee p)$.

8. 证明下列等值式.

(1) $p\to(q\to p)\Leftrightarrow\neg p\to(p\to\neg q)$.

(2) $\neg(p\leftrightarrow q)\Leftrightarrow(p\vee q)\wedge\neg(p\wedge q)$.

(3) $p\to(q\to r)\Leftrightarrow q\to(p\to r)$.

(4) $((p\to q)\wedge(p\to r))\Leftrightarrow(p\to(q\wedge r))$.

(5) $(p\to q)\wedge(p\to r)\Leftrightarrow p\to(q\wedge r)$.

(6) $(p\to q)\to(p\wedge q)\Leftrightarrow(\neg p\to q)\wedge(q\to p)$.

(7) $p\wedge q\wedge(\neg p\vee\neg q)\Leftrightarrow\neg p\wedge\neg q\wedge(p\vee q)$.

(8) $p\vee(p\to(p\wedge q))\Leftrightarrow\neg p\vee\neg q\vee(p\wedge q)$.

9. 化简下列各命题公式.

(1) $\neg(\neg p\vee\neg q)\vee\neg(\neg p\vee q)$.

(2) $(p\vee\neg q)\wedge(p\vee q)\wedge(\neg p\vee\neg q)$.

(3) $q\vee\neg((\neg p\vee q)\wedge p)$.

10. 证明$\{\vee\}$,$\{\to\}$不是联结词的完备集.

11. 下列各公式,试仅用$\uparrow$或$\downarrow$表示.

(1) $\neg p$.

(2) $p\wedge q$.

(3) $p\vee q$.

(4) $p\rightarrow q$.

12. 将下列公式化成与之等值且仅含{¬,→}中联结词的公式.

(1) $(p\rightarrow\neg q)\wedge r$.

(2) $p\leftrightarrow(q\wedge r)\vee\neg p$.

13. 将下列公式化成与之等值且仅含{¬,∧}中联结词的公式.

(1) $p\vee\neg q\vee\neg r$.

(2) $(p\leftrightarrow r)\wedge(q\rightarrow r)$.

(3) $(p\rightarrow(q\wedge\neg p))\vee r$.

14. 将下列公式化成与之等值且仅含{¬,∨}中联结词的公式.

(1) $(\neg p\vee q)\wedge\neg r$.

(2) $(p\rightarrow r)\wedge(q\rightarrow r)$.

(3) $\neg p\rightarrow(q\wedge\neg p)$.

15. 把 $p\uparrow q$ 表示为只含有"↓"的等价公式.

16. 证明：

(1) $\neg(p\downarrow q)\Leftrightarrow\neg p\uparrow\neg q$.

(2) $\neg(p\uparrow q)\Leftrightarrow\neg p\downarrow\neg q$.

17. 求公式 $p\wedge(p\rightarrow q)$的析取范式和合取范式.

18. 求下列公式的主析取范式和主合取范式.

(1) $(\neg p\rightarrow q)\rightarrow(p\rightarrow r)$.

(2) $(\neg p\rightarrow q)\rightarrow(\neg q\vee p)$.

(3) $(p\vee(q\wedge r))\rightarrow(p\wedge q\wedge r)$.

(4) $(p\rightarrow(q\wedge r))\vee r$.

(5) $(\neg p\wedge q)\vee(p\wedge\neg r)\vee(q\wedge r)$.

19. 求下列公式的主析取范式和主合取范式,并指出该公式的类型.

(1) $(\neg p\vee\neg q)\rightarrow(p\leftrightarrow\neg q)$.

(2) $q\wedge(p\vee\neg q)$.

(3) $p\vee(\neg p\rightarrow(q\vee(\neg q\rightarrow r)))$.

(4) $(p\rightarrow(q\wedge r))\wedge(\neg p\rightarrow(\neg q\wedge\neg r))$.

(5) $p\rightarrow(p\vee(q\rightarrow p))$.

(6) $(q\rightarrow p)\wedge(\neg p\wedge q)$.

20. 用推理规则证明：

(1) $(\neg(p\wedge\neg q))\wedge(\neg q\vee r)\wedge\neg r\Rightarrow\neg p$.

(2) $(p\rightarrow(q\vee r))\wedge((s\vee t)\rightarrow p)\wedge(s\vee t)\Rightarrow q\vee r$.

(3) $(p\rightarrow q)\wedge(\neg q\vee r)\wedge\neg r\wedge\neg(\neg p\wedge s)\Rightarrow\neg s$.

21. 用附加前提的方法证明以下推理.

(1) $(\neg p\vee q)\wedge(r\to\neg q)\Rightarrow p\to\neg r$.

(2) $(p\vee q)\wedge(p\to r)\wedge(q\to s)\Rightarrow\neg s\to r$.

(3) $p\vee q\to r\Rightarrow p\wedge q\to r$.

(4) $(\neg p\vee r)\wedge(\neg q\vee s)\wedge(p\wedge q)\Rightarrow t\to(r\vee s)$.

(5) $p\to q\Rightarrow p\to(p\wedge q)$.

(6) $(p\to(q\to r))\wedge(r\to(q\to s))\Rightarrow p\to(q\to s)$.

22. 用归谬法证明下列各式.

(1) 前提：$p\to q, r\to\neg q, r\vee s, s\to\neg q$.

结论：$\neg p$.

(2) 前提：$\neg p\to q, s\to\neg q, r\vee s, \neg r\Rightarrow p$.

结论：p.

(3) 前提：$(p\to q)\wedge(p\to r), \neg(q\wedge r), s\vee p$.

结论：s.

(4) 前提：$(p\vee q)\wedge(p\to r)\wedge(q\to s)$.

结论：$s\vee r$.

23. 甲、乙、丙和丁四人参加考试，有人问他们，谁的成绩最好？甲说“不是我”，乙说“是丁”，丙说“是乙”，丁说“不是我”. 四人的回答只有一人符合实际. 问成绩好的是哪些？若只有一人成绩最好，是谁？

24. 三人估计比赛结果，甲说“A 第一，B 第二”. 乙说“C 第二，D 第四”. 丙说“A 第二，D 第四”. 结果三人估计得都不全对，但都对了一个，问 A,B,C,D 的名次.

25. A,B,C,D 四个人中要派两个人出差，按下述三个条件有几种派法？如何派？

(1) 若 A 去，则 C 和 D 要去一人；

(2) B 和 C 不能都去；

(3) C 去则 D 要留下.

26. 在一个盗窃案件中，已知下列事实：

(1) 甲或乙是窃贼.

(2) 甲是窃贼，作案时间不会发生在夜间 12 点以前.

(3) 若乙的证词正确，则夜间 12 点时被盗物品所在房间灯未灭.

(4) 若乙的证词不正确，则作案时间发生在夜间 12 点以前.

(5) 夜间 12 点被盗房间的灯灭了.

判断谁是盗贼.

27. 如果厂方拒绝增加工资，那么罢工就不会停止，除非罢工超过一年并且工厂撤换了厂长. 问：若厂方拒绝增加工资，而罢工刚开始，罢工是否能够停止？

28. 构造下面推理的证明.

(1) 如果今天是星期六，我们就要到独秀峰或象鼻山去玩；如果独秀峰游人太多，我们就不去独秀峰. 今天是星期六，独秀峰游人太多，所以我们去象鼻山玩.

(2) 如果马会飞或羊吃草，则母鸡就会是飞鸟；如果母鸡是飞鸟，那么煮熟的鸭子还会跑. 煮熟的鸭子不会跑，所以羊不吃草.

2 谓词逻辑及其思想方法

谓词逻辑有许多不同的名称：一阶逻辑、初等逻辑、量词理论、关系演算等. 目前较普遍的称谓是谓词逻辑或一阶逻辑.

谓词逻辑是命题逻辑的进一步推广与延伸. 在命题逻辑中，命题是最基本的单位，对简单命题不再进行分解，并且不考虑命题之间的内在联系和数量关系. 因而命题逻辑有局限性，甚至无法判断一些简单而常见的推理，就连最古老、最简单的亚里士多德三段论也无法从命题逻辑中推出. 例如，凡偶数都能被 2 整除，6 是偶数，所以 6 能被 2 整除. 从直观上看，第三个命题是前两个命题的结论. 但是，这三个命题的前提和结论里都没有联结词，它们都是简单命题.

设 p：凡偶数都能被 2 整除；q：6 是偶数；r：6 能被 2 整除，则这个三段论推理可以符号化为：$p\wedge q\rightarrow r$.

这个推理的结论是数学中的真命题，但命题公式 $p\wedge q\rightarrow r$ 却不是永真式，所以不能由它判断推理的正确性。造成上述缺陷的原因在于命题逻辑中不能对简单命题自身的内部特征作进一步的分析，无法解释前提和结论在形式结构方面的联系，命题逻辑是很不够的，因此不可能认识到这种推理的形式和规律，这就使得命题逻辑的使用范围比较狭窄. 为了克服命题逻辑的局限性，需要将简单命题再细分. 事实上，推理中各命题之间的逻辑关系不是体现在各简单命题之间，而是体现在构成简单命题的各个成分之间，因此有必要对构成简单命题的各种成分再作进一步分析，以便建立的符号系统能表达简单命题各成分之间的关系.

应用的数学思想方法——类比法

“类比”一词来源于希腊文，原意之一为比例，后来引申为某种类型的相似. 所谓类比，是指由一类事物所具有的某种属性，可以推测与其类似的事物也应具有这种属性的思考和处理问题的方法，常称为类比法，也称类比推理. 类比是一种从特殊到特殊的推理方法，是一种或然性推理，其结论是否正确，还需要经过严格的证明. 类比属于合情推理，在科学的发明，数学命题的发现，乃至数学习题的解答中发挥着重要的作用. 所以说，类比是一种寻找真理和发现真理的基本而重要的手段，也是数学方法中最重要、最基本的方法之一.

开普勒[①](J. Kepler，1571～1630)曾指出：“我珍视类比胜过任何别的东西，它

---

① 开普勒：德国天文学家，他发现了行星运动的三大定律：轨道定律、面积定律和周期定律，开普勒对光学、数学也做出了重要的贡献，是现代实验光学的奠基人.

是我最可信赖的老师，它能揭示自然界的秘密，在几何学中它应该是最不容忽视的.”康德[①](I. Kant，1724～1804)也说：“每当理智缺乏可靠论证的思想时，类比这个方法往往指引我们前进.”拉普拉斯[②](P. S. Laplace，1749～1827)也曾指出：“甚至在数学里，发现问题的主要工具也是归纳和类比.”

无论在我们的学习与生活中，还是在各个学科领域中，甚至在自然界中都处处充满着相似性，存在着大量的类比. 正如列宁所说：“自然界的统一性显示在关于各种自然现象领域的微分方程式的‘惊人的类似中’.”莱布尼茨也指出：“我们必须使自己习惯于进行区分，即对两个或两个以上极其相似的事物，立即找出它们之间的所有差别. 我们必须使自己习惯于进行类比，即对两个或两个以上极其不同的事物，找出它们的相似点.”

与其他思维方法相比，类比法属平行式思维的方法. 无论哪种类比都应该是在同层次之间进行. 亚里士多德在《前分析篇》中指出：“类推所表示的不是部分对整体的关系，也不是整体对部分的关系.”类比推理是一种或然性推理，前提真结论未必就真. 要提高类比结论的可靠程度，就要尽可能地确认对象间的相同点. 相同点越多，结论的可靠性程度就越大，因为对象间的相同点越多，二者的关联度就会越大，结论就可能越可靠；反之，结论的可靠性程度就会越小. 此外，要注意的是类比前提中所根据的相同情况与推出的情况要带有本质性. 如果把某个对象的特有情况或偶有情况生硬地类推到另一对象上，就会出现“类比不当”或“机械类比”的错误.

类比法的作用是“由此及彼”. 如果把“此”看成前提，“彼”看成结论，那么类比思维的过程就是一个推理过程. 古典类比法认为，如果我们在比较过程中发现被比较的对象有越来越多的共同点，并且知道其中一个对象有某种情况而另一个对象还没有发现这个情况，这时人们头脑就有理由进行类推，由此认定另一对象也应有这个情况. 现代类比法认为，类比之所以能够“由此及彼”，期间经过了一个归纳和演绎程序. 即从已知的某个或某些对象具有某情况，经过归纳得出某类所有对象都具有这情况，然后再经过一个演绎得出另一个对象也具有这个情况. 现代类比法是“类推”.

---

① 康德：德国伟大的哲学家，德国哲学革命的旗手和德国古典哲学的创始人. 康德以他的批判性哲学为基础，提出了人是目的而非手段，实现了将人从单纯因果必然性的束缚下解放出来，完成古典法哲学向现代法哲学转变和发展的革命性变革. 同时，康德对人的自由和权利的实现和维护以及私法和公法等法哲学问题进行了深入的探讨，形成了丰富的法哲学思想，对于后代法哲学的发展产生了重大的影响.

② 拉普拉斯：法国数学家、天文学家，法国科学院院士. 他是天体力学的主要奠基人、天体演化学的创立者之一，他还是分析概率论的创始人，因此可以说他是应用数学的先驱. 拉普拉斯在研究天体问题的过程中创造和发展了许多数学的方法，以他的名字命名的拉普拉斯变换、拉普拉斯定理和拉普拉斯方程，在科学技术的各个领域有着广泛的应用.

根据类比中的内容不同，类比可分为性质类比、关系类比、条件类比等类型.

1. 性质类比

性质类比又称为质料类比，它是根据对象之间的相同或相似属性而进行的类比. 性质类比的逻辑模式如下：

A 具有性质 a,b,c，另有性质 d；
B 也具有性质 a,b,c；
所以，B 也具有性质 d.

2. 关系类比

关系类比是根据对象之间的关系而进行的类比. 关系类比的逻辑模式如下：
A 中 a,b 具有关系 R，因而有 d；
B 中 a,b 具有关系 R；
所以，B 也有 d.

3. 条件类比

条件类比是根据对象之间的条件关系而进行的类比. 条件类比的逻辑模式如下：
A 中 a,b 之间具有条件 R，因而有 d；
B 中 a,b 之间具有条件 R；
所以，B 也有 d.

数学中许多定理、公式和法则都是用类比推理得出的. 在数理逻辑中扩展知识的方法和其他数学学科是相似的：①先定义最基本的概念(命题)，然后定义概念的运算(联结词)；先是常量(命题常项)，然后是变量(命题变项)，再发展到代数(命题公式)、函数；函数可以用解析式表示，也可以用表格表示(命题公式的表示有代数法，也有真值表法，并且二者含有相同的信息量). ②谓词逻辑部分与命题逻辑部分的研究内容展开的方式都是相通的，命题逻辑中的基本内容是基本概念、合式公式及其解释、等值演算(化标准形)与推理、谓词逻辑也是基本概念、合式公式及其解释、等值演算(化标准形)与推理，所以谓词逻辑的学习(研究内容、方法)完全可以类比命题逻辑部分. 特别地，命题逻辑中成立的式子在谓词逻辑中的代换实例，直接就是谓词逻辑中成立的式子. 与命题逻辑中的研究内容、研究方法进行类比，是谓词逻辑部分最常用的方法，所以应用类比法，将使我们对谓词逻辑的学习事半功倍.

2.1　谓词逻辑命题符号化

一般地说，反映判断的句子(命题)是由主语和谓语两部分组成的. 例如，电子计算机是科学技术的工具，其中"电子计算机"是主语，"是科学技术的工具"是谓语. 两个原子命题常有一些共同的特征，为了刻画命题内部的逻辑结构，就需要研究谓词逻辑，将原子命题分解成个体词、谓词和量词，以期表示出个体的内在联系和数量关系.

2.1.1　谓词的概念与表示

个体词、谓词和量词是一阶逻辑命题符号化的三个基本要素，下面就来讨论这三个要素.

个体词是指所研究对象(命题或命题变项)中可以独立存在的具体的或抽象的客体. 例如，小王，中国，3，$\sqrt{2}$等都可作为个体词. 将表示具体或特定客体的个体词称为个体常项，一般用小写英文字母 $a,b,c,\cdots$ 表示，而将表示抽象或泛指的个体词称为个体变项，常用 $x,y,z,\cdots$ 表示，并称个体变项的取值范围为个体域(论域). 有一个特殊的个体域，它是由宇宙间的一切事物组成的，称为全总个体域. 若没有特别说明，都是使用全总个体域.

谓词是用来刻画个体词性质及个体词之间关系的词，考虑下面四个命题(或命题公式)：

(1) $\sqrt{2}$是无理数.

(2) x 是有理数.

(3) 小王与小李同岁.

(4) x 与 y 具有关系 L.

在(1)中，$\sqrt{2}$是个体常项，"……是无理数"是谓词，记为 F，并用 $F(\sqrt{2})$表示(1)中的命题. 在(2)中，x 是个体变项，"……是有理数"是谓词，记为 G，用 $G(x)$表示(2)中命题公式. 在(3)中，小王、小李都是个体常项，"……与……同岁"是谓词，记为 H，则(3)中命题符号化为 $H(a,b)$，其中，a:小王;b:小李. 在(4)中，x,y 为两个个体变项，谓词为 L，(4)的符号化形式为 $L(x,y)$. 仅用谓词或个体词是无法构成一个完整的逻辑含义的，只有将它们结合后才能构成一个完整的、独立的逻辑断言. 当将谓词与个体词联合构成命题时，用括号将个体括住并直接放在谓词后面.

同个体词一样，谓词也有常项与变项之分. 表示具体性质或关系的谓词称为谓词常项，表示抽象的或泛指的性质或关系的谓词称为谓词变项(这里不考虑谓词变项)，都由大写英文字母 $F,G,H,\cdots$表示，上例中(1)、(2)、(3)中的谓词是常项，而

(4)中的谓词是变项.一般地,用 $F(a)$ 表示个体常项 a 具有性质 F,用 $F(x)$ 表示个体变项 x 具有性质 F,是一元谓词.而用 $F(a,b)$ 表示个体常项 a,b 具有关系 F,用 $F(x,y)$ 表示个体变项 x,y 具有关系 F. F 是二元谓词.更一般地,用 $P(x_1,x_2,\cdots,x_n)$ 表示 n 个个体变项 $x_1,x_2,\cdots,x_n$ 具有关系 P,P 是 n 元谓词.为了便于讨论,常将分解成谓词和个体词的命题简单地称为谓词.实质上,n 元谓词可以看成个体域为定义域,$\{0,1\}$ 为值域的 n 元函数或关系.将不带个体变项的谓词称为 0 元谓词,谓词为常项的 0 元谓词表示命题.这样,命题逻辑中的命题均可表示成 0 元谓词,因而可以将命题看成特殊的谓词.

例 2.1.1　将下列命题在一阶逻辑中用 0 元谓词符号化,并讨论它们的真值.

(1) 只有 2 是素数,4 才是素数.

(2) 如果 5 大于 4,则 4 大于 6.

解　(1) 设一元谓词 $F(x)$:x 是素数,a:2,b:4.(1)中命题可符号化为 0 元谓词的蕴涵式,即

$$F(b)\to F(a)$$

由于蕴涵式前件为假,所以蕴涵式为真.

(2) 设二元谓词 $G(x,y)$:$x>y$,a:4,b:5,c:6,$G(b,a)$ 和 $G(a,c)$ 是两个 0 元谓词,则命题符号化为

$$G(b,a)\to G(a,c)$$

由于前件为真,而后件为假,所以(2)中命题为假.

有了个体词和量词的概念之后,对有些命题来说,还是不能准确地符号化,原因是缺少表示个体常项或变项之间数量关系的词.表示个体常项或变项之间数量关系的词称为量词.量词有两种:全称量词 $\forall$ 和存在量词 $\exists$,$\forall xF(x)$ 表示个体域中任何个体都具有性质 F,$\exists xG(x)$ 表示个体域中存在个体具有性质 G.

2.1.2　谓词逻辑中命题符号化

例 2.1.2　将下列命题符号化.

(1) 凡人都呼吸.

(2) 有的人用左手写字.

其中:个体域 D_1 为人类集,个体域 D_2 为全总个体域.

解　令 $F(x)$:x 呼吸;$G(x)$:x 用左手写字.

在 D_1 中除人外,再无别的东西,因而(1)"凡人都呼吸"可符号化为:$\forall xF(x)$;在 D_1 中的有些个体用左手写字,因而(2)"有的人用左手写字"可符号化为 $\exists xG(x)$.

在 D_2 中除人外,还有万物,因而在符号化时必须先将人分离出来,令 $M(x)$:x 是人.于是(1)、(2)的符号化形式分别为:$\forall x(M(x)\to F(x))$,$\exists x(M(x)\wedge G(x))$.

两个命题在 D_1 和 D_2 中的符号化形式不一样,主要区别在于,使用个体域 D_2

时，要将人从其他事物中区别出来，为此引进了特性谓词 $M(x)$. 在命题符号化时，一定要注意正确使用特性谓词.

例 2.1.3 将下列命题符号化.

(1) 对于任意的 x，均有 $x^2-3x+2=(x-1)(x-2)$.

(2) 存在 x，使得 $x+5=3$.

其中，个体域 $D_1=\mathbf{N}$，$D_2=\mathbf{R}$.

解 令 $F(x)$：$x^2-3x+2=(x-1)(x-2)$，$G(x)$：$x+5=3$.

在 D_1 内，命题(1)的符号化形式为 $\forall xF(x)$，命题(2)的符号化形式为 $\exists xG(x)$，显然(1)为真命题，(2)为假命题. 在 D_2 中，(1)、(2)的符号化形式不变，(1)仍然是真命题，而此时(2)也是真命题.

比较例 2.1.1 和例 2.1.3 可以看出：

(1) 在不同的个体域内，同一个命题的符号化形式可能相同，也可能不同.

(2) 同一个命题，在不同个体域中的真值也可能不同.

例 2.1.4 将下列命题符号化，并讨论真值.

(1) 所有的人都长着黑头发.

(2) 有的人登上过月球.

(3) 没有人登上过木星.

(4) 在美国留学的学生未必都是亚洲人.

解 由于本例题没有提到个体域，因而取全总个体域，并令 $M(x)$：x 是人.

(1)令 $F(x)$：x 长着黑头发，命题(1)的符号化形式为

$$\forall x(M(x)\rightarrow F(x))$$

若 a 是一金发姑娘，则 $M(a)$ 为真，$F(a)$ 为假，所以 $M(a)\rightarrow F(a)$ 为假，故上式所示命题为假.

(2) 令 $G(x)$：x 登上过月球，命题(2)的符号化形式为

$$\exists x(M(x)\land G(x))$$

设 a 是某位等上过月球的美国宇航员，则 $M(a)\land G(a)$ 为真.

(3) 令 $H(x)$：x 登上过木星，命题(3)的符号化形式为

$$\neg\exists x(M(x)\land H(x)) \quad 或 \quad \forall x(M(x)\rightarrow\neg H(x))$$

对任何 a，$M(a)\land H(a)$ 为假，故 $\exists x(M(x)\land H(x))$ 为假，所以 $\neg\exists x(M(x)\land H(x))$ 表示的命题为真. 或者，对任何 a，$M(a)$、$\neg H(a)$ 都为真，故 $\forall x(M(x)\rightarrow\neg H(x))$ 表示的命题为真.

(4) 令 $F(x)$：x 是在美国留学的学生；$G(x)$：x 是亚洲人. 命题(4)的符号化形式为

$$\neg\forall x(F(x)\rightarrow G(x)) \quad 或 \quad \exists x(F(x)\land\neg G(x))$$

是真命题.

例 2.1.5　将下列命题符号化.

(1) 兔子比乌龟跑得快.

(2) 有的兔子比所有的乌龟跑得快.

(3) 并不是所有的兔子都比乌龟跑得快.

(4) 不存在跑得同样快的两只兔子.

解　取全总个体域. 设 $F(x)$：x 是兔子；$G(x)$：x 是乌龟. $H(x,y)$ x 比 y 跑得快，$L(x,y)$：x 与 y 跑得同样快. 这四个命题分别符号化为

$$\forall x\forall y(F(x)\wedge G(y)\rightarrow H(x,y))$$

$$\exists x(F(x)\wedge\forall y(G(y)\rightarrow H(x,y)))$$

$$\neg\forall x\forall y(F(x)\wedge G(y)\rightarrow H(x,y))$$

$$\neg\exists x\exists y(F(x)\wedge F(y)\wedge L(x,y))$$

例 2.1.6　将下列命题符号化.

(1) 经过两点只有一条直线.

(2) 数列$\{a_n\}$的极限是 A.

(3) 函数 $f(x)$在点 x_0 处连续的定义.

解　由于本例题没提到个体域，因而取全总个体域.

(1) 令 $T(x)$：x 是点；$L(x)$：x 是线；$F(x,y,z)$：x 经过 y 和 z；$G(x,y)$：x 与 y 相同. 命题(1)的符号化形式为

$$\forall x\forall y((T(x)\wedge T(y)\wedge\neg G(x,y))\rightarrow$$
$$\forall z_1\forall z_2((L(z_1)\wedge L(z_2)\wedge F(z_1,x,y)\wedge F(z_2,x,y))\rightarrow G(z_1,z_2)))$$

(2) 令 $R(x)$：x 是实数；$M(x)$：x 是自然数；$G(x,y)$：$x>y$. 命题(2)的符号化形式为

$$\forall\varepsilon((R(\varepsilon)\wedge G(\varepsilon,0))\rightarrow$$
$$\exists N((M(N)\wedge\forall n((M(n)\wedge G(n,N))\rightarrow G(\varepsilon,|a_n-A|)))))$$

(3) 令 $R(x)$：x 是实数；$G(x,y)$：$x>y$. 命题(3)的符号化形式为

$$\forall\varepsilon((R(\varepsilon)\wedge G(\varepsilon,0))\rightarrow\exists\delta(R(\delta)\wedge G(\delta,0)\wedge\forall x((R(x)\wedge G(\delta,|x-x_0|))$$
$$\rightarrow G(\varepsilon,|f(x)-f(x_0)|)))$$

对于存在 n 元谓词的命题，在符号化时要注意：

(1) 分析命题中表示性质和关系的谓词，分别符号化为一元或多元谓词.

(2) 根据命题的实际意义选用全称量词或存在量词.

(3) 一般说来，多个量词出现时，它们的顺序不能随意调换.

关于量词的搭配，有八种方式.

$$\forall x\forall yA(x,y),\quad\forall y\forall xA(x,y)$$

$$\exists x\exists yA(x,y),\quad\exists y\exists xA(x,y)$$

$$\forall x\exists yA(x,y),\quad\exists y\forall xA(x,y)$$

$$\forall x\exists yA(x,y),\quad \exists x\forall xA(x,y)$$

例如,设 $A(x,y)$ 表示 x 与 y 同姓,论域 x 是甲村的人,y 是乙村的人,则 $\forall x\forall yA(x,y)$:甲村与乙村的人都同姓;$\forall y\forall xA(x,y)$:乙村与甲村的人都同姓.

显然,上述两个语句的含义是相同的,故 $\forall x\forall yA(x,y)\Leftrightarrow\forall y\forall xA(x,y)$. 同理,$\exists x\exists yA(x,y)\Leftrightarrow\exists y\exists xA(x,y)$,表示甲村与乙村有人同姓.

但是,$\forall x\exists yA(x,y)$表示对于甲村每一个人,乙村都有人和他同姓. $\exists y\forall xA(x,y)$表示存在一个乙村的人,甲村的人都和他同姓. $\forall y\exists xA(x,y)$表示对于乙村的每一个人,甲村都有人和他同姓. $\exists x\forall yA(x,y)$表示存在一个甲村的人,乙村的人都和他同姓. 上述四句表达的情况各不相同,故量词在公式中出现的次序不能随意调换.

表 2.1.1 两个量词的含义

公式	何时为真	何时为假
$\forall x\forall yA(x,y)$	对于每一对 x,y,使 $A(x,y)$ 均为真	有一对 $Q(a)$,使 $\exists xQ(x)$ 为假
$\forall x\exists yA(x,y)$	对于每一个 x,都有 y,使 $A(x,y)$ 为真	有一个 x,使 $A(x,y)$ 对每个 y 总是假
$\exists x\forall yA(x,y)$	有一个 x,使 $A(x,y)$ 对所有 y 均为真	对于每一个 x,都有 y,使 $A(x,y)$ 为假
$\exists x\exists yA(x,y)$	有一对 x,y,使 $A(x,y)$ 为真	对于每一对 x,y,$A(x,y)$ 均为假

(4) 有些命题的符号化形式不止一种.

如例 2.1.5 中,(3)还可以符号化为:$\exists x\exists y(F(x)\wedge G(y)\wedge\neg H(x,y))$;(4)还可以符号化为:$\forall x\forall y(F(x)\wedge F(y)\rightarrow\neg L(x,y))$.

应用的数学思想方法

1. 分析的方法

分析的方法是指将事物整体分解为各个部分、要素或层次,分别抽取其个别属性加以考察,从而认识事物本质的思维方法. 本节将命题分解为个体词、谓词和量词,分别进行符号化,以便更精确地表示命题,达到对命题内部关系进行深入研究的目的.

2. 符号化、形式化、代数与函数的思想

谓词逻辑开篇类比命题逻辑,要形式化地研究逻辑推理问题,必须先用数学符号化、形式化、量化的方法,将命题(命题公式)表示成可以用数学方法演算的形式化的思维材料. 所以第一步的工作就是将研究内容:个体词、谓词、量词符号化,并进一步将个体常项和谓词常项发展到变项、函数,这样才能将命题完全形式化,符合数学运算的要求. 这里的符号完全是函数的形式,所以读者可将其与学过的函数符号相联系,理解起来就非常自然了.

2.2 谓词公式及解释

同命题逻辑一样,为在一阶逻辑中进行演算和推理,还必须给出一阶逻辑中公式的定义以及它们的分类及解释.

2.2.1 基本概念

至此,我们已涉及如下一些符号.

个体常项:$a,b,c,\cdots$;

个体变项:$x,y,z,\cdots$;

函数符号:$f,g,h,\cdots$;

谓词符号:$F,G,H,\cdots$;

量词符号:$\forall$,$\exists$;

联结词符号:$\neg$,$\wedge$,$\vee$,$\rightarrow$,$\leftrightarrow$;

括号与逗号:(,),,.

定义 2.2.1 项的定义如下:

(1) 个体常项和个体变项是项.

(2) 若 $\varphi(x_1,x_2,\cdots,x_n)$是任意 n 元函数,$t_1,t_2,\cdots,t_n$ 是任意的 n 个项,则 $\varphi(t_1,t_2,\cdots,t_n)$是项.

(3) 所有的项都是有限次应用(1)、(2)得到的.

定义 2.2.2 谓词公式的定义如下:

(1) 设 $R(x_1,x_2,\cdots,x_n)$是一阶逻辑的任意 n 元谓词,$t_1,t_2,\cdots,t_n$ 是一阶语言的任意 n 个项,则称 $R(t_1,t_2,\cdots,t_n)$是一阶语言的原子公式,原子公式是合式公式.

(2) 若 A 是合式公式,则 $\neg A$ 也是合式公式.

(3) 若 A,B 是合式公式,则$(A\wedge B)$,$(A\vee B)$,$(A\rightarrow B)$,$(A\leftrightarrow B)$也是合式公式.

(4) 若 A 是合式公式,x 是 A 中的变元,则 $\forall xA(x)$,$\exists xB(x)$也是合式公式.

(5) 只有有限次地应用(1)~(4)构成的公式,才是合式公式,也称谓词公式.

谓词公式是由原子谓词公式、联结词、量词以及圆括号按照上述规则组成的一个符号串.本章讨论的是一阶谓词逻辑,限定量词仅作用于个体变元,不允许量词作用于命题变元、谓词变元和函数变元等.

个体变元有自由变元和约束变元之分.

定义 2.2.3 指导变元与辖域.

在谓词公式 $\forall xA$,$\exists xA$ 中,x 为指导变元,$A(x)$为相应量词 $\forall x$,$\exists x$ 的辖

域，在 $\forall x$，$\exists x$ 的辖域中，x 的所有出现都是约束出现，A 中不是约束出现的其他变元的出现都是自由出现. 因此公式中约束出现的变元是约束变元，自由出现的变元是自由变元，可以把自由变元看成公式中的参数.

若量词后有括号，则在括号内的公式即为此量词的辖域. 若量词后无括号，则量词后最短的公式为此量词的辖域.

当多个量词连续出现，它们之间无括号分隔时，我们约定从左到右的次序读出. 后面的量词在前面量词的辖域中，且量词对变元的约束与量词的次序有关.

例 2.2.1　指出下列公式中的指导变元、各量词的辖域、自由出现以及约束出现的个体变项.

(1) $\forall x(F(x,y)\to G(x,z))$.

(2) $\forall x(F(x)\to G(y))\to\exists y(H(x)\wedge L(x,y,z))$.

解　(1) x 是指导变元，量词 $\forall$ 的辖域 $A=F(x,y)\to G(x,z)$，在 A 中 x 是约束出现的，而且约束出现 2 次，y,z 是自由出现的，各自由出现 1 次.

(2) 公式中共有两个指导变元，前件中的指导变元为 x，后件中的指导变元为 y. 量词 $\forall$ 的辖域 $A=F(x)\to G(y)$，其中 x 是约束出现，y 是自由出现. 量词 $\exists$ 的辖域 $B=H(x)\to L(x,y,z)$，其中 y 是约束出现，x,z 是自由出现.

从约束变元的概念可以看出，$P(x_1,x_2,\cdots,x_n)$ 是 n 元谓词，它有 n 个相互独立的自由变元，若对其中 k 个变元进行约束，则称为 $n-k$ 元谓词. 因此，谓词公式中如果没有自由变元出现，则该公式就成为一个命题. 例如，$\exists xP(x,y,z)$ 是二元谓词，$\forall x\exists yQ(x,y,z)$ 是一元谓词.

例 2.2.2　$\exists x(x<88\wedge x$ 是奇数$)$.

个体变元 x 是约束变元，这已经不是一个命题函数，而是一个命题. 它相当于说"存在有小于 88 的奇数"，这是一个真命题.

定义 2.2.4　设 A 是任意的公式，若 A 中不含自由出现的个体变项，则 A 称为封闭的公式，简称闭式.

例 2.2.3　将下列公式中的变项指定成为常项，使其成为命题.

(1) $\forall x(F(x)\to G(x))$.

(2) $\forall x\forall y(F(x)\wedge F(y)\wedge G(x,y)\to H(f(x,y),g(x,y)))$.

解　(1) 令个体域 D 为实数集 $\mathbf{R}$，$F(x)$ 为 x 是自然数，$G(x)$ 为 x 是整数，则(1)表达的命题为"自然数都是整数"，这是一个真命题. 若个体域不变，两个谓词的解释交换一下，则(1)表达的命题为"整数都是自然数"，这是一个假命题.

(2) 指定个体域为全总个体域，$F(x)$ 为 x 是实数，$G(x,y)$ 为 $x\neq y$，$H(x,y)$ 为 $x>y$，$f(x,y)=x^2+y^2$，$g(x,y)=2xy$，则(2)表达的命题为"对于任意的 x,y，若 $x,y\in R$，且 $x\neq y$，则 $x^2+y^2>2xy$". 这显然是真命题. 如果 $H(x,y)$ 改为 $x<y$，其余不变，则所得命题就为假命题.

2.2.2 解释

定义 2.2.5 解释 I 由以下 4 部分构成：

(1) 非空个体域 D_I.

(2) D_I 中一些特定元素的集合 $\{\bar{a}_1, \bar{a}_2, \cdots, \bar{a}_i, \cdots\}$.

(3) D_I 上一些特定函数的集合 $\{\bar{f}_i^n \mid i, n \geqslant 1\}$.

(4) D_I 上一些特定谓词的集合 $\{\bar{F}_i^n \mid i, n \geqslant 1\}$.

其中,(1) 被解释的公式中的个体变项均取值于 D_I;(2) 个体常项 a_i 解释成 $\bar{a}_i$;(3) f_i^n 是第 i 个 n 元函数,解释成 $\bar{f}_i^n$;(4) F_i^n 是第 i 个 n 元谓词,解释成 $\bar{F}_i^n$.

例 2.2.4 给定解释 I 如下：

(1) 个体域 $D = \mathbf{N}$.

(2) $\bar{a} = 0$.

(3) $\bar{f}(x, y) = x + y$, $\bar{g}(x, y) = x \cdot y$.

(4) $\bar{F}(x, y)$ 为 $x = y$.

在 I 下哪些公式为真,哪些为假？哪些真假不能确定？

(1) $\forall x F(g(x, a), x) \rightarrow F(x, y)$.

(2) $\forall x F(g(x, a), x)$.

(3) $\forall x \forall y F(f(x, a), y) \rightarrow F(f(y, a), x)$.

(4) $\forall x \forall y \exists z F(f(x, y), z)$.

(5) $\exists x F(f(x, x), g(x, x))$.

解 在 I 下,(1) 公式被解释成“$\forall x(x \cdot 0 = x) \rightarrow (x = y)$”,由于蕴涵式的前件为假,所以被解释的公式为真.

(2) 公式被解释成“$\forall x(x \cdot 0 = x)$”,为假命题.

(3) 公式被解释成“$\forall x \forall y(x + 0 = y) \rightarrow (y + 0 = x)$”,为真命题.

(4) 公式被解释成“$\forall x \forall y \exists z(x + y = z)$”,为真命题.

(5) 公式被解释成“$\exists x(x + x = x \cdot x)$”,为真命题.

从例 2.2.4 的(2)～(5)可以看出,闭式在给定的解释中都变成了命题.

定理 2.2.1 封闭的公式在任何解释下都变成命题.

因此,个体域和谓词的含义确定后,n 元谓词要转化为命题至少需要 n 个量词.

2.2.3 公式的分类

定义 2.2.6 设 A 为一公式,若 A 在任何解释下均为真,则称 A 为永真式(逻辑有效式).若 A 在任何解释下均为假,则称 A 为矛盾式(永假式).若至少存在一个解释使 A 为真,则称 A 为可满足式.

在谓词逻辑中,由于公式的复杂性和解释的多样性,到目前为止,还没有找到一种可行的算法，用来判断任意公式是可满足式，这与命题逻辑的情况是完全不同的. 1936 年，美国数理逻辑学家丘奇①(A. Church，1903～1995)发表论文，证明了判定谓词逻辑是否永真的可行的办法是不存在的，困难就在于个体域是无限集以及对谓词设定的任意性. 不过谓词公式的某些特殊类型还是可判定的：①只包含一元谓词的公式是可判定的；②在有穷个体域下，谓词公式是可以判定的. 可以用归纳法证明重言式的代换实例是重言式，矛盾式的代换实例是矛盾式.

定义 2.2.7　设 A_0 是含命题变项 $p_1, p_2, \cdots, p_n$ 的命题公式，$A_1, A_2, \cdots, A_n$ 是 n 个谓词公式，用 A_i 处处代替 A_0 中的 p_i，所得公式 A 称为 A_0 的代换实例.

例如，$F(x) \to G(x)$，$\forall x F(x) \to \exists y G(y)$ 等都是 $p \to q$ 的代换实例，而 $\forall x(F(x) \to G(x))$ 等不是 $p \to q$ 的代换实例.

定理 2.2.2　重言式的代换实例是重言式，矛盾式的代换实例是矛盾式.

例 2.2.5　判断下列公式中，哪些是永真式，哪些是矛盾式？

(1) $\forall x(F(x) \to G(x))$.

(2) $\exists x(F(x) \land G(x))$.

(3) $\forall x F(x) \to (\exists x \exists y G(x,y) \to \forall x F(x))$.

(4) $\neg(\forall x F(x) \to \exists y G(y)) \land \exists y G(y)$.

解　前面有多种解释能说明(1)、(2)都是非永真式可满足式；(3)是命题公式 $p \to (q \to p)$ 的代换实例，而该公式是重言式，所以(3)是永真式；(4)是命题公式 $\neg(p \to q) \land q$ 的代换实例，而该公式是矛盾式，所以(3)是矛盾式.

例 2.2.6　判断下列公式的类型.

(1) $\forall x F(x) \to \exists x F(x)$.

(2) $\forall x \exists y F(x,y) \to \exists x \forall y F(x,y)$.

(3) $\exists x(F(x) \land G(x)) \to \forall y G(y)$.

解　(1) 设 I 为任一解释，若 $\forall x F(x)$ 为假，则公式为真，若 $\forall x F(x)$ 为真，则 $\exists x F(x)$ 自然为真，所以，(1)是永真式.

(2) 取解释 I_1，个体域为实数集 $\mathbf{R}$，$F(x,y)$：$x \geqslant y$，则在 I_1 下，前件为真，后件为假，所以(2)为假；取解释 I_2，个体域为 $\{x \mid 0 \leqslant x \leqslant 10\}$，$F(x,y)$：$x \geqslant y$，则在 I_2 下，前件为真，后件也为真，所以(2)为真. 这说明(2)是非永真式可满足式.

(3) 取解释 I_1，个体域为实数集 $\mathbf{N}$，$F(x)$：x 是偶数，$G(x)$：x 是素数，因为 2 是

---

① 丘奇：美国逻辑学家，自动推理早期的工作主要集中在机器定理证明. 机械定理证明的中心问题是寻找判定公式是否是有效的(或是不一致的)通用程序. 对命题逻辑公式，由于解释的个数是有限的，总可以建立一个通用判定程序，使得在有限时间内判定出一个公式是有效的或是无效的. 对一阶逻辑公式，其解释的个数通常是任意多个，丘奇和图灵(A. M. Turing)在 1936 年证明了不存在判定公式是否有效的通用程序. 但是，他们证明了，如果一阶逻辑公式是有效的，则存在通用程序可以验证它是有效的，对于无效的公式，这种通用程序一般不能终止.

偶数且是素数，所以在 I_1 下，前件为真，后件为假，因此(3)为假；取解释 I_2，个体域为$\{2,3,5,7,11,13,17,19\}$，$F(x)$：x 是偶数，$G(x)$：x 是素数. 则在 I_2 下，前件为真，后件也为真，所以(3)为真. 这说明(3)是非永真式可满足式.

应用的数学思想方法

1. 算法思想

本节中项的定义和谓词公式(合式公式)的定义都采用了递归的定义方式，体现了算法的思想.

2. 变量、代数与函数的思想

本节中的指导变元从个体域中取值即是自变量从定义域中取值，对个体域、谓词进行解释就是对变量进行赋值，体现了变量、代数与函数的思想.

3. 分类的方法

本节中对谓词公式进行分类，揭示了谓词公式的外延.

4. 移植法

移植法是将某个学科、领域中的原理、技术、方法等，应用或渗透到其他学科、领域中，为解决某一问题提供启迪、帮助的创新思维方法. 本节代换实例的方法，使得谓词逻辑中的谓词公式可以直接代换命题逻辑中命题公式的命题变项，并不改变公式的类型. 采用了移植法.

2.3 谓词逻辑等值演算

我们在将命题符号化的时候，就发现有些命题的符号化形式不止一种. 例如，"没有不犯错误的人"在全总个体域中可以符号化为：$\forall x(F(x)\to G(x))$，也可符号化为：$\neg\exists x(F(x)\wedge\neg G(x))$. 其中 $F(x)$：x 是人；$G(x)$：x 犯错误. 这两种形式都对，都与命题表示的判断一致. 再如，设 $F(x)$：x 是兔子，$G(x)$：x 是乌龟，$H(x,y)$：x 比 y 快，则"并不是所有的兔子都比乌龟跑得快"也有两种符号化形式：$\neg\forall x\forall y(F(x)\wedge G(y)\to H(x,y))$，$\exists x\exists y(F(x)\wedge G(y)\wedge\neg H(x,y))$. 同命题公式一样，这两个谓词公式应该是等值的，也应能通过等值演算，将公式从一种形式化成另一种形式.

2.3.1 谓词逻辑等值式的概念

定义 2.3.1 设 A,B 是任意两个谓词公式，若在任何解释下，$A\leftrightarrow B$ 都是永真式,则称 A 与 B 是等值的,记为 $A \Leftrightarrow B$,称 $A \Leftrightarrow B$ 是等值式. 否则就是 $A \not\Leftrightarrow B$.

例如,$\neg \exists x(F(x) \wedge \neg G(x)) \Leftrightarrow \forall x(F(x) \rightarrow G(x))$,

$\neg \forall x \forall y(F(x) \wedge G(y) \rightarrow H(x,y)) \Leftrightarrow \exists x \exists y(F(x) \wedge G(y) \wedge \neg H(x,y))$.

由定义 2.3.1 可知,判断公式 A,B 是否等值,等价于判断公式 $A \leftrightarrow B$ 是否为永真式,这是谓词逻辑中的判断问题,也是一个未解决的问题. 同命题逻辑中的等值式一样,人们还证明出了一些重要的等值式,由这些重要的等值式可以推演出更多的等值式,这就是命题逻辑等值演算的内容.

2.3.2 基本等值式

第一组　命题逻辑中等值式的代换实例都是谓词逻辑中的永真式(略).

第二组　谓词逻辑中的等值式.

1. 消去量词等值式(律)

设个体域为有限集 $D=\{a_1,a_2,\cdots,a_n\}$,则有:

(1) $\forall xA(x) \Leftrightarrow A(a_1) \wedge A(a_2) \wedge \cdots \wedge A(a_n)$.

(2) $\exists xA(x) \Leftrightarrow A(a_1) \vee A(a_2) \vee \cdots \vee A(a_n)$.

解释:当个体域是有限集时,全称量词可以看成合取联结词的推广,存在量词可以看成析取联结词的推广,量词可以省略.

例 2.3.1 (例 1.1.4) 2014 级 2 班的全体同学都在教室里上课.

解 取个体域为 2014 级 2 班 $=\{a_i \mid i=01,02,\cdots,76\}$($a_i$:学号后两位为 i 的同学),$F(x)$:x 在教室里上课,则符号化为

$$\forall xF(x) \Leftrightarrow F(a_1) \wedge F(a_2) \wedge \cdots \wedge F(a_{76})$$

2. 量词否定等值式(量词转换律)

设 x 在 $A(x)$ 中自由出现,则:

(1) $\neg \forall xA(x) \Leftrightarrow \exists x \neg A(x)$.

(2) $\neg \exists xA(x) \Leftrightarrow \forall x \neg A(x)$.

注意:出现在否定量词前的否定联结词不仅要否定量词,还要否定量词的辖域.

直观含义:

(1) 式"并不是所有的 x 都具有性质 A"与"存在 x 不具有性质 A"是一回事.

(2) 式"不存在具有性质 A 的 x"与"所有的 x 都不具有性质 A"是一回事.

证明 （当个体域是有限集时可以证明）

(1)

$$\begin{aligned}&\neg\forall xA(x)\\ \Leftrightarrow&\neg(A(a_1)\wedge A(a_2)\wedge\cdots\wedge A(a_n))\\ \Leftrightarrow&\neg A(a_1)\vee\neg A(a_2)\vee\cdots\vee\neg A(a_n)\\ \Leftrightarrow&\exists x\neg A(x)\end{aligned}$$

(2)

$$\begin{aligned}&\neg\exists xA(x)\\ \Leftrightarrow&\neg(A(a_1)\vee A(a_2)\vee\cdots\vee A(a_n))\\ \Leftrightarrow&\neg A(a_1)\wedge\neg A(a_2)\wedge\cdots\wedge\neg A(a_n)\\ \Leftrightarrow&\forall x\neg A(x)\end{aligned}$$

例 2.3.1 中 2014 级 2 的全体同学都在教室里上课的否命题就是：2014 级 2 班至少有一个同学没在教室里上课，也就是 2014 级 2 班的全体同学不都在教室里上课，而不是 2014 级 2 班的全体同学都不在教室里上课.

$$\begin{aligned}&\neg\forall xF(x)\\ \Leftrightarrow&\neg(F(a_1)\wedge F(a_2)\wedge\cdots\wedge F(a_{76}))\\ \Leftrightarrow&\neg F(a_1)\vee\neg F(a_2)\vee\cdots\vee\neg F(a_{76})\\ \Leftrightarrow&\exists x\neg F(x)\end{aligned}$$

3. 量词辖域的收缩与扩张等值式(律)

设 x 在 $A(x)$ 中自由出现，x 不在 B 中出现，则：

(1)

$$\begin{aligned}&\forall x(A(x)\vee B)\Leftrightarrow\forall xA(x)\vee B\\ &\forall x(A(x)\wedge B)\Leftrightarrow\forall xA(x)\wedge B\\ &\forall x(A(x)\to B)\Leftrightarrow\exists xA(x)\to B\\ &\forall x(B\to A(x))\Leftrightarrow B\to\forall xA(x)\end{aligned}$$

(2)

$$\begin{aligned}&\exists x(A(x)\vee B)\Leftrightarrow\exists xA(x)\vee B\\ &\exists x(A(x)\wedge B)\Leftrightarrow\exists xA(x)\wedge B\\ &\exists x(A(x)\to B)\Leftrightarrow\forall xA(x)\to B\\ &\exists x(B\to A(x))\Leftrightarrow B\to\exists xA(x)\end{aligned}$$

当个体域是有限集时，公式(1)、(2)中的前两个公式可以证明. 后两个公式可以利用前两个公式证明.

证明举例：

设个体域为有限集 $D=\{a_1,a_2,\cdots,a_n\}$，则有

$$\begin{aligned}&\forall x(A(x)\vee B)\\ \Leftrightarrow&(A(a_1)\vee B)\wedge(A(a_2)\vee B)\wedge\cdots\wedge(A(a_n)\vee B)\\ \Leftrightarrow&(A(a_1)\wedge A(a_2)\wedge\cdots\wedge A(a_n))\vee B\\ \Leftrightarrow&\forall xA(x)\vee B\end{aligned}$$

$$\begin{aligned}&\forall x(A(x)\rightarrow B)\\ \Leftrightarrow&\forall x(\neg A(x)\vee B)\\ \Leftrightarrow&\forall x\neg A(x)\vee B\\ \Leftrightarrow&\neg\exists xA(x)\vee B\\ \Leftrightarrow&\exists xA(x)\rightarrow B\end{aligned}$$

4. 量词分配等值式(律)

设 x 在 $A(x)$,$B(x)$中自由出现,则:

(1) $\forall x(A(x)\wedge B(x))\Leftrightarrow\forall xA(x)\wedge\forall xB(x)$.

(2) $\exists x(A(x)\vee B(x))\Leftrightarrow\exists xA(x)\vee\exists xB(x)$.

解释:全称量词对合取、存在量词对析取有分配律.

证明 当个体域是有限集时,有

$$\begin{aligned}&\forall x(A(x)\wedge B(x))\\ \Leftrightarrow&(A(a_1)\wedge B(a_1))\wedge(A(a_2)\wedge B(a_2))\wedge\cdots\wedge(A(a_n)\wedge B(a_n))\\ \Leftrightarrow&(A(a_1)\wedge A(a_2)\wedge\cdots\wedge A(a_n))\wedge(B(a_1)\wedge B(a_2)\wedge\cdots\wedge B(a_n))\\ \Leftrightarrow&\forall xA(x)\wedge\forall xB(x)\end{aligned}$$

由一个公式可以证明另一个公式

$$\begin{aligned}&\forall x\neg(A(x)\vee B(x))\\ \Leftrightarrow&\neg\exists x(A(x)\vee B(x))\end{aligned}$$

又

$$\begin{aligned}&\forall x\neg(A(x)\vee B(x))\\ \Leftrightarrow&\forall x(\neg A(x)\wedge\neg B(x))\\ \Leftrightarrow&\forall x\neg A(x)\wedge\forall x\neg B(x)\\ \Leftrightarrow&\neg\exists xA(x)\wedge\neg\exists xB(x)\\ \Leftrightarrow&\neg(\exists xA(x)\vee\exists xB(x))\end{aligned}$$

所以

$$\neg\exists x(A(x)\vee B(x))\Leftrightarrow\neg(\exists xA(x)\vee\exists xB(x))$$

因此

$$\exists x(A(x)\vee B(x))\Leftrightarrow\exists xA(x)\vee\exists xB(x)$$

问题:全称量词对析取、存在量词对合取是否有分配律？即

(1) $\forall x(A(x)\lor B(x))\Leftrightarrow\forall xA(x)\lor\forall xB(x)$?

(2) $\exists x(A(x)\land B(x))\Leftrightarrow\exists xA(x)\land\exists xB(x)$?

取解释 I,个体域为自然数集,$A(x)=F(x)$:x 是奇数;$B(x)=G(x)$:x 是偶数. 则 $\forall x(A(x)\lor B(x))$是真命题,$\forall xA(x)\lor\forall xB(x)$是假命题,$\forall x(A(x)\lor B(x))\not\Leftrightarrow\forall xA(x)\lor\forall xB(x)$;$\exists xA(x)\land\exists xB(x)$是真命题,$\exists x(A(x)\land B(x))$是假命题,$\exists x(A(x)\land B(x))\not\Leftrightarrow\exists xA(x)\land\exists xB(x)$.

问题:两个方向不成立,一个方向是否成立？成立时,哪个方向成立？

2.3.3 三条规则

1. 置换规则

若 $A\Leftrightarrow B$,则 $\varphi(A)\Leftrightarrow\varphi(B)$.

2. 换名规则(指导变元换名)

设 A 为一公式,将 A 中量词辖域中某约束变项的所有出现及相应的指导变元都换成该量词辖域中未曾出现过的某个变项的符号,公式中的其余部分不变,若所得公式为 A',则 $A'\Leftrightarrow A$.

3. 代替规则(自由变元换名)

设 A 为一公式,将 A 中某个自由出现的个体变项的所有出现都换成中 A 未曾出现过的某个变项的符号,公式中的其余部分不变,若所得公式为 A',则$A'\Leftrightarrow A$.

2.3.4 等值演算举例

例 2.3.2 设个体域 $D=\{a,b,c\}$,将下列各式的量词消去.

(1) $\forall x(F(x)\to G(x))$.

(2) $\forall x(F(x)\lor\exists yG(y))$.

(3) $\exists x\forall yF(x,y)$.

解 (1)

$$\begin{aligned}&\forall x(F(x)\to G(x))\\ \Leftrightarrow&(F(a)\to G(a))\land(F(b)\to G(b))\land(F(c)\to G(c))\end{aligned}$$

(2)

$$\begin{aligned}&\forall x(F(x)\lor\exists yG(y))\\ \Leftrightarrow&\forall xF(x)\lor\exists yG(y)\\ \Leftrightarrow&(F(a)\land F(b)\land F(c))\lor(G(a)\lor G(b)\lor G(c))\end{aligned}$$

(3) $\exists x\forall yF(x,y)$

$\Leftrightarrow \exists x(F(x,a) \wedge F(x,b) \wedge F(x,c))$

$\Leftrightarrow (F(a,a) \wedge F(a,b) \wedge F(a,c)) \vee (F(b,a) \wedge F(b,b) \wedge F(b,c))$

$\vee (F(c,a) \wedge F(c,b) \wedge F(c,c))$

例 2.3.3 证明下列各等值式.

(1) $\neg \exists x(M(x) \wedge F(x)) \Leftrightarrow \forall x(M(x) \rightarrow \neg F(x))$.

(2) $\neg \forall x(F(x) \rightarrow G(x)) \Leftrightarrow \exists x(F(x) \wedge \neg G(x))$.

(3) $\neg \forall x \forall y(F(x) \wedge G(y) \rightarrow H(x,y)) \Leftrightarrow \exists x \exists y(F(x) \wedge G(y) \wedge \neg H(x,y))$.

(4) $\neg \exists x \exists y(F(x) \wedge G(y) \wedge L(x,y)) \Leftrightarrow \forall x \forall y(F(x) \wedge G(y) \rightarrow \neg L(x,y))$.

证明 (1) $\neg \exists x(M(x) \wedge F(x))$

$\Leftrightarrow \forall x \neg (M(x) \wedge F(x))$

$\Leftrightarrow \forall x(\neg M(x) \vee \neg F(x))$

$\Leftrightarrow \forall x(M(x) \rightarrow \neg F(x))$

(2) $\neg \forall x(F(x) \rightarrow G(x))$

$\Leftrightarrow \exists x \neg (F(x) \rightarrow G(y))$

$\Leftrightarrow \exists x \neg (\neg F(x) \vee G(y))$

$\Leftrightarrow \exists x(F(x) \wedge \neg G(x))$

(3) $\neg \forall x \forall y(F(x) \wedge G(y) \rightarrow H(x,y))$

$\Leftrightarrow \exists x \exists y \neg (\neg (F(x) \wedge G(y)) \vee H(x,y))$

$\Leftrightarrow \exists x \exists y(F(x) \wedge G(y) \wedge \neg H(x,y))$

(4) $\neg \exists x \exists y(F(x) \wedge G(y) \wedge L(x,y))$

$\Leftrightarrow \forall x \neg (\exists y(F(x) \wedge G(y) \wedge L(x,y)))$

$\Leftrightarrow \forall x \forall y \neg ((F(x) \wedge G(y)) \wedge L(x,y))$

$\Leftrightarrow \forall x \forall y(\neg (F(x) \wedge G(y)) \vee \neg L(x,y))$

$\Leftrightarrow \forall x \forall y(F(x) \wedge G(y) \rightarrow \neg L(x,y))$

例 2.3.4 将下列公式化成与其等值的公式,使其没有既约束出现又自由出现的个体变项.

(1) $\forall x F(x,y,z) \rightarrow \exists y G(x,y,z)$.

(2) $(\forall x_1 F(x_1,x_2) \rightarrow \exists x_2 G(x_2,x_3)) \rightarrow \exists x_1 H(x_1,x_2,x_3)$.

解 (1) $\forall x F(x,y,z) \rightarrow \exists y G(x,y,z)$

$\Leftrightarrow \forall u F(u,y,z) \rightarrow \exists y G(x,y,z)$ (换名规则)

$\Leftrightarrow \forall u F(u,y,z) \rightarrow \exists v G(x,v,z)$ (换名规则)

又

$\forall x F(x,y,z) \rightarrow \exists y G(x,y,z)$

$\Leftrightarrow \forall x F(x,s,z) \rightarrow \exists y G(x,y,z)$ (代替规则)

$\Leftrightarrow \forall x F(x,s,z) \rightarrow \exists y G(t,y,z)$ (代替规则)

(2) $(\forall x_1 F(x_1,x_2) \to \exists x_2 G(x_2,x_3)) \to \exists x_1 H(x_1,x_2,x_3)$

$\Leftrightarrow (\forall x_1 F(x_1,x_2) \to \exists x_2 G(x_2,x_3)) \to \exists x_4 H(x_4,x_2,x_3)$ （换名规则）

$\Leftrightarrow (\forall x_1 F(x_1,x_2) \to \exists x_5 G(x_5,x_3)) \to \exists x_4 H(x_4,x_2,x_3)$ （换名规则）

例 2.3.5 给定解释 I 如下：

(1) 个体域 $D=\{2,3\}$.

(2) D 中特定元素 $\bar{a}=2$.

(3) D 上特定函数 $\bar{f}(x)$：$\bar{f}(2)=3$，$\bar{f}(3)=2$.

(4) D 上特定谓词.

$$\bar{G}(x,y):\bar{G}(2,2)=\bar{G}(2,3)=\bar{G}(3,2)=1,\bar{G}(3,3)=0$$

$$\bar{L}(x,y):\bar{L}(2,2)=\bar{L}(3,3)=1,\bar{L}(2,3)=\bar{L}(3,2)=0$$

$$\bar{F}(x):\bar{F}(2)=0,\bar{F}(3)=1$$

在 I 下求公式的真值.

(1) $\exists x(F(f(x)) \wedge G(a,f(x)))$.

(2) $\exists y \forall x L(x,y)$.

解 (1)

$$\begin{aligned} &\exists x(F(f(x)) \wedge G(a,f(x))) \\ \Leftrightarrow &(F(f(2)) \wedge G(2,f(2))) \vee (F(f(3)) \wedge G(2,f(3))) \\ \Leftrightarrow &(F(3) \wedge G(2,3)) \vee (F(2) \wedge G(2,2)) \\ \Leftrightarrow &(1 \wedge 1) \vee (0 \wedge 1) \Leftrightarrow 1 \end{aligned}$$

(2)

$$\begin{aligned} &\exists y \forall x L(x,y) \\ \Leftrightarrow &(L(2,2) \wedge L(3,2)) \vee (L(2,3) \wedge L(3,3)) \\ \Leftrightarrow &(1 \wedge 0) \vee (0 \wedge 1) \Leftrightarrow 0 \end{aligned}$$

应用的数学思想方法

1. 计算证法(等值演算)

谓词公式的等值演算，是根据已知的等值式(先证明其为真)模式，从一个公式出发，进行等值演算，化出另一个公式，从而证明两个公式等值或不等值，运用了计算证明的方法.

2. 等价方法

在本节中我们通过等值演算(和代数中的计算、恒等变形相似)将公式化成与其等值但便于理解的形式，是等价方法的运用.

2.4 谓词逻辑前束范式

在命题逻辑中，析取范式与合取范式是命题公式的两种不同的等值形式，在谓词逻辑中公式也有范式形式.

2.4.1 前束范式的概念

定义 2.4.1 一个谓词公式，如果它的所有量词均非否定地出现在公式的最前面，且它们的辖域一直延伸到公式的末尾，则称这种形式的公式为前束范式.记为

$$Q_1x_1Q_2x_2\cdots Q_kx_kB$$

其中，每个 $Q_i(1\leqslant i\leqslant k)$ 为量词 $\forall$ 或 $\exists$，B 为不含量词的谓词公式.

例如，$\exists x\exists y(F(x)\land G(y)\land\neg H(x,y))$，$\forall x\forall y(F(x)\land G(y)\to\neg L(x,y))$ 都是前束范式，而 $\forall x(F(x)\lor\exists yG(y))$，$\neg\exists x(M(x)\land F(x))$；$\exists x(F(x)\land\forall y(G(y)\to H(x,y)))$ 都不是前束范式.

2.4.2 前束范式存在定理

定理 2.4.1 任一谓词公式都存在与之等值的前束范式.

证明 构造性算法步骤如下：

(1) 消去联结词 $\to$，$\leftrightarrow$.

(2) 将联结词 $\neg$ 内移，使之作用于原子公式，消去 $\neg\neg$.

(3) 利用换名或代替规则，使所有约束变元的符号均不相同，并且自由变元与约束变元的符号也不相同.

(4) 利用量词辖域的收缩与扩张，将所有的量词以在公式中出现的顺序移到公式最前面，扩大量词的辖域至整个公式.

2.4.3 例题

例 2.4.1 求下列公式的前束范式：

(1) $\forall xF(x)\land\neg\exists xG(x)$.

(2) $\forall xF(x)\lor\neg\exists xG(x)$.

解 (1) $\forall xF(x)\land\neg\exists xG(x)$

$\Leftrightarrow\forall xF(x)\land\neg\exists yG(y)$ （换名规则）

$\Leftrightarrow\forall xF(x)\land\forall y\neg G(y)$ （量词否定等值式）

$\Leftrightarrow\forall x\forall y(F(x)\land\neg G(y))$ （量词辖域扩张等值式）

又

$$\forall xF(x)\wedge\neg\exists xG(x)$$
$$\Leftrightarrow\forall xF(x)\wedge\forall x\neg G(x)\quad\text{(量词否定等值式)}$$
$$\Leftrightarrow\forall x(F(x)\wedge\neg G(x))\quad\text{(量词分配等值式)}$$

(2)
$$\forall xF(x)\vee\neg\exists xG(x)$$
$$\Leftrightarrow\forall xF(x)\vee\forall x\neg G(x)\quad\text{(量词否定等值式)}$$
$$\Leftrightarrow\forall xF(x)\vee\forall y\neg G(y)\quad\text{(换名规则)}$$
$$\Leftrightarrow\forall x\forall y(F(x)\vee\neg G(y))\quad\text{(量词辖域扩张等值式)}$$

由于$\forall$对$\wedge$有分配律,所以(1)有只带一个量词的前束范式,而$\forall$对$\vee$无分配律,所以(2)没有只带一个量词的前束范式. 公式的前束范式不是唯一的.

例 2.4.2 求下列公式的前束范式.

(1) $\exists xF(x)\wedge\forall xG(x)$.

(2) $\forall xF(x)\to\exists xG(x)$.

(3) $\exists xF(x)\to\forall xG(x)$.

解 (1)

$$\exists xF(x)\wedge\forall xG(x)$$
$$\Leftrightarrow\exists xF(x)\wedge\forall yG(y)$$
$$\Leftrightarrow\exists x\forall y(F(x)\wedge G(y))$$

(2)

$$\forall xF(x)\to\exists xG(x)$$
$$\Leftrightarrow\forall xF(x)\to\exists yG(y)$$
$$\Leftrightarrow\exists x\exists y(F(x)\to G(y))$$

(3)

$$\exists xF(x)\to\forall xG(x)$$
$$\Leftrightarrow\exists xF(x)\to\forall yG(y)$$
$$\Leftrightarrow\forall x\forall y(F(x)\to G(y))$$

例 2.4.3 求下列公式的前束范式.

(1) $(\forall xF(x)\vee\exists yG(y))\to\forall xH(x)$.

(2) $(\forall xF(x,y)\to\exists yG(y))\to\forall zL(z,y)$.

解 (1)

$$(\forall xF(x)\vee\exists yG(y))\to\forall xH(x)$$
$$\Leftrightarrow(\forall xF(x)\vee\exists yG(y))\to\forall zH(z)$$
$$\Leftrightarrow\forall x\exists y(F(x)\vee G(y))\to\forall zH(z)$$
$$\Leftrightarrow\exists x\forall y\forall z(F(x)\vee G(y)\to H(z))$$
$$\Leftrightarrow\exists x\forall y\forall z((\neg F(x)\wedge\neg G(y))\vee H(z))$$

(2)

$$
\begin{aligned}
&(\forall xF(x,y)\to\exists yG(y))\to\forall zL(z,y)\\
\Leftrightarrow&(\forall xF(x,s)\to\exists yG(y))\to\forall zL(z,s)\\
\Leftrightarrow&\exists x\exists y(F(x,s)\to G(y))\to\forall zL(z,s)\\
\Leftrightarrow&\forall x\forall y\forall z((F(x,s)\to G(y))\to L(z,s))\\
\Leftrightarrow&\forall x\forall y\forall z(\neg(\neg F(x,s)\vee G(y))\vee L(z,s))\\
\Leftrightarrow&\forall x\forall y\forall z((F(x,s)\wedge\neg G(y))\vee L(z,s))
\end{aligned}
$$

如果一个公式 A 的前束范式的尾部是析取式：

$$(A_{11}\wedge A_{12}\wedge\cdots\wedge A_{1n_1})\vee\cdots\vee(A_{m1}\wedge A_{m2}\wedge\cdots\wedge A_{mn_m})$$

则称 A 是前束析取范式；若 A 的尾部是合取式的形式：

$$(A_{11}\vee A_{12}\vee\cdots\vee A_{1n_1})\wedge\cdots\wedge(A_{m1}\vee A_{m2}\vee\cdots\vee A_{mn_m})$$

其中，A_{ij} 是原子公式，则称 A 是前束合取范式.

前束范式中，所有的量词都集中在公式的前面，此部分称为公式的首标. 而公式的其余部分可看成一个不含量词的公式，称为公式的尾部. 由于在求给定谓词公式的前束范式时，对量词的左移的次序没有机械的规定，对于尾部也没有进一步的要求，所以一个公式的前束范式可以不唯一；另外，由于在谓词逻辑中的判定问题无解，所以前束范式并不像命题逻辑中的范式那样能解决判断问题. 前束范式只是使公式的形式比较整齐规范. 前束范式也有缺点，主要是首标比较混乱，全称量词与存在量词排列没有一定规则.

应用的数学思想方法

1. 模型化方法

在本节中定义了前束范式，并通过等值演算将谓词公式化成范式的形式，从而将公式处理成便于推理的标准形式，蕴涵了模型化思想.

2. 算法、构造法

本节中谓词公式通过换名或代替，将量词辖域逐渐扩张到整个公式，从而化为前束范式的思路是确定的，运算过程中的算法思想是非常明显的，算法也是构造性的.

2.5 谓词逻辑的推理理论

2.5.1 推理的形式结构

定义 2.5.1 若 $A_1\wedge A_2\wedge\cdots\wedge A_k\to B$ 为永真式，则称推理正确，否则称为推

理不正确.

2.5.2 推理规则

第一组 命题逻辑推理定律的代换实例(略).

第二组 由基本等值式生成的推理定律(略).

第三组 重要的蕴涵式:

(1) $\forall xA(x)\vee\forall xB(x)\Rightarrow\forall x(A(x)\vee B(x))$.

(2) $\exists x(A(x)\wedge B(x))\Rightarrow\exists xA(x)\wedge\exists xB(x)$.

(3) $\forall x(A(x)\rightarrow B(x))\Rightarrow\forall xA(x)\rightarrow\forall xB(x)$.

(4) $\exists x(A(x)\rightarrow B(x))\Rightarrow\exists xA(x)\rightarrow\exists xB(x)$.

下面讨论 4 条推理规则.

1. 全称量词消去规则(UI)

$$\frac{\forall xA(x)}{\text{所以 }A(y)}\quad \text{或}\quad \frac{\forall xA(x)}{\text{所以 }A(c)}$$

为了保证 $\forall xA(x)$为真时,$A(y)$,$A(c)$都为真.必须:

(1) 在第一式中,取代 x 的 y 应为任意的不在 $A(x)$中约束出现的个体变项.

(2) 在第二式中,c 为任意个体常项.

(3) y 或 c 取代 $A(x)$中自由出现的 x 时,一定要在 x 自由出现的一切地方进行取代.

2. 全称量词引入规则(UG)

$$\frac{A(y)}{\text{所以}\forall xA(x)}$$

成立的条件:

(1) 无论 $A(y)$中自由出现的个体变项 y 取何值,$A(y)$均为真.

(2) 取代 y 的 x 不能在 $A(y)$中约束出现.

3. 存在量词引入规则(EG)

$$\frac{A(c)}{\text{所以}\exists xA(x)}$$

成立的条件:

(1) c 是特定的个体常项.

(2) 取代 c 的 x 不能在 $A(c)$中出现过.

4. 存在量词消去规则(EI)

$$\frac{\exists x A(x)}{\text{所以}\ A(c)}$$

成立的条件：

(1) c 是使 A 为真的特定的个体常项.

(2) 取代 x 的 c 不能在 $A(x)$ 中出现过.

(3) 若 $A(x)$ 中除自由出现的 x 外,还有其他自由出现的个体变项,则此规则不能使用.

注意:只能对前束范式使用 4 规则.

2.5.3 在自然推理系统中构造推理的证明

1. 谓词逻辑自然推理系统 F

1) 字母表

(1) 个体常项:$a,b,c,\cdots,a_i,b_i,c_i,\cdots(i\geqslant 1)$.

(2) 个体变项:$x,y,z,\cdots,x_i,y_i,z_i,\cdots(i\geqslant 1)$.

(3) 函数符号:$f,g,h,\cdots,f_i,g_i,h_i,\cdots(i\geqslant 1)$.

(4) 谓词符号:$F,G,H,\cdots,F_i,G_i,H_i,\cdots(i\geqslant 1)$.

(5) 量词符号:$\forall$,$\exists$.

(6) 联结词符号:$\neg$,$\wedge$,$\vee$,$\rightarrow$,$\leftrightarrow$.

(7) 括号与逗号:(,),,.

同语言的字母表.

2) 合式公式:同合式公式

3) 推理规则(略)

(1) 前提引入规则.

(2) 结论引入规则.

(3) 置换规则.

(4) 假言推理规则.

(5) 附加规则.

(6) 化简规则.

(7) 拒取式规则.

(8) 假言三段论.

(9) 析取三段论.

(10) 构造性二难.

(11) ~(14)4 条处理量词的规则.

2. 证明举例

例 2.5.1　在自然推理系统中,构造下面推理的证明.

任何自然数都是整数. 存在着自然数. 存在着整数. 个体域为实数集合**R**.

解　先将原子命题符号化.

设 $F(x)$:x 为自然数;$G(x)$:x 为整数.

前提:$\forall x(F(x)\to G(x))$, $\exists xF(x)$.

结论:$\exists xG(x)$.

证明:

① $\exists xF(x)$ (前提引入).

② $F(c)$ (①EI 规则).

③ $\forall x(F(x)\to G(x))$ (前提引入).

④ $F(c)\to G(c)$ (③UI 规则).

⑤ $G(c)$ (②④假言推理).

⑥ $\exists xG(x)$ (⑤EG 规则).

例 2.5.2　在自然推理系统中,构造下面推理的证明.

前提:$\forall x(F(x)\to G(x))$, $\exists x(F(x)\wedge H(x))$.

结论:$\exists x(G(x)\wedge H(x))$.

证明:

① $\exists x(F(x)\wedge H(x))$ (前提引入).

② $F(c)\wedge H(c)$ (①EI 规则).

③ $F(c)$ (②化简).

④ $H(c)$ (②化简).

⑤ $\forall x(F(x)\to G(x))$ (前提引入).

⑥ $F(c)\to G(c)$ (⑤UI 规则).

⑦ $G(c)$ (③⑥假言推理).

⑧ $G(c)\wedge H(c)$ (④⑦合取).

⑨ $\exists x(G(x)\wedge H(x))$ (⑧EG 规则).

例 2.5.3　在自然推理系统中,构造下面推理的证明.

不存在能表示成分数的无理数. 有理数都能表示成分数. 因此有理数都不是无理数.

解　设 $F(x)$:x 为无理数;$G(x)$:x 为有理数;$H(x)$:x 能表示成分数.

前提:$\neg\exists x(F(x)\wedge H(x))$, $\forall x(G(x)\to H(x))$.

结论:$\forall x(G(x)\to\neg F(x))$.

证明:

①$\neg\exists x(F(x)\wedge H(x))$ (前提引入).

②$\forall x(\neg F(x)\vee\neg H(x))$ (①EI 置换).

③$\forall x(H(x)\to\neg F(x))$ (②置换).

④$H(y)\to\neg F(y)$ (③UI 规则).

⑤$\forall x(G(x)\to H(x))$ (前提引入).

⑥$G(y)\to H(y)$ (⑤UI 规则).

⑦$G(y)\to\neg F(y)$ (④⑥假言三段论).

⑧$\forall x(G(x)\to\neg F(x))$ (⑦UG 规则).

在证明的过程中,除了直接证法外,像命题逻辑中自然推理系统中的证明一样,也可以使用间接证法.

例 2.5.4 任何人违反交通规则,则要受到罚款,因此,如果没有罚款,则没有人违反交通规则.

解 设 $L(x,y)$:x 违反 y;x 的论域是人类集.

$M(y)$:y 是交通规则;$N(z)$:z 是罚款;$S(x,z)$:x 受到 z.

前提:$\forall x(\exists y(L(x,y)\wedge M(y))\to\exists z(N(z)\wedge S(x,z)))$.

结论:$\neg\exists zN(z)\to\forall x\forall y(M(y)\to\neg L(x,y))$.

证明 (附加前提证明法和反证法同时运用)

①$\neg\forall x\forall y(M(y)\to\neg L(x,y))$ (结论中后件的否定引入).

②$\exists x\exists y(M(y)\wedge L(x,y))$ (①置换).

③$M(b)\wedge L(a,b)$ (②EI 规则).

④$\neg\exists zN(z)$ (附加前提引入).

⑤$\forall z\neg N(z)$ (④置换).

⑥$\neg N(c)$ (⑤UI 规则).

⑦$\forall x(\exists y(L(x,y)\wedge M(y))\to\exists z(N(z)\wedge S(x,z)))$ (前提引入).

⑧$L(a,b)\wedge M(b)\to(N(c)\wedge S(a,c))$ (⑦UI 规则).

⑨$N(c)\wedge S(a,c)$ (③⑧假言推理).

⑩$\neg N(c)\vee\neg S(a,c)$ (⑥附加规则).

⑪$\neg(N(c)\wedge S(a,c))$ (⑩置换).

⑫$(N(c)\wedge S(c))\wedge\neg(N(c)\wedge S(a,c))$ (⑨⑪合取).

由于$(N(c)\wedge S(c))\wedge\neg(N(c)\wedge S(a,c))\Leftrightarrow 0$,所以推理正确.

应用的数学思想方法

1. 数理逻辑的方法——原因与结果

原因和结果是有客观内容的,但当人们撇去这些具体内容,仅考察它的形式方面，就会看到人类的思维具有的形式结构，遵循某种形式推理的规律，形式地表示公式，从前提出发，运用规则，得到结论. 我们看到形式的原因和结果，不管它的含义是什么，形式推演总是正确的.

2. 逻辑方法

本节采用推理进行证明.

3. 移植法

本节推理的结构和部分推理规则是直接从命题逻辑部分类比移植过来的.

习　题　2

1. 将下列命题符号化.

(1) 小王不是三好学生.

(2) 李红学过日语和俄语.

(3) 小王和小张是好朋友.

(4) 2 和 3 都不是偶素数.

(5) 若 m 是奇数，则 $2m$ 不是奇数.

(6) 每一个有理数都是实数.

(7) 某些实数不是有理数.

(8) 并非每一个实数都是有理数.

(9) 每一个自然数不是奇数就是偶数.

(10) 乌鸦都是黑色的.

(11) 有的人不是好人.

(12) 有的人不吃萝卜，但人都要喝水.

2. 用谓词表达式符号化下列命题.

(1) 并非所有大学生都能成为科学家.

(2) 直线 a 平行于直线 b，当且仅当直线 a 不相交于直线 b.

(3) 某些运动员是大学生.

(4) 某些教练员是年老的，但是很健壮.

(5) 某些大学生运动员是国家队选手.

(6) 所有运动员都钦佩某些教练.

(7) 没有不能表示成分数的有理数.

(8) 并不是所有的汽车都比火车快.

(9) 男人一定比女人高，是不对的.

(10) 某些汽车慢于所有的火车，但至少有一列火车快于每一汽车.

(11) 有的人天天锻炼身体.

3. 试表示出"A 是 B 的外祖父",只允许用以下谓词:$P(x)$表示"x 是人",$F(x,y)$表示"x 是 y 的父亲",$M(x,y)$表示"x 是 y 的母亲".

4. 利用谓词公式翻译下列命题.

(1) 如果有限个数的乘积为零,那么至少有一个因子等于零.

(2) 对于每一个实数 x,存在一个更大的实数 y.

(3) 存在实数 x,y 和 z,使得 x 与 y 之和大于 x 与 z 之积.

5. 将下列命题符号化,个体域为实数集合 $\mathbf{R}$,并指出各命题的真值.

(1) 对所有的 x,都存在 y,使得 $x \cdot y=0$.

(2) 存在 x,使得对所有的 y,都有 $x \cdot y=0$.

(3) 对所有的 x,都存在 y,使得 $y=x+1$.

(4) 对所有的 x 和 y,都有 $x \cdot y=y \cdot x$.

(5) 对任意的 x 和 y,都有 $x \cdot y=x+y$.

(6) 对任意的 x,存在 y,使得 $x^2+y^2<0$.

6. 对下面的每个公式指出约束变元和自由变元.

(1) $\forall xP(x,y) \rightarrow Q(x,y)$.

(2) $\forall x(P(x) \land Q(x)) \land \exists xS(x)$.

(3) $\exists x \forall y(P(x) \land Q(y)) \rightarrow \forall xR(x)$.

(4) $\exists x \exists y(P(x,y) \land Q(z))$.

7. 如果论域是集合$\{a,b,c\}$,试消去下面公式中的量词.

(1) $\forall x \exists y(F(x,y) \land G(y))$.

(2) $\exists x \forall y(F(x,y) \lor G(y))$.

(3) $\forall xF(x) \rightarrow \exists xG(x)$.

(4) $\forall x(F(x,y) \land \exists xG(x))$.

8. 试求下列各式的真值.

(1) $\forall x(P(x) \lor Q(x))$,其中 $P(x):x=1$,$Q(x):x=2$,论域是$\{1,2\}$.

(2) $\forall x(p \rightarrow Q(x)) \lor R(a)$,其中 $p:2>1$;$Q(x):x \leqslant 3$;$R(x):x>5$;$a:5$;论域是$\{-2,3,6\}$.

9. 对下列谓词公式中的约束变元进行换名.

(1) $\forall x(F(x,y) \rightarrow \exists yG(x,y,z)) \leftrightarrow S(x,y)$.

(2) $\exists xF(x,y) \rightarrow (F(x) \rightarrow \neg \exists yG(x,y))$.

10. 对下列谓词公式中的自由变元进行代替.

(1) $(\exists xA(x,y) \rightarrow \forall xB(x,z)) \land \exists x \forall zC(x,y,z)$.

(2) $(\forall yP(x,y) \land \exists xQ(x,z)) \lor \forall xR(x,y)$.

11. 考虑以下赋值.

论域 $D=\{1,2\}$；

指定常数 a：1；b：2；

指定函数 f：$f(1)=2, f(2)=1$；

指定谓词 P：$P(1,1)\Leftrightarrow 1, P(1,2)\Leftrightarrow 1, P(2,1)\Leftrightarrow 0, P(2,2)\Leftrightarrow 0$.

求以下各式的真值.

(1) $P(a,f(a))\land P(b,f(b))$.

(2) $\forall x\exists yP(x,y)$.

(3) $\forall x\exists y(P(x,y)\rightarrow P(f(x),f(y)))$.

12. 将下面各式翻译成自然语言，然后在不同的个体域中确定它们的真值.

(1) $\forall x\exists y(x\cdot y=0)$.

(2) $\exists x\forall y(x\cdot y=0)$.

(3) $\forall x\exists y(x\cdot y=1)$.

(4) $\exists x\forall y(x\cdot y=1)$.

(5) $\forall x\exists y(x\cdot y=x)$.

(6) $\exists x\forall y(x\cdot y=x)$.

(7) $\forall x\forall y\exists z(x-y=z)$.

个体域分为

(a) 实数集合 $\mathbf{R}$；(b) 整数集合 $\mathbf{Z}$；(c) 正整数集合 $\mathbf{Z}^+$；(d) 非零实数集合 $\mathbf{R}-\{0\}$.

13. 把以下各式化为前束范式.

(1) $(\exists xP(x)\lor\exists xQ(x))\rightarrow\exists x(P(x)\lor Q(x))$.

(2) $\exists x(\neg(\exists yP(x,y))\rightarrow(\exists zQ(z)\rightarrow R(x)))$.

(3) $\forall x\forall y((\exists zP(x,y,z)\land\exists uQ(x,u))\rightarrow\exists vQ(y,v))$.

(4) $\forall xP(x)\rightarrow\exists x(\forall zQ(x,z)\lor\forall zR(x,y,z))$.

14. 判断下面公式的真假，如果是真，请证明之；如果为假，请给出 P 和 Q 的解释，以说明公式为假.

(1) $\forall x(P(x)\rightarrow Q(x))\Rightarrow\forall xP(x)\rightarrow\forall xQ(x)$.

(2) $\forall x(P(x)\rightarrow Q(x))\Rightarrow\exists xP(x)\rightarrow\exists xQ(x)$.

15. 证明：(1) $\exists x(P(x)\rightarrow Q(x))\Leftrightarrow\forall xP(x)\rightarrow\exists xQ(x)$.

(2) $\forall x(\neg A(x)\rightarrow B(x)), \forall x\neg B(x)\Rightarrow\exists xA(x)$.

(3) $\exists xA(x)\rightarrow\forall xB(x)\Rightarrow\forall x(A(x)\rightarrow B(x))$.

16. 求证：$\forall x\forall y(P(x)\rightarrow Q(y))\Leftrightarrow\exists xP(x)\rightarrow\forall yQ(y)$.

17. 下列推导过程中有何错误？

前提：$\forall x(F(x)\rightarrow\neg G(x)), \forall x(H(x)\rightarrow G(x))$.

结论：$\forall x(H(x)\rightarrow\neg F(x))$.

证明：① $\forall xH(x)$ (附加前提引入).

②$H(x)$ (①$\forall -$).

③$\forall x(H(x)\rightarrow G(x))$ (前提引入).

④$H(x)\rightarrow G(x)$ (③$\forall -$).

⑤$G(x)$ (②④假言推理).

⑥$\forall x(F(x)\rightarrow \neg G(x))$ (前提引入).

⑦$F(x)\rightarrow \neg G(x)$ (⑥$\forall -$).

⑧$\neg F(x)$ (⑤⑦拒取式).

⑨$\forall x\neg F(x)$ (⑧$\forall +$).

18. 下列推导过程中有何错误?

①$\forall x(P(x)\rightarrow Q(x))$ (前提引入).

②$P(a)\rightarrow Q(a)$ (①$\forall -$).

③$\exists xP(x)$ (前提引入).

④$P(a)$ (③$\exists -$).

⑤$Q(a)$ (②④假言推理).

⑥$\exists xQ(x)$ (⑤$\exists +$).

19. 证明下列推理.

(1)前提:$\forall x(\neg A(x)\rightarrow B(x))$,$\forall x\neg B(x)$.

结论:$\exists xA(x)$.

(2)前提:$\exists xA(x)\rightarrow \forall xB(x)$.

结论:$\forall x(A(x)\rightarrow B(x))$.

(3)前提:$\forall x(A(x)\rightarrow B(x))$,$\forall x(C(x)\rightarrow \neg B(x))$.

结论:$\forall x(C(x)\rightarrow \neg A(x))$.

(4)前提:$\forall x(A(x)\vee B(x))$,$\forall x(B(x)\rightarrow \neg C(x))$,$\forall xC(x)$.

结论:$\forall xA(x)$.

20. 符号化下列命题,并推证其结论.

(1) 每个科学家都是勤奋的. 每个勤奋又身体健康的人在事业中都会获得成功. 存在着身体健康的科学家. 所以存在着事业获得成功的人或事业半途而废的人(个体域为人类的集合).

(2) 不存在能表示成分数的无理数. 有理数都能表示成分数. 因此,有理数都不是无理数.

(3) 三角函数都是周期函数. 一些三角函数是连续函数. 所以,一些周期函数是连续函数.

(4) 所有的主持人都很有风度. 李明是个学生并且是个节目主持人. 因此有些学生很有风度(论述域:所有人的集合).

3　命题逻辑与谓词逻辑的公理化理论及其思想方法

公理化理论是数学中的基本理论，是人类文明的瑰宝，它的影响已经超出数学的范围，如何将已经获得的知识用公理化的思想方法加以整理，使其成为一种演绎的科学体系，已经成为所有科学家，包括社会科学家所追求的崇高学术目标.

3.1　公理化理论的基本思想

自然科学中的一些理论性学科有很多规则和定理，但这些规则中有些是最基本的，学科领域中的所有其他的规则和定理均可由这些最基本的规则推出，这些最基本的规则或命题称为公理. 由公理推导出来的命题称为定理，一个命题是从前一个命题推导出来的，而前一个命题又是从更前一个命题推导出来的，我们总不能这样无限地推导下去，应有一些命题作为起点，这些作为起点并被承认下来的命题就是公理. 公理可视为一门学科的基础，它的正确性是公认的，因此不需要证明. 而学科领域中的其他规则和定理均可从公理出发加以证明. 同样，对于概念来讲，也有一些不加定义的原始概念（或基本概念）. 在一个数学理论系统中，我们尽可能少地选取原始概念和不加证明的一组公理，以此为出发点，利用纯逻辑推理的法则，把该系统建立成一个演绎系统.

欧几里得首先把形式逻辑的公理演绎方法应用于几何学，在前人积累起来的几何知识的基础上，运用抽象分析的方法，提炼出了 23 个基本概念、5 个公理及 5 个公设（某门学科中的公理）.

欧几里得《几何原本》中的原始定义是：

（1）点是没有部分的.

（2）线是没有宽度的长.

（3）线的两端是点.

（4）直线是它上面均匀分布着点的线.

（5）面是只有长度和宽度的.

（6）面的边界是线.

（7）平面是它上面均匀分布着线的.

（8）平面角是在同一平面内但不在同一条直线上的两条相交线相互的倾斜.

（9）当包含角的两条线是在同一条直线时，这个角称为平角.

……

(15) 圆是由一条线包围着的平面图形,其内有一点与这条线上的所有点连成的线段都相等.

(16) 而且把这个点称为圆心.

……

(23) 平行直线是在同一平面内的直线,它们向两个方向无限延长,不论在哪个方向都不相交.

5 个公设是:

(1) 从任意一点到任意一点可作一条直线.

(2) 一条有限直线可以不断延长.

(3) 以任意中心和任意的距离可以画圆.

(4) 凡直角都相等.

(5) 若一直线落在两直线上所构成的同旁内角和小于两直角,那么把两直线无限延长,它们将在同旁内角和小于两直角的一侧相交.

5 个公理是:

(1) 等于同量的量彼此相等.

(2) 等量加等量,和相等.

(3) 等量减等量,差相等.

(4) 彼此能重合的图形是全等的.

(5) 整体大于部分.

由此出发,按照逻辑规则,将当时所知道的几何知识全部推导出来,从而使几何知识以公理系统形式组织成一个有机整体. 欧几里得的《几何原本》中公理系统尽管具有伟大的历史意义,成为表述科学真理的典范,但是由于处于初创时期,所以有许多不足之处.

《几何原本》卷 1 命题 1 讲在一条已知线段上作一个等边三角形(图 3.1.1). 设 AB 是已知线段,以点 A 为圆心、线段 AB 为半径作圆 BCD,再以点 B 为圆心、BA 为半径作圆 ACE,连接 A、B 和两圆的一个交点 C 后得到三角形 ABC,可证明所作三角形是等边三角形.

欧几里得的证明如下;因为 A 是圆 CDB 的圆心,所以 AC 等于 AB,又因 B 是圆 CAE 的圆心,所以 BC 等于 AB. 既然 AC 和 BC 都等于 AB,那么根据等于同一个量的量彼此相等可知 AC、AB 和 BC 三者相等,所以三角形 ABC 是等边三角形.

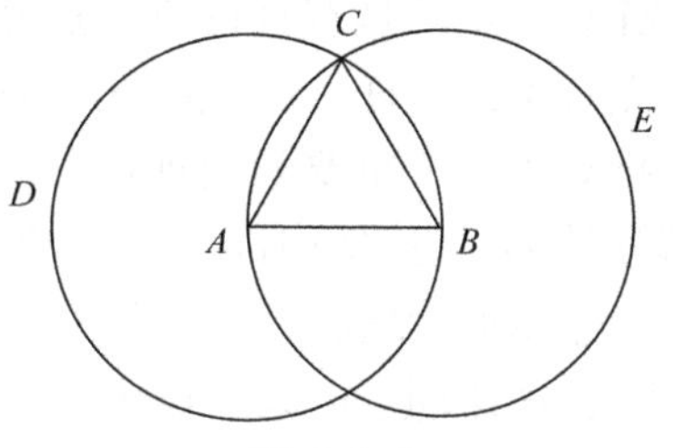

图 3.1.1

这是《几何原本》中的第一个命题，欧几里得的证明中只有定义、公设和公理，他根据公设 3 作两个圆，根据公设 2 作两条线段，根据圆的定义得出 AC 等于 AB，BC 等于 BA，最后由公理 1 可得三角形的三条边相等.

在改良欧几里得《几何原本》公理系统的漫长岁月里，大量数学家前赴后继，直到 19 世纪，非欧几何的诞生，才开拓了“空间”的概念，丰富了公理化思想的内容.

1899 年，德国大数学家希尔伯特出版了《几何基础》一书，完善了几何学公理方法. 为了避免在数学中产生悖论，希尔伯特采用符号语言，把数学理论的全部命题变成公式的集合，然后证明这个公式的集合是无矛盾的. 具体地说，就是在这个集合中，概念均换成符号，公理及定理均写成公式，推导都成了公式的变形，推导过程的最后一步所出现的式子就是所要证明的结论. 纯形式化的研究不仅推动了数学基础的研究，近年来在计算机科学中用处也很大.

希尔伯特从三个未定义的术语，即点、直线和面着手，并借助公理定义了它们的相互关系. 正如希尔伯特指出的那样，只有公理才能定义它们的相互关系. 在证明结论中不应该使用几何直觉，事实上，可以简单地用其他概念来替代这三个概念——希尔伯特建议用椅子、桌子和啤酒杯，只要它们满足公理. 因此可以看出，希尔伯特的公理体系思想和欧几里得的稍微有点不同. 希腊思想家仅试图论述某种关于他们已经直觉上理解的概念的“显然的”事实. 希尔伯特看来，任何物体都能成为一“点”或一“线”，只要“点”和“线”满足几何公理.

希尔伯特将他的公理分成 5 组：关于连接的，关于次序的，关于平行的，关于全等的，关于连续性和完全性的. 第一组包括 7 个公理，建立了三个基本概念，即点、线和面之间的联系. 这样，两点不仅决定一条直线而且仅决定一条直线. 类似地，不在同一直线上的三点决定一个且只决定一个平面. 第五个公理断言，如果直线上的两点位于一给定平面上，则整条直线也位于这个平面上. 第六个公理断言，任意两个有一个公共点的平面至少有另一个公共点. 第七个公理断言，每一条直线上至少存在两点，每一个平面上至少存在三个不共线点，一个空间至少存在四个不共面点. 列出这些公理后，作为结论，希尔伯特指出，一个平面上的两条直线要么有一个公共点要么没有，两个平面要么没有公共点要么有一条公共直线.

第二组公理将线段 AB 定义为位于 AB 两点间的点集. 第三个公理断言，直线上任意三点总是有且仅有一点介于另两点中间. 第五个公理断言，经三角形一边上一点且不经过任一顶点的任意直线必经过另两边中某一边上的一点. 由这些公理能推导出一个重要的定理：任意简单多边形可将平面分为两个不相交的区域，即内部和外部，且连接内部任一点和外部任一点的直线必和多边形有一个公共点.

希尔伯特最后一组公理由两个公理组成，涉及连续性的基本思想. 首先是阿基米德公理：假定 A、B、C、D 为四个不同的点，则在射线 AB 上存在不同点 $A_1, A_2, \cdots, A_n$ 的有限集，这样的每一线段 A_iA_{i+1} 全等于线段 CD 且使得 B 介于 A 和 A_n 间. 也就是说,给定任一线段和任一测度,存在一整数 n,这样的 n 个测度单元生成一条大于给定线段的线段. 最后一个公理论述了直线上的点和实数一一对应关系.

我们可以脱离具体的学科而将公理化理论作进一步抽象. 也就是说,我们可以定义一些脱离具体语义解释而只有语法含义的定理和规则,以此作为公理,建立起一个公理系统. 这种公理系统具有广泛的抽象性. 如果对公理系统中的抽象符号给予某学科领域中的具体含义后,其公理在该学科中是正确的话,则说公理系统在该学科中有一个解释. 一个公理系统往往可以有多种解释,这说明一个抽象的公理系统可以作为专门学科的基础. 这种抽象的公理系统称为形式化公理系统,简称形式系统.

在公理系统中,一般要讨论三个问题.

1. 不矛盾性

在公理系统中要求所有的公理是互相不矛盾的. 相互矛盾的公理在表面上有时不一定能看得出来,但会在定理中表现出来,即可从公理系统中推出两个截然相反的定理. 不矛盾性是对一个公理系统的基本要求.

2. 完备性

公理系统的完备性可有两种含义.

(1) 相对完备性. 一个公理系统如果是为了某学科建立的,该学科中所有定理和规则均能在该系统中推出,则说此系统相对于该学科是完备的.

(2) 绝对完备性. 在一个公理系统中,如果将任何一个非定理的公式作为公理加入到系统后,所得的系统均为矛盾系统,则说该系统是绝对完备的.

一个系统最好具有完备性,至少是相对完备的,但也允许不是完备的. 当然,不完备的公理系统不是一个好的公理系统.

3. 独立性

公理系统中的每条公理应该独立,即每条公理不可能由其他公理推出.

一个公理系统最好具有独立性,但有时为了某种方便起见,不独立的公理系统也是可以的.

一般说来,如果一个公理系统满足三条要求,那么该公理系统就是令人满意的公理系统. 但是,一个公理系统要逐一验证满足这三性的要求,并不是那么简单,甚至至今还不能彻底实现.

徐利治先生曾在《论数学方法学》中将公理化思想方法的作用归纳为以下四点:

(1) 这种方法具有分析、总结数学知识的作用. 凡取得了公理化结构形式的数学,由于定理与命题均已按逻辑演绎关系串联起来,故使用起来比较方便.

(2) 公理化方法把一门数学的基础分析得清清楚楚,这就有利于比较各门数学的实质性异同,并能促使和推动新理论的创立.

(3) 数学公理化方法在科学方法学上有示范作用.这种方法对现代理论力学及各门自然科学理论的表述都起到了积极的借鉴作用.

(4) 公理化方法所显示的形式的简洁性、条理性和结构的和谐性确实符合美学的要求,因而为数学活动中贯彻审美原则提供了范例.

3.2　命题逻辑的公理系统

由 1.7 节定义 1.7.1 可知,形式系统 I 由下面 4 部分组成.

(1) 非空的字母集 $A(I)$.

(2) $A(I)$中的符号构成的合式公式集 $E(I)$.

(3) $E(I)$中的一些特殊的公式组成的公理集 $A_X(I)$.

(4) 推理规则集 $R(I)$.

其中,$<A(I),E(I)>$是 I 的形式语言系统,$<A_X(I),R(I)>$为 I 的形式演算系统.

形式系统一般分为两类,一类是自然推理系统,另一类是公理推理系统.公理推理系统从公理出发,应用系统中的推理规则进行推理演算,得到的结论是系统中的重言式,称为系统中的定理.现在我们讨论命题逻辑中的公理系统.它称为命题逻辑永真式的公理系统,简称公理系统.一个完整的公理系统也是一个形式系统,它由两部分组成,即形式语言系统——系统的组成部分和形式演算系统——推理部分.形式语言系统给出了系统的基本符号和公式;形式演算系统给出了系统的公理、基本规则以及定理的含义.

定义 3.2.1　命题逻辑公理系统定义如下.

1. 字母表

(1) 命题变项符号:$p,q,r,\cdots,p_i,q_i,r_i,\cdots$.

(2) 联结词符号:$\neg,\wedge,\vee,\rightarrow,\leftrightarrow$.

(3) 括号与逗号:(,),,.

2. 合式公式

见定义 1.2.1.

3. 公理

(1) $A\Rightarrow A$.

(2) $(A\to(B\to C))\Rightarrow(B\to(A\to C))$.

(3) $(A\to B)\Rightarrow((B\to C)\to(A\to C))$.

(4) $(A\to(A\to B))\Rightarrow(A\to B)$.

(5) $(A\leftrightarrow B)\Rightarrow(A\to B)$.

(6) $(A\leftrightarrow B)\Rightarrow(B\to A)$.

(7) $(A\to B)\Rightarrow((B\to A)\to(A\leftrightarrow B))$.

(8) $A\wedge B\Rightarrow B$.

(9) $A\wedge B\Rightarrow A$.

(10) $A\Rightarrow(B\to A\wedge B)$.

(11) $A\Rightarrow A\vee B$.

(12) $B\Rightarrow A\vee B$.

(13) $(B\to A)\Rightarrow((C\to A)\to(B\vee C\to A))$.

(14) $(A\to\neg B)\Rightarrow(B\wedge\neg A)$.

(15) $\neg\neg A\Rightarrow A$.

4. 推理规则

假言推理规则(分离规则):读作对 $A\to B$,A 施行分离规则而得 B.

$$\begin{array}{l} A\to B \\ \underline{A\qquad\quad} \\ B \end{array}$$

5. 定理

(1) 公理是定理;

(2) 如果 $A\to B$,A 是定理,则对它们施行分离规则所得的 B 也是定理;

(3) 定理仅限于此.

由公理系统证明一个公式 B 是定理,必须给出其证明过程. 与自然推理系统中的证明一样,这里的证明过程也是公式序列:$A_1,A_2,A_3,\cdots,A_n$,其中每个 $A_i(i=1,2,\cdots,n)$必须满足下面条件:

(1) A_i 或者是公理之一;

(2) A_i 或者是前面的 $A_k,A_r(k,r<i)$施行分离规则而得;

(3) 最后的 A_n 即为定理 B.

我们说公式序列 $A_1,A_2,A_3,\cdots,A_n$ 是定理 B 为真的证明过程.

下面利用公理系统证明定理,即命题逻辑中的永真公式.

例 3.2.1 证明 $p\vee q\to q\vee p$ 为永真公式.

证明

①$q\to q\vee p$ (公理(12)).

②$p\to q\vee p$ (公理(12)).

③$(p\to q\vee p)\to((q\to q\vee p)\to(p\vee q\to q\vee p))$ (公理(13)).

④$(q\to q\vee p)\to(p\vee q\to q\vee p)$ (分离②,③).

⑤$p\vee q\to q\vee p$ (分离①,④).

定理得证.

注意在定理证明中,每个步骤后面都附有证明的根据,用以说明每一步骤所用的公理或规则.

例 3.2.2 证明 $p\vee p\to p$ 为永真公式.

证明

①$p\to p$ (公理(1)).

②$(p\to p)\to((p\to p)\to(p\vee p\to p))$ (公理(13)).

③$(p\to p)\to(p\vee p\to p)$ (分离①,②).

④$p\vee p\to p$ (分离①,③).

例 3.2.3 证明 $p\to\neg\neg p$ 为永真式.

证明

①$\neg p\to\neg p$ (公理(1)).

②$(\neg p\to\neg p)\to(p\to\neg\neg p)$ (公理(14)).

③$p\to\neg\neg p$ (分离①,②).

现在,再来讨论公理系统中的推理规则.在本公理系统中只有一条分离规则,它的用处很大,由它能得到很多其他的推理规则.只要在公理系统中有一个蕴涵式为永真式,就可以得到一个推理规则,由这种方法得到的规则称为导出规则.

利用导出规则可以从公理系统中的 15 条公理,推得 15 条导出规则,它们是:

规则 1

$$\frac{A}{A}$$

规则 2

$$\frac{A\to(B\to C)}{B\to(A\to C)}$$

规则 3(假言三段论)

$$\begin{array}{c}A\to B\\ \underline{B\to C}\\ A\to C\end{array}$$

规则 4

$$\frac{A\to(A\to B)}{A\to B}$$

规则 5

$$\frac{A\leftrightarrow B}{A\rightarrow B}$$

规则 6

$$\frac{A\leftrightarrow B}{B\rightarrow A}$$

规则 7

$$\frac{\begin{array}{c}A\rightarrow B\\ B\rightarrow A\end{array}}{A\leftrightarrow B}$$

规则 8(化简规则)

$$\frac{A\wedge B}{B}$$

规则 9(化简规则)

$$\frac{A\wedge B}{A}$$

规则 10(合取规则)

$$\frac{\begin{array}{c}A\\ B\end{array}}{A\wedge B}$$

规则 11(附加规则)

$$\frac{A}{A\vee B}$$

规则 12(附加规则)

$$\frac{B}{A\vee B}$$

规则 13(构造性二难规则特例)

$$\frac{\begin{array}{c}B\rightarrow A\\ C\rightarrow A\end{array}}{B\vee C\rightarrow A}$$

规则 14(拒取式规则)

$$\frac{\begin{array}{c}A\rightarrow\neg B\\ B\end{array}}{\neg A}$$

规则 15

$$\frac{\neg\neg A}{A}$$

利用导出规则还可以得到其他的所有推理规则.

至此,我们已知道利用此公理系统可以证明命题逻辑中的永真公式(及推理规则),这种证明方法称为永真推理方法. 当然,也可以用间接证明方法,附加前提证明法和反证法可能会简化一些定理的证明.

例 3.2.4　证明$(p\to(q\to r))\to(q\to(p\to r))$为永真公式.

证明

①p (附加前提引入).

②$p\to(q\to r)$ (前提引入).

③$q\to r$ (分离①,②).

④q (附加前提引入).

⑤r (分离③,④).

例 3.2.5　证明$(p\to q)\to((p\to r)\to(p\to q\wedge r))$为定理.

证明

①p (附加前提引入).

②$p\to r$ (附加前提引入).

③$p\to q$ (前提引入).

④q (分离①,③).

⑤r (分离①,②).

⑥$q\wedge r$ (规则(10)).

对于这个公理系统还有两点要说明. 首先,可以证明这个公理系统是不矛盾的、完备的,但它不是独立的(这里不进行证明);其次,我们称这个公理系统是命题逻辑公理系统,主要是因为命题逻辑可看成此公理系统的一种语义解释. 公理系统中的系统构成与命题逻辑公式构成一致,公理系统中的公理均为命题逻辑中的永真公式,因而公理系统中的定理也为命题逻辑中的永真式.

3.3　谓词逻辑公理系统

本节讨论谓词逻辑中的公理系统,它称为谓词逻辑永真公式的公理系统,简称公理系统.

定义 3.3.1　谓词逻辑公理系统定义如下.

1. 字母表

(1) 个体常项:$a,b,c,\cdots,a_i,b_i,c_i,\cdots(i\geqslant 1)$.

(2) 个体变项:$x,y,z,\cdots,x_i,y_i,z_i,\cdots(i\geqslant 1)$.

(3) 函数符号:$f,g,h,\cdots,f_i,g_i,h_i,\cdots(i\geqslant 1)$.

(4) 谓词符号：$F,G,H,\cdots,F_i,G_i,H_i,\cdots(i\geqslant 1)$.
(5) 量词符号：$\forall$，$\exists$.
(6) 联结词符号：$\neg$，$\wedge$，$\vee$，$\rightarrow$，$\leftrightarrow$.
(7) 括号与逗号：(，)，，.

2. 合式公式

见定义 2.2.2.

3. 公理

(1) $A\rightarrow A$.
(2) $(A\rightarrow(B\rightarrow C))\rightarrow(B\rightarrow(A\rightarrow C))$.
(3) $(A\rightarrow B)\rightarrow((B\rightarrow C)\rightarrow(A\rightarrow C))$.
(4) $(A\rightarrow(A\rightarrow B))\rightarrow(A\rightarrow B)$.
(5) $(A\leftrightarrow B)\rightarrow(A\rightarrow B)$.
(6) $(A\leftrightarrow B)\rightarrow(B\rightarrow A)$.
(7) $(A\rightarrow B)\rightarrow((B\rightarrow A)\rightarrow(A\leftrightarrow B))$.
(8) $A\wedge B\rightarrow B$.
(9) $A\wedge B\rightarrow A$.
(10) $A\rightarrow(B\rightarrow A\wedge B)$.
(11) $A\rightarrow A\vee B$.
(12) $B\rightarrow A\vee B$.
(13) $(B\rightarrow A)\rightarrow((C\rightarrow A)\rightarrow(B\vee C\rightarrow A))$.
(14) $(A\rightarrow\neg B)\rightarrow(B\wedge\neg A)$.
(15) $\neg\neg A\rightarrow A$.
(16) $\forall xA(x)\rightarrow A(x)$.
(17) $A(x)\rightarrow\exists xA(x)$.

这 17 个公理中，前 15 个与命题逻辑中的公理相同，公理(16)和(17)中，公式 A 中含有变元 x.

4. 推理规则

(1) 假言推理规则(分离规则)：

$$\frac{\begin{array}{c}A\rightarrow B\\ A\end{array}}{B}$$

(2) 全称规则：

$$\frac{A\to B(x)}{A\to\forall xB(x)}$$

(3) 存在规则：

$$\frac{A(x)\to B}{\exists xA(x)\to B}$$

5. 定理

(1) 公理是定理；

(2) 如果 $A\to B$，A 是定理，那么对它们施行分离规则所得的 B 也是定理；

(3) 如果 $A\to B(x)$是定理，那么 $A\to\forall xB(x)$也是定理；

(4) 如果 $A(x)\to B$ 是定理，那么 $\exists xA(x)\to B$ 也是定理；

(5) 定理仅限于此.

由公理系统证明一个公式 B 是定理，必须给出其证明过程. 与命题逻辑公理系统中的证明一样，这里的证明过程也是公式序列：$A_1, A_2, A_3, \cdots, A_n$，其中每个 $A_i(i=1,2,\cdots,n)$必须满足下面条件：

(1) A_i 或者是公理之一；

(2) A_i 或者是前面的 $A_k, A_r(k,r<i)$施行分离规则而得；

(3) 最后的 A_n 即为定理 B.

我们便说公式序列：$A_1, A_2, A_3, \cdots, A_n$ 是定理 B 的永真证明过程.

下面利用公理系统证明定理，即命题逻辑中的永真公式.

例 3.3.1 证明 $\exists x\forall yF(x,y)\to\forall y\exists xF(x,y)$为定理.

证明

①

$(\forall yF(x,y)\to F(x,y))\to(F(x,y)\to\exists xF(x,y))$

$\to(\forall yF(x,y)\to\exists xF(x,y))$　　(公理(3)).

② $\forall yF(x,y)\to F(x,y)$　　(公理(16)).

③ $(F(x,y)\to\exists xF(x,y))\to(\forall yF(x,y)\to\exists xF(x,y))$　　(分离①,②).

④ $F(x,y)\to\exists xF(x,y)$　　(公理(17)).

⑤ $\forall yF(x,y)\to\exists xF(x,y)$　　(分离③,④).

⑥ $\forall yF(x,y)\to\forall y\exists xF(x,y)$　　(⑤全称规则).

⑦ $\exists x\forall yF(x,y)\to\forall y\exists xF(x,y)$　　(⑥存在规则).

定理得证.

公理系统中共有三条推理规则，其实，同谓词逻辑中的推理规则一样，也有全称量词与存在量词的消去和引入规则，公理(16)是全称量词消去规则(UI)，公理(17)是存在量词引入规则(EG)，还有全称量词引入规则(UG)和存在量词消去规则(EI),这些规则的使用条件同 2.5 节.

例 3.3.2 证明以下公式是永真式.

$$\forall x(F(x)\to G(x))\to(\forall xF(x)\to\forall xG(x))$$

证明 (附加前提证明法)

①$\forall x(F(x)\to G(x))$ (附加前提引入).

②$F(x)\to G(x)$ (①UI 规则).

③$\forall xF(x)$ (附加前提引入).

④$F(x)$ (UI 规则).

⑤$G(x)$ (分离②,④).

⑥$\forall xG(x)$ (⑤UG 规则).

定理得证.

例 3.3.3 证明下面公式是永真公式.

$$\exists x\forall yF(x,y)\to\forall y\exists xF(x,y)$$

证明 (附加前提证明法)

①$\exists x\forall yF(x,y)$ (附加前提引入).

②$\forall yF(c,y)$ (①EI 规则).

③$F(c,y)$ (②UI 规则).

④$\exists xF(x,y)$ (③EG 规则).

⑤$\forall y\exists xF(x,y)$ (④UG 规则).

对于这个公理系统还有两点要说明. 首先,可以证明这个公理系统是不矛盾的、相对完备的,但不是绝对完备的,也不是独立的;其次,我们称这个公理系统是谓词逻辑公理系统,主要是因为谓词逻辑可看成此公理系统的一种语义解释. 公理系统中的系统构成与谓词逻辑公式构成一致,公理系统中的公理均为谓词逻辑中的永真公式,因而公理系统中的定理也为谓词逻辑中的永真式.

习 题 3

1. 查阅有关公理化的资料,整理成一篇课程论文.
2. 叙述并证明三垂线定理及其逆定理.
3. 叙述并证明垂径定理及其逆定理.

4　模态逻辑的基础知识及其思想方法

模态是指事物或认识的必然性、可能性、不可能性、偶然性、必然的偶然性、可能的必然性、必然的可能性等性质以及这些性质的有限多次组合. 语言中用以表示模态概念的词语称为模态词，汉语中常用"可能"、"必然"等，在逻辑学中常用"◇"和"□"来分别表示它们. 模态可分为广义模态和狭义模态. 广义模态把认识或事物中其他一些性质或状态也称为模态，如知道、知识、相信，应该、允许、禁止，过去、现在、将来，教、学、教学，当然、幸亏、其实等. 狭义模态主要针对认识或事物中的必然性与可能性. 由此有广义模态逻辑与狭义模态逻辑之分. 模态逻辑以模态推理形式及其规律为主要研究任务，它是逻辑学的重要分支. 通常所谓的模态逻辑是指狭义模态逻辑.

模态逻辑从整体上看，还可分为传统模态逻辑与现代模态逻辑. 传统模态逻辑主要指亚里士多德的模态逻辑和中世纪关于模态逻辑的一些研究，如模态判断、关于模态的某些分析以及模态三段论等. 现代模态逻辑主要指在数理逻辑推动下发展起来的以数理逻辑为基础的模态逻辑. 通常所说的模态逻辑指的是现代模态逻辑.

狭义模态逻辑常分为模态命题逻辑和模态谓词逻辑. 前者是古典命题逻辑加上必然(□)和可能(◇)算子的扩张，它的公式表达式是在命题逻辑的形式语言的初始符号$\neg$，$\wedge$，$\vee$，$\rightarrow$，$\leftrightarrow$等的基础上，增加必然算子□、可能算子◇构成的. 对于一个命题p而言，必然p就是"$\Box p$"，"必然$\neg p$"就是"$\Box\neg p$". "如果我是一个学生，我必然会努力学习"可符号化为："$p\rightarrow\Box q$". 而模态谓词逻辑是谓词逻辑加上算子□、◇的扩张，它的公式表达式也是以一阶谓词逻辑公式表达式为基础的，如$\forall x\Box(F(x)\rightarrow G(x)\rightarrow\Box(\exists xF(x)\rightarrow\exists xG(x))$. 这里介绍的是狭义模态逻辑.

应用的数学思想方法

必然现象和偶然现象在我们的生活中普遍存在着. 必然和偶然是互相联系着的. 必然性是主要的、本质的，它来自事物的内部联系和关系，而偶然性就不然，它来自次要的原因. 被断定为必然的东西，是由纯粹的偶然性构成的，而所谓偶然的东西，是一种有必然性隐藏在里面的形式. 科学总是力图通过偶然性找出规律性、必然性，也只有认识到自然现象的必然性时认识才能是科学的. 数学中的概率论学科是从数量上研究必然性和偶然性的学科，它从应予考察的偶然性因素和影响中寻找必然的、本质的数量规律，并对这些偶然性影响进行数量的刻画和分析. 本章中的模态逻辑内容研究反映事物间必然联系和偶然联系的这一对范畴,是对因果关系范畴的进一步深化.

现代模态逻辑主要是指在数理逻辑推动下发展起来的以数理逻辑为基础的模态逻辑.知识的发展过程多采用类比法和移植法,好似添上模态词之后又将前面数理逻辑两部分的内容再整合一次,是应用数理逻辑的方法研究模态命题逻辑的结果,自然一般的思想方法都是一致的,在此不再赘述.

4.1 模态逻辑概述

4.1.1 模态命题及其形式

含有“必然”、“可能”等模态词的命题就是模态命题.例如,

(1) 火星上可能有高级动物.

(2) 如果患了甲流感,那么必然发烧.

(3) 明天必然阴天.

可以将这些命题半形式化为:

(1) 可能 p.

(2) 如果 p,那么必然 q.

(3) 必然 p.

在此基础上,用“□”表示“必然”,用“◇”表示“可能”,可将这些命题符号化为:

(1) $\Diamond p$.

(2) $p \to \Box q$.

(3) $\Box p$.

例 4.1.1 将下列模态命题符号化.

(1) 人可能活不到 800 岁.

(2) 事物必然不是静止的.

(3) 虽然今天阴天,但是明天晴天是可能的.

解 可将它们符号化为:

(1) $\Diamond \neg p$.

(2) $\Box \neg p$.

(3) $p \wedge \Diamond q$.

从以上可以看出,模态命题分为四种,即必然肯定命题、必然否定命题、可能肯定命题和可能否定命题,其命题形式分别为 $\Box p$, $\Box \neg p$, $\Diamond p$, $\Diamond \neg p$.

4.1.2 模态推理及其形式

如同命题逻辑中推理由命题组成一样,在模态逻辑中,以模态命题为前提或结

论的推理构成模态推理. 例如,

(1) 正义战争必然胜利,所以,正义战争胜利.

符号化为:$\Box p\rightarrow p$.

(2) 维护祖国安宁的人必然不会支持新疆地区的暴乱分子,所以,维护祖国安宁的人不会支持新疆地区的暴乱分子.

符号化为:$\Box\neg p\rightarrow\neg p$.

(3) 王平是教育学博士,所以,王平可能是教育学博士.

符号化为:$p\rightarrow\Diamond p$.

(4) 张秀敏不是心理学博士,所以,张秀敏不必然是心理学博士.

符号化为:$\neg p\rightarrow\neg\Box p$.

(5) 张秀丽不可能不考博士研究生,所以,并非张秀丽不考博士研究生.

符号化为:$\neg\Diamond\neg p\rightarrow\neg\neg p$.

(6) 如果患感冒则发烧是必然的,所以,患感冒而不发烧是不可能的.

符号化为:$\Box(p\rightarrow q)\rightarrow\neg\Diamond(p\wedge\neg q)$.

(7) 物质不灭是必然的,因此,物质不灭,所以,物质可能不灭.

符号化为:$(\Box p\rightarrow p)\rightarrow\Diamond p$.

(8) 5 是自然数,因此,5 可能是自然数,所以,5 不必然不是自然数.

符号化为:$(p\rightarrow\Diamond p)\rightarrow\neg\Box\neg p$.

(9) 罪犯必然有犯罪动机,所以,罪犯不必然没有犯罪动机.

符号化为:$\Box p\rightarrow\neg\Box\neg p$.

(10) 罪犯不可能没有犯罪动机,所以,罪犯必然有犯罪动机.

符号化为:$\neg\Diamond\neg p\rightarrow\Box p$.

4.1.3 模态逻辑的类型

现代模态逻辑是在数理逻辑推动下产生和发展起来的. 数理逻辑从两个方面促进了现代模态逻辑. 一方面,为了消除所谓制止蕴涵“怪论”,即 $\neg p\rightarrow(p\rightarrow q)$,$p\rightarrow(q\rightarrow p)$,也就是“假命题蕴涵任何命题”,真命题为任何命题所蕴涵. 美国逻辑学家刘易斯(C. I. Lewis,1883～1964)提出了不同于实质蕴涵的严格蕴涵,并以罗素的古典命题演算为蓝本,构造了一系列严格蕴涵系统,尤其是 $S1\sim S5$ 的建立,标志着现代模态逻辑的诞生. 另一方面,数理逻辑所提供的建立演算的思想和方法给模态逻辑以莫大的启迪,促进了现代模态逻辑系统的建立.

现代模态逻辑研究的主要内容是三个方面,即语法的研究、逻辑语义的研究、代数语义的研究.

模态逻辑语法的研究主要是通过考察有关的模态形式建立形式系统,推导与证明系统内的定理,研究系统的某些性质及其关系等.

逻辑语义学的研究主要是研究必然性、可能性的含义，对形式系统给出语义解释. 逻辑语义学与代数的结果相融合所产生的可能世界语义学，为模态逻辑的发展和研究提供了新的理论和方法.

模态代数语义学从解决公理的独立性等问题发展为抽象的数学结构，用于解决可判定性和完全性等证明，促进了模态逻辑语义学的建立，对模态逻辑有方法和理论的意义.

模态逻辑在产生与发展过程中形成了以下特点：一是符号化与公理化，这是从建立演算化的形式系统所表现出来的；二是在古典命题演算基础上进行了拓展，增加模态算子；三是以自身的语义解释、性质等为研究对象，促进与丰富了元逻辑理论的研究.

综上所述，模态逻辑主要研究模态命题之间、模态命题与实然命题(形式逻辑中的命题)之间的形式推理，研究通过分析模态命题和实然命题的内部结构，区分出谓词、个体词、量词，在一阶谓词逻辑和模态命题逻辑的基础上建立的模态谓词逻辑.

4.2 模态命题逻辑

模态命题逻辑就是考察以命题为最小单位的模态形式，或以此为对象的逻辑. 现代模态逻辑与对逻辑规律的研究都是有系统的，也就是整体对待一定范围内的逻辑规律. 模态逻辑的形式系统相应地简称为模态系统.

4.2.1 模态系统的选择

现代的模态命题逻辑是公理化、形式化的，有许多的不同系统. 我们从系统具有的逻辑价值及系统在科学研究和日常思维中使用的频数等方面考虑，比较正规的系统有 T、S4、SB、S5. T 系统是正规模态命题系统中最基本的系统，符合人们对“必然性”的基本要求. S5 则是正规模态命题逻辑系统中最强的系统，最接近莱布尼茨对“必然性”的理解，即只有在每个可能世界中都为真的命题才具有必然性.

4.2.2 模态系统的共性

模态命题逻辑系统数量众多，形式各异，但有很多共同性质.

(1) 它们都以经典二值命题演算为基础，加上“必然”(□)、“可能”(◇)算子及若干公理与推理规则而构成公理系统.

(2) 它们都与人们对“必然”、“可能”的下述直观要求符合(A，B 是模态命题演算系统中的公式)：

① □和◇可以相互定义.

(a) 用$\Diamond A$定义$\neg\Box\neg A$；

(b) 用$\Box A$定义$\neg\Diamond\neg A$.

例如,“明天天晴是可能的”,意味着“明天不必然不晴”,即“$\Diamond p\Leftrightarrow\neg\Box\neg p$”. 又如,“太阳上没有生物是必然的”,意味着“太阳上不可能有生物”,即“$\Box\neg p\Leftrightarrow\neg\Diamond p$”.

② 用$\Box(A\to B)$表示模态系统中的公式A可逻辑地推出公式B,即当且仅当$A\to B$是必然的,A与B之间才有逻辑推出关系. $\Box(A\to B)$又称严格蕴涵.

$\Box(A\to B)\Leftrightarrow\neg\Diamond(A\wedge\neg B)$,即“$A$真而$B$假是不可能的”.

③ 假言推理规则(分离规则)成立. 假言推理规则是演绎推理的基本准则,为各个逻辑系统所遵循.

④ 命题演算系统的重言式的代入实例是模态命题演算系统的定理. 这就是说,一切重言式的代入实例都是必然的.

⑤ $\Box A\to A$和$A\to\Diamond A$是模态系统中的定理,也就是说:若一个命题必然真,则该命题事实真;若一个命题事实真,则该命题可能真,这是“$\Box$”和“$\Diamond$”的一个基本模态特征.

⑥ $\Box(A\to B)\to(\Box A\to\Box B)$是模态系统的定理. 它体现了直观上可靠的一个原则,若从A逻辑地推出B,A又是必然真的,那么B也必然真,也就是说:从必然真的命题逻辑地推出的结论仍然是真的.

⑦ $A\to\Box A$和$\Diamond A\to A$不是模态系统的定理. 一个命题事实真并不意味着它必然真,其可能真也不能保证其事实真. 这是“$\Box$”和“$\Diamond$”的又一个基本模态特征.

⑧ 如果公式A是定理,则$\Box A$亦为该系统的定理. 也就是说,一切定理都是必然真的命题.

我们仅对T予以介绍.

4.2.3 模态命题系统 *T*

1. 模态命题系统 T

T系统是最基本、最有代表性的必然性模态命题演算系统.

T系统由以下四部分组成.

1) 字母表

(1) 命题变项(元):$a,b,c,\cdots,a_i,b_i,c_i,\cdots(i\geqslant 1)$.

(2) 联结词符号:$\neg,\to$.

(3) 括号与逗号:(,),,.

(4) 必然算子:$\Box$.

2) T公式

(1) 每一个命题变项是公式;

(2) 若 A 和 B 是公式,则 $\neg A$,$A\to B$ 和 $\Box A$ 是公式;

(3) 仅有满足以上两条的才是公式.

3) 公理

具有下面任意模式的合式公式都是 T 的公理(其中 A 和 B 是任意 T 公式).

(1) $A\to(B\to A)$.

(2) $(A\to(B\to C))\to((A\to B)\to(A\to C))$.

(3) $(\neg A\to B)\to((\neg A\to\neg B)\to A)$.

(4) $\Box A\to A$.

(5) $\Box(A\to B)\to(\Box A\to\Box B)$.

4) 推理规则

(1) 假言推理规则(分离规则):

$$\begin{array}{l} A\to B \\ \underline{A\qquad\quad} \\ B \end{array}$$

(2) 必然规则:

$$\frac{A}{\Box A}$$

(3) 置换规则:若 $A\Leftrightarrow B$ 则,$\varphi(A)\Leftrightarrow\varphi(B)$.

再引入一些定义,它们适合所有的模态系统.

定义 4.2.1 (1) $A\wedge B\Leftrightarrow\neg(A\to\neg B)$.

(2) $A\vee B\Leftrightarrow\neg A\to B$.

(3) $A\leftrightarrow B\Leftrightarrow(A\to B)\wedge(B\to A)$.

(4) $\Diamond A\Leftrightarrow\neg\Box\neg A$.

(5) 当且仅当 $A\to B$ 是必然的,A 与 B 之间才有逻辑推出关系.

(6) $A\Leftrightarrow B\Leftrightarrow\Box(A\to B)\wedge\Box(B\to A)$.

定义 4.2.2

T 中的一个公式序列:$A_1,A_2,A_3,\cdots,A_n$,其中每个 $A_i(i=1,2,\cdots,n)$ 必须满足下面条件:

(1) A_i 或者是 T 公理之一;

(2) A_i 或者是前面的 $A_k,A_r(k,r<i)$ 施行分离规则推出的;

(3) A_i 是前面的 $A_j(j<i)$ 运用必然规则推出的(这时 $A_i\Leftrightarrow\Box A_j$);

最后的 A_n 即为定理 B. 我们便说 $A_1,A_2,A_3,\cdots,A_n$ 是定理 B 为真的证明过程.

2. 证明举例

例 4.2.1 构造下列推理的证明.

(1) $(p\to q)\to(\Box p\to\Box q)$.

(2) $(p\leftrightarrow q)\to(\Box p\leftrightarrow\Box q)$.

证明 (1)

① $p\to q$ (前提引入).

② $\Box(p\to q)$ (①必然规则).

③ $\Box(p\to q)\to(\Box p\to\Box q)$ (②公理(8)).

④ $\Box p\to\Box q$ (②,③假言推理).

(2)

① $p\leftrightarrow q$ (前提引入).

② $p\to q$ (①化简).

③ $\Box p\to\Box q$ (例 4.2.1).

④ $q\to p$ (①化简).

⑤ $\Box q\to\Box p$ (例 4.2.1).

⑥ $\Box p\leftrightarrow\Box q$ (⑤,⑥合取).

定理 4.2.1 $\Box p\Leftrightarrow\neg\Diamond\neg p$ (必然算子的等价形式).

证明

① $\Box p\leftrightarrow\neg\neg\Box p$ (重言式).

② $p\leftrightarrow\neg\neg p$ (重言式).

③ $\Box p\leftrightarrow\neg\neg\Box\neg\neg p$ (①,②置换).

④ $\Box p\leftrightarrow\neg\Diamond\neg p$ (定义 4.2.1).

定理 4.2.2 $\neg\Box p\Leftrightarrow\Diamond\neg p$(对"必然算子"的否定).

证明

① $\Box p\leftrightarrow\neg\Diamond\neg p$ (定理 4.2.1).

② $(\Box p\leftrightarrow\neg\Diamond\neg p)\to(\neg\Box p\leftrightarrow\Diamond\neg p)$ (重言式).

③ $\neg\Box p\leftrightarrow\Diamond\neg p$ (①,②假言推理).

定理 4.2.3 $\Box\neg p\Leftrightarrow\neg\Diamond p$(对"可能算子"的否定).

证明

① $\Box\neg p\leftrightarrow\neg\Diamond\neg\neg p$ (定理 4.2.1).

② $\neg\neg p\leftrightarrow p$ (命题逻辑中重言式的代换实例).

③ $\Box\neg p\leftrightarrow\neg\Diamond p$ (①,②置换规则).

定理 4.2.4 $\Box(p\wedge q)\Leftrightarrow\Box p\wedge\Box q$("必然算子"$\Box$对$\wedge$的分配律).

证明

① $p\wedge q\to p$ (重言式).

② $\Box(p\wedge q)\to\Box p$ (①必然规则).

③ $p\wedge q\to q$ (重言式).

④ $\Box(p\wedge q)\rightarrow\Box q$ (③必然规则(4)①,②置换).

⑤ $(\Box(p\wedge q)\rightarrow\Box p)\rightarrow((\Box(p\wedge q)\rightarrow\Box q)\rightarrow(\Box(p\wedge q)\rightarrow\Box p\wedge\Box q))$ (重言式).

⑥ $(\Box(p\wedge q)\rightarrow\Box q)\rightarrow(\Box(p\wedge q)\rightarrow\Box p\wedge\Box q)$ (②,⑤假言推理).

⑦ $\Box(p\wedge q)\rightarrow\Box p\wedge\Box q$ (④,⑥假言推理).

⑧ $p\rightarrow(q\rightarrow p\wedge q)$ (重言式).

⑨ $\Box p\rightarrow\Box(q\rightarrow p\wedge q)$ (⑧必然规则).

⑩ $\Box(q\rightarrow p\wedge q)\rightarrow(\Box q\rightarrow\Box(p\wedge q))$ (公理(8)).

⑪ $\Box p\rightarrow(\Box q\rightarrow\Box(p\wedge q))$ (⑨,⑩假言三段论).

⑫ $(\Box p\rightarrow(\Box q\rightarrow\Box(p\wedge q)))\rightarrow(\Box p\wedge\Box q\rightarrow\Box(p\wedge q))$ (重言式).

⑬ $\Box p\wedge\Box q\rightarrow\Box(p\wedge q)$ (⑪,⑫假言推理).

⑭ $\Box(p\wedge q)\leftrightarrow\Box p\wedge\Box q$ (⑦,⑬定义 4.2.1(3)).

定理 4.2.5　$\Diamond(p\vee q)\Leftrightarrow\Diamond p\vee\Diamond q$("可能算子"$\Diamond$对$\vee$的分配律).

证明

① $\Box(\neg p\wedge\neg q)\leftrightarrow\Box\neg p\wedge\Box\neg q$ (定理 4.2.4).

② $(\Box(\neg p\wedge\neg q)\leftrightarrow\Box\neg p\wedge\Box\neg q)\rightarrow(\neg\Box(\neg p\wedge\neg q)\leftrightarrow\neg(\Box\neg p\wedge\Box\neg q))$ (重言式).

③ $\neg\Box(\neg p\wedge\neg q)\leftrightarrow\neg(\Box\neg p\wedge\Box\neg q)$ (①,②假言推理).

④ $\neg p\wedge\neg q\leftrightarrow\neg(p\vee q)$ (重言式).

⑤ $\neg\Box\neg(p\vee q)\leftrightarrow\neg(\Box\neg p\wedge\Box\neg q)$ (③,④置换规则).

⑥ $\neg(\Box\neg p\wedge\Box\neg q)\leftrightarrow\neg\Box\neg p\vee\neg\Box\neg q$ (重言式).

⑦ $\neg\Box\neg(p\vee q)\leftrightarrow\neg\Box\neg p\vee\neg\Box\neg q$ (⑤,⑥置换).

⑧ $\Diamond(p\vee q)\leftrightarrow\Diamond p\vee\Diamond q$ (定义 4.2.1(4)).

定理 4.2.6　$\Box p\vee\Box q\Rightarrow\Box(p\vee q)$.

证明

① $p\rightarrow p\vee q$ (重言式).

② $\Box p\rightarrow\Box(p\vee q)$ (①必然规则).

③ $q\rightarrow p\vee q$ (重言式).

④ $\Box q\rightarrow\Box(p\vee q)$ (③必然规则).

⑤ $(\Box p\rightarrow\Box(p\vee q))\rightarrow((\Box q\vee\Box(p\vee q))\rightarrow(\Box p\vee\Box q\rightarrow\Box(p\vee q))$ (重言式).

⑥ $(\Box q\rightarrow\Box(p\vee q))\rightarrow(\Box p\vee\Box q\rightarrow\Box(p\vee q))$ (②,⑤假言推理).

⑦ $\Box p\vee\Box q\rightarrow\Box(p\vee q)$ (④,⑥假言推理).

定理 4.2.7　$\Diamond(p\wedge q)\Rightarrow\Diamond p\wedge\Diamond q$.

证明

① $\Box\neg p\vee\Box\neg q\to\Box(\neg p\vee\neg q)$ (定理 4.2.6).

② $(\Box\neg p\vee\Box\neg q\to\Box(\neg p\vee\neg q))\to(\neg\Box(\neg p\vee\neg q)\to\neg(\Box\neg p\vee\Box\neg q))$ (重言式).

③ $\neg\Box(\neg p\vee\neg q)\to\neg(\Box\neg p\vee\Box\neg q)$ (①,②假言推理)

④ $\neg p\vee\neg q\leftrightarrow\neg(p\wedge q)$ (重言式).

⑤ $\neg\Box\neg(p\wedge q)\to\neg(\Box\neg p\vee\Box\neg q)$ (③,④置换).

⑥ $\neg(\Box\neg p\vee\Box\neg q)\leftrightarrow\neg\Box\neg p\wedge\neg\Box\neg q$ (重言式).

⑦ $\neg\Box\neg(p\wedge q)\to\neg\Box\neg p\wedge\neg\Box\neg q$ (⑤,⑥置换).

⑧ $\Diamond(p\wedge q)\to\Diamond p\wedge\Diamond q$ (定义 4.2.1(4)).

定理 4.2.8　$\Box(p\to q)\Rightarrow(\Diamond p\to\Diamond q)$.

证明

① $(p\to q)\to(\neg q\to\neg p)$ (重言式).

② $\Box(p\to q)\to\Box(\neg q\to\neg p)$ (①必然规则).

③ $\Box(\neg q\to\neg p)\to(\Box\neg q\to\Box\neg p)$ (公理(8)).

④ $\Box(p\to q)\to(\Box\neg q\to\Box\neg p)$ (②,③假言推理).

⑤ $(\Box\neg q\to\Box\neg p)\to(\neg\Box\neg p\to\neg\Box\neg q)$ (重言式).

⑥ $\Box(p\to q)\to(\neg\Box\neg p\to\neg\Box\neg q)$ (④,⑤置换).

⑦ $\Box(p\to q)\to(\Diamond p\to\Diamond q)$ (⑥定理 4.2.3).

定理 4.2.9　$\Box p\wedge\Diamond q\Rightarrow\Diamond(p\wedge q)$.

证明

① $p\to(q\to p\wedge q)$ (重言式).

② $\Box p\to\Box(q\to p\wedge q)$ (①必然规则).

③ $\Box(q\to p\wedge q)\to(\Diamond q\to\Diamond(p\wedge q))$ (定理 4.2.8).

④ $\Box p\to(\Diamond q\to\Diamond(p\wedge q))$ (②,③置换规则).

⑤ $(\Box p\to(\Diamond q\to\Diamond(p\wedge q)))\to(\Box p\wedge\Diamond q\to\Diamond(p\wedge q))$ (重言式).

⑥ $\Box p\wedge\Diamond q\to\Diamond(p\wedge q)$ (④,⑤假言推理).

定理 4.2.10　$\Box p\Rightarrow\Box(q\to p)$.

证明

① $p\to(q\to p)$ (重言式).

② $\Box p\to\Box(q\to p)$ (①必然规则).

定理 4.2.11　$\neg\Diamond p\Rightarrow\Box(p\to q)$.

证明

① $\neg p\to(p\to q)$ (重言式).

② $\Box\neg p\to\Box(p\to q)$ (①必然规则).

③ $\Box\neg p\leftrightarrow\neg\Diamond p$ (定理 4.2.3).

④ $\neg\Diamond p\rightarrow\Box(p\rightarrow q)$（②，③置换）.

定理 4.2.11 还可等价地表述为定理 4.2.12：$\Box\neg p\Rightarrow\Box(p\rightarrow q)$.

定理 4.2.12 $p\Rightarrow\Diamond p$.

证明

① $\Box\neg p\rightarrow\neg p$（公理(7)）.

② $(\Box\neg p\rightarrow\neg p)\rightarrow(p\rightarrow\neg\Box\neg p)$（重言式）.

③ $p\rightarrow\neg\Box\neg p$（①，②假言推理）.

④ $p\rightarrow\Diamond p$（定义 4.2.1(4)）.

定理 4.2.13 $(p\Leftrightarrow q)\Rightarrow(\Box p\leftrightarrow\Box q)$.

① $\Box(p\rightarrow q)\rightarrow(\Box p\rightarrow\Box q)$（公理(8)）.

② $\Box(q\rightarrow p)\rightarrow(\Box q\rightarrow\Box p)$（公理(8)）.

③ $(\Box(p\rightarrow q)\rightarrow(\Box p\rightarrow\Box q))\rightarrow(\Box(q\rightarrow p)\rightarrow(\Box q\rightarrow\Box p))\rightarrow(\Box(p\rightarrow q)\wedge\Box(q\rightarrow p)\rightarrow(\Box p\rightarrow\Box q)\wedge(\Box q\rightarrow\Box p))$（重言式）.

④ $(\Box(q\rightarrow p)\rightarrow(\Box q\rightarrow\Box p))\rightarrow(\Box(p\rightarrow q)\wedge\Box(q\rightarrow p)\rightarrow(\Box p\rightarrow\Box q)\wedge(\Box q\rightarrow\Box p))$（①，③假言推理）.

⑤ $\Box(p\rightarrow q)\wedge\Box(q\rightarrow p)\rightarrow(\Box p\rightarrow\Box q)\wedge(\Box q\rightarrow\Box p)$（②，④假言推理）.

⑥ $(p\Leftrightarrow q)\rightarrow(\Box p\leftrightarrow\Box q)$（定义 4.2.1(6)）.

定理 4.2.14 $(p\Leftrightarrow q)\Leftrightarrow(\Box p\leftrightarrow\Box q)$.

证明

① $\Box((p\rightarrow q)\wedge(q\rightarrow p))\leftrightarrow\Box(p\rightarrow q)\wedge\Box(q\rightarrow p)$（定理 4.2.4）.

② $(p\Leftrightarrow q)\leftrightarrow(\Box p\leftrightarrow\Box q)$（定义 4.2.1）.

命题 4.2.1 若 $p\rightarrow q$，则$\Diamond p\rightarrow\Diamond q$.

证明

① $p\rightarrow q$（前提引入）.

② $\Box(p\rightarrow q)$（①必然规则）.

③ $\Box(p\rightarrow q)\rightarrow(\Diamond p\rightarrow\Diamond q)$（②定理 4.2.8）.

④ $\Diamond p\rightarrow\Diamond q$（②，③假言推理）.

命题 4.2.2 若 $p\leftrightarrow q$，则 $p\Leftrightarrow q$.

证明

① $p\leftrightarrow q$（前提引入）.

② $\Box(p\leftrightarrow q)$（①必然规则）.

③ $\Box(p\leftrightarrow q)\leftrightarrow(p\Leftrightarrow q)$（定理 4.2.15）.

命题 4.2.3 若 p，则$\Diamond q\rightarrow\Diamond(p\wedge q)$.

证明

① p（前提引入）.

② $\Box p$ (①必然规则).

③ $\Box p\wedge\Diamond q\to\Diamond(p\wedge q)$ (定理 4.2.9).

④ $(\Box p\wedge\Diamond q\to\Diamond(p\wedge q))\to(\Box p\to(\Diamond q\to\Diamond(p\wedge q)))$ (重言式).

⑤ $\Box p\to(\Diamond q\to\Diamond(p\wedge q))$ (③,④假言推理).

⑥ $\Diamond q\to\Diamond(p\wedge q)$ (②,⑤假言推理).

4.3　模态谓词逻辑

在一阶谓词逻辑的基础上,通过增加模态算子、相应的形成规则、推理规则与若干条公理,从而得到一阶模态谓词逻辑,或称狭义谓词模态逻辑.这种一阶模态谓词逻辑也可以看成一阶谓词逻辑加上算子的扩张,称为一阶谓词逻辑的模态扩张.鉴于模态谓词逻辑是在命题逻辑的基础上引入个体词、谓词和量词,进行量化扩张,得到一阶模态谓词,这也称为模态命题逻辑的一阶量化扩张.

模态谓词演算系统很多,这里仅介绍在前述模态命题逻辑系统 T 基础上构造的系统.

4.3.1　模态谓词演算系统 *QBT*

模态谓词演算系统 QBT 的概念

模态谓词演算系统 QBT 由以下部分组成.

1) 字母表

(1) 个体变项(元):$x,y,z,x_i,y_i,z_i,\cdots(i\geqslant1)$.

(2) 谓词符号:$F_1^1,F_2^1,F_3^1,\cdots,F_1^2,F_2^2,F_3^2,\cdots,F_j^i(i,j\geqslant1)$表示第 j 个 i 元谓词.

(3) 联结词符号:$\neg$,$\to$.

(4) 量词符号:$\forall$.

(5) 括号与逗号:(,),,.

(6) 必然算子:$\Box$.

2) T 公式

(1) $F_j^i(x_1,x_2,\cdots,x_i)(i,j\geqslant1)$是原子公式.

(2) 若 A 和 B 是公式,则$\neg A$,$(A\to B)$和$\Box A$,$\forall xF$,$\exists xF$ 是公式.

(3) 仅有满足以上两条的才是公式.

2.2 节的定义 2.2.3 中关于指导变元、量词的辖域和个体变元的自由和约束出现的定义均适用于 QBT 的公式,只需将这些定义中的公式当成 QBT 公式即可.

3) 公理

具有下面任意模式的合式公式都是 T 的公理(其中 A 和 B 是任意 T 公式).

(1) $A\to(B\to A)$.

(2) $(A\to(B\to C))\to((A\to B)\to(A\to C))$.

(3) $(\neg A\to\neg B)\to(B\to A)$.

(4) $\forall xA\to A$(如果 x 在 A 中不自由出现).

(5) $\forall x_i A(x_i)\to A(x_j)$,如果 x_i 在 $A(x_i)$ 中至少有一次自由出现,x_j 对于 $A(x_i)$ 中的 x_i 是自由的,$A(x_j)$ 是 $A(x_i)$ 中用 x_j 取代 x_i 的每一次自由出现所得的公式.

(6) $\forall x(A\to B)\to(A\to\forall xB)$,如果 x 在 A 中不自由出现.

(7) $\Box A\to A$.

(8) $\Box(A\to B)\to(\Box A\to\Box B)$.

(9) 巴坎[①](Ruth Bar-can Marcus)公式:$\forall x\Box A\to\Box\forall xA$.

4) 推理规则

(1) 假言推理规则:

$$\frac{\begin{array}{l}A\to B\\ A\end{array}}{B}$$

(2) 概括规则:

$$\frac{A}{\forall xA}$$

(3) 必然规则:

$$\frac{A}{\Box A}$$

(4) 置换规则:

若 $A\Leftrightarrow B$,则 $\varphi(A)\Leftrightarrow\varphi(B)$.

再引入定义:

定义 4.3.1 (1) $A\wedge B\Leftrightarrow\neg(A\to\neg B)$.

(2) $A\vee B\Leftrightarrow\neg A\to B$.

(3) $A\leftrightarrow B\Leftrightarrow(A\to B)\wedge(B\to A)$.

(4) $\Diamond A\Leftrightarrow\neg\Box\neg A$.

(5) 当且仅当 $A\to B$ 是必然的,A 与 B 之间才有逻辑推出关系.

(6) $A\Leftrightarrow B\Leftrightarrow\Box(A\to B)\wedge\Box(B\to A)$.

---

① 巴坎:美国著名女逻辑学家.

定义 4.3.2　QBT 中的一个公式序列：$A_1, A_2, A_3, \cdots, A_n$，其中每个 $A_i (i=1, 2, \cdots, n)$ 必须满足下面条件：

(1) A_i 或者是 QBT 公理之一；

(2) A_i 或者是前面的 $A_k, A_r (k, r < i)$ 施行分离规则推出的；

(3) A_i 是前面的 $A_j (j < i)$ 运用必然规则推出的(这时 $A_i \Leftrightarrow \Box A_j$)；

最后的 A_n 即为定理 B. 我们便说 $A_1, A_2, A_3, \cdots, A_n$ 是定理 B 为真的证明过程.

4.3.2　证明举例

定理 4.3.1　$\Box \forall xA \Rightarrow \forall x \Box A$.

证明

① $\forall xA \to A$ (公理(4)).

② $\Box \forall xA \to \Box A$ (①必然规则).

③ $\forall x(\Box \forall xA \to \Box A)$ (②概括规则).

④ $\forall x(\Box \forall xA \to \Box A) \leftrightarrow (\Box \forall xA \to \forall x \Box A)$ (公理(6)).

⑤ $\Box \forall xA \to \forall x \Box A$ (③,④置换).

定理 4.3.2　$\exists x \Diamond A \Leftrightarrow \Diamond \exists xA$.

证明

① $\exists x \Diamond A \leftrightarrow \exists x \Diamond A$ (重言式).

② $\exists x \Diamond A \leftrightarrow \neg \forall x \neg \Diamond A$ (置换规则).

③ $\Box \neg A \Leftrightarrow \neg \Diamond A$ (定理 4.2.3).

④ $\exists x \Box A \leftrightarrow \neg \forall x \Box \neg A$ (②,③置换).

⑤ $\forall x \Box \neg A \leftrightarrow \Box \forall x \neg A$ (定理 4.3.1).

⑥ $\exists x \Diamond A \leftrightarrow \neg \Box \forall x \neg A$ (④,⑤置换).

⑦ $\neg \Box \forall x \neg A \leftrightarrow \Diamond \neg \forall x \neg A$ (定理 4.2.2).

⑧ $\exists x \Diamond A \leftrightarrow \Diamond \neg \forall x \neg A$ (⑥,⑦置换).

⑨ $\exists x \Diamond A \leftrightarrow \Diamond \exists xA$ (⑧置换).

定理 4.3.1 和定理 4.3.2 告诉我们，如果把公式 $\Box \forall xA$ 与 $\forall x \Box A$ 中的 $\Box$ 与 $\forall x$ 互换位置，把 $\exists x \Diamond A$ 与 $\Diamond \exists xA$ 中的 $\Diamond$ 与 $\exists x$ 互换位置，所得新公式与原公式的含义相同.

定理 4.3.3　$\Diamond \forall xA \Rightarrow \forall x \Diamond A$.

证明

① $\forall xA \to A$ (公理(4)).

② $\Diamond \forall xA \to \Diamond A$ (命题 4.2.1).

③ $\forall x(\Diamond \forall xA \to \Diamond A)$(②概括规则).

④ $\forall x(\Diamond\forall xA\rightarrow\Diamond A)\leftrightarrow(\Diamond\forall xA\rightarrow\forall x\Diamond A)$ (公理(4)).

⑤ $\Diamond\forall xA\rightarrow\forall x\Diamond A$ (③,④置换).

定理 4.3.4　$\exists x\Box A\Rightarrow\Box\exists xA$.

证明

① $\Diamond\forall x\neg A\rightarrow\forall x\Diamond\neg A$ (定理 4.3.3).

② $(\Diamond\forall x\neg A\rightarrow\forall x\Diamond\neg A)\rightarrow(\neg\forall x\Diamond\neg A\rightarrow\neg\Diamond\forall x\neg A)$ (重言式).

③ $\neg\forall x\Diamond\neg A\rightarrow\neg\Diamond\forall x\neg A$ (①,②假言推理).

④ $\Diamond\neg A\leftrightarrow\neg\Box A$ (定理 4.2.2).

⑤ $\neg\forall x\neg\Box A\rightarrow\neg\Diamond\forall x\neg A$ (③,④置换).

⑥ $\neg\Diamond\forall x\neg A\leftrightarrow\Box\neg\forall x\neg A$ (定理 4.2.3).

⑦ $\neg\forall x\neg\Box A\rightarrow\Box\neg\forall x\neg A$ (⑤,⑥置换).

⑧ $\exists x\Box A\rightarrow\Box\exists xA$ (⑦否定消去).

习　题　4

1. 指出下列命题是哪种模态命题,并写出其命题的形式.

(1) 未满十六周岁的人可能具有辨别是非的能力;

(2) 吸烟不可能不影响健康;

(3) 走私必然是不允许的;

(4) 控告检举人可以不以书面提出;

(5) 私人收藏文物,严禁倒卖牟利;

(6) 如果法律禁止某项行为,则如果某人实施这项行为,那么必然会受到法律严惩;

(7) 可以不签字或不盖章,但必须出示相关证件.

2. 指出下列各模态命题的种类.

(1) 这场斗争是必然要来的.

(2) 共产主义运动不可能是一帆风顺的.

(3) 火星上可能不会有生命存在.

(4) 攀登科技高峰可能要付出一个人的毕生精力.

3. 写出下列模态逻辑三段论的推理形式,并判定它们是否有效,为什么?

(1) 所有故意杀人犯必然有杀人动机;甲是故意杀人犯,所以,甲必然有杀人动机.

(2) 凡与被害人有仇的人可能是杀人凶手;王小二与被害人有仇,所以,王小二可能是杀人凶手.

(3) 常与流氓来往者可能都是流氓;常与流氓来往者可能是游手好闲者,所以,有些游手好闲者是流氓.

4. 证明下列模态推理.

(1) 违法犯罪必然受到惩罚,所以,违法犯罪并非必然不受惩罚.

(2) 侵略战争必然是非正义战争,所以,侵略战争并非必然是正义战争.

(3) 他可能活到一百岁,所以,并非他活不到一百岁.

(4) 纸里不可能包得住火,所以,纸里不必然包得住火.

(5) 正义必然战胜邪恶,所以,正义可能战胜邪恶.

5　现代数学课程中的数理逻辑问题分析

5.1　开关电路与布尔代数

5.1.1　开关电路与布尔代数

我们以开关电路为背景引出布尔代数.

电子数字计算机、电子交换机等数字系统虽然十分复杂,但是它们主要都是由开关元件构成的.所谓开关元件指的是这类元件本身具有或者表现出两种截然不同的状态.例如,一般的电键或开关具有闭合与断开两种状态;电磁继电器有动作或释放两种状态;晶体二极管或三极管的截止及导通;晶体管电路输出电位的高低;脉冲电路输出脉冲的有、无;等等.

用开关元件构成的电路称为开关电路,而用电子开关元件构成的电路则通常称为数字电路(这里仅研究数字电路的逻辑功能方面).

由于开关元件具有相同的共性,所以仅以开关控制的电路为例说明.每一个开关有两种状态:通和不通;每一电路也有两种状态:通和不通.我们用小写英文字母表示开关,用大写英文字母表示电路.图 5.1.1 是由一个开关控制的电路;图 5.1.2表示开关 a 和开关 b 串联得到的电路,只有当两个开关同时闭合时,指示灯才会亮;图 5.1.3 表示开关 a 和开关 b 并联得到的电路,只要任何一个开关闭合,指示灯都会亮;而在图 5.1.4 中,开关断开时灯亮,开关闭合时灯反而不亮.

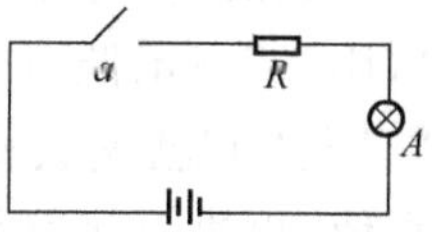

图 5.1.1

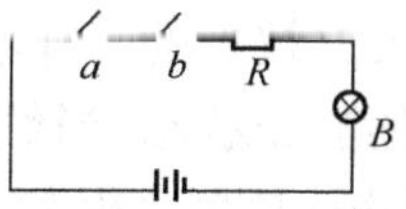

图 5.1.2

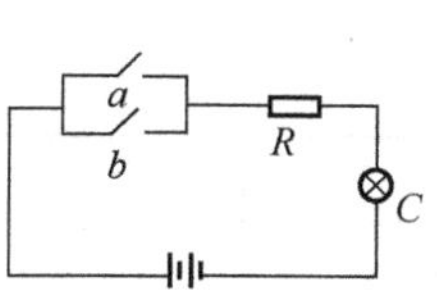

图 5.1.3

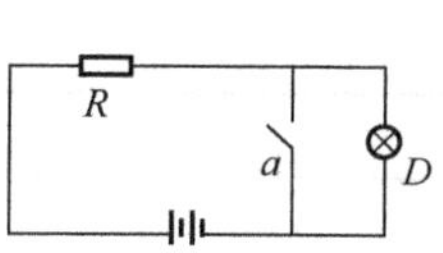

图 5.1.4

一般地，对任意电路 A,B，也可经过串联、并联或反演得到新的电路，它们顺序记为"A 串联 B"、"A 并联 B"、"A 的反演". A,B 原来的状态与这些新做成的电路的状态之间的关系如表 5.1.1～表 5.1.3 所示.

表 5.1.1

电路 A	电路 B	A 串联 B
不通	不通	不通
不通	通	不通
通	不通	不通
通	通	通

表 5.1.2

电路 A	电路 B	A 并联 B
不通	不通	不通
不通	通	通
通	不通	通
通	通	通

表 5.1.3

电路 A	A 的反演
不通	通
通	不通

我们已经习惯于数学的符号化方法. 只要把上面各表中的状态"通"、"不通"用简单符号表示，就能大大简化. 我们用数字"1"表示"通"，用数字"0"表示"不通". 在其他开关元件中，用"1"表示电位信号中的高电位，脉冲信号中的有脉冲，或继电器电路中的继电器开关或接点的动作状态；反之，用"0"表示低电位，无脉冲信号或者继电器开关或接点的静止状态. 当然，在这里"1"与"0"已失去原来的数字意义，只是代表两种截然不同的电路的状态或命题的真值. 再进一步符号化，而用"·"表示"串联"，用"+"表示"并联"，用"−"表示"反演"，这样"$A \cdot B$"就是"A 串联 B"，"$A+B$"就是"A 并联 B"，"$\overline{A}$"就是"A 的反演"，于是就有表 5.1.4～表 5.1.6.

表 5.1.4

A	B	$A \cdot B$
0	0	0
0	1	0
1	0	0
1	1	1

表 5.1.5

A	B	$A+B$
0	0	0
0	1	1
1	0	1
1	1	1

表 5.1.6

A	$\overline{A}$
0	1
1	0

现在来看看，经过符号化后，我们得到了什么：

(1) 一个集合 $B=\{0,1\}$ 和在集合 B 上规定的三种运算，分别记为"·"(乘)，"+"(加)，"—"(补或非)，如下：

$$\because\quad 0\cdot 0=0 \qquad +:\ 0+0=0 \qquad -:\ \overline{0}=1$$
$$0\cdot 1=0 \qquad 0+1=1 \qquad \overline{1}=0$$
$$1\cdot 0=0 \qquad 1+0=1$$
$$1\cdot 1=1 \qquad 1+1=1$$

三种运算的顺序是先"—"，后"·"和"+"，"·"可省略不写，有括号的先算括号里面的. 不难证明，$\{B=\{0,1\};\cdot,+,-\}$ 为一个布尔代数(这个二元布尔代数称为电路代数或开关代数).

(2) 任何电路可以表示成一个布尔代数式. 例如，电路图 5.1.5 可表示成：$((a\cdot b)+(c\cdot d))\cdot\overline{e}$(为了方便代数化，以下字母用小写). 欲知电路的效应，例如，当 $a=1,b=0,c=1,d=1,e=0$ 时，按照前面提供的规则进行计算得

$$((1\cdot 0)+(1\cdot 1))\cdot\overline{0}=(0+1)\cdot 1=1\cdot 1=1$$

即此时的状态是"通".

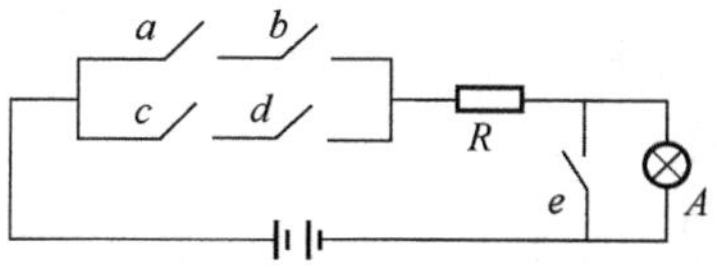

图 5.1.5

当然，每一个类似上面这样由一些小写字母(表示开关)经"+"、"·"、"—"运算及适当的括号连接起来的布尔代数式也给出一个电路.

我们提出下面一个具体问题:设计一个三人表决的电路,当多数人赞同时,表决通过,即实现表 5.1.7 所示效应的电路.

表 5.1.7

a b c	$f(a,b,c)$
0 0 0	0
0 0 1	0
0 1 0	0
0 1 1	1
1 0 0	0
1 0 1	1
1 1 0	1
1 1 1	1

事实上,这个电路所要求效应,就不是前述简单的电键开关电路容易实现的.在一些较为复杂的电子设备中,许多电路都是按一定规律连接而成,那么,怎样使得这些线路设计得既合理又简化呢?人们在实践中总结出了一种数学工具——布尔代数(或称逻辑代数),来研究数字电路系统的逻辑规律.

5.1.2 布尔代数的运算法则

设 a,b,c 为布尔代数中的任意变量.

(1) 双重否定律 $\bar{\bar{a}}=a$.

(2) 幂等律 $a\cdot a=a,a+a=a$.

(3) 交换律 $a\cdot b=b\cdot a,a+b=b+a$.

(4) 结合律 $(a\cdot b)\cdot c=a\cdot(b\cdot c),(a+b)+c=a+(b+c)$.

(5) 分配律 $a\cdot(b+c)=a\cdot b+a\cdot c,a+b\cdot c=(a+b)\cdot(a+c)$.

(6) 德·摩根律 $\overline{a\cdot b}=\bar{a}+\bar{b},\overline{a+b}=\bar{a}\cdot\bar{b}$

(7) 吸收律 $a\cdot(a+b)=a,a+a\cdot b=a$.

(8) 零律 $a\cdot 0=0,a+1=1$.

(9) 同一律 $a\cdot 1=a,a+0=a$.

(10) 排中律 $a+\bar{a}=1$.

(11) 矛盾律 $a\cdot\bar{a}=0$.

这些定律读者可能比较熟悉,因为它们在集合论、概率论、命题逻辑中都成立.把布尔代数与开关电路相联系,物理知识也会给出我们一些启示.例如,设 a 表示开关 a,两个开关 a 串联和由一个开关 a 做成的电路是等效的,所以 $a\cdot a=a$ 在布尔代数 B 中也应该是对的.我们再看一下 $(a\cdot b)\cdot c=a\cdot(b\cdot c)$ 在开关电路中说明什么. 设 a,b,c 分别代表开关 a,b,c,则 $a\cdot(b\cdot c)$ 与 $(a\cdot b)\cdot c$ 都可解释为三个开关组成的串联电路,当然是等效的,这说明 $(a\cdot b)\cdot c=a\cdot(b\cdot c)$,可以把这个说明看成布尔代数 B 中乘法适合结合律的"物理证明".

下面给出 $(a\cdot b)\cdot c=a\cdot(b\cdot c)$ 的数学证明,这就是演算当 a,b,c 取 $B=\{0,1\}$ 中任意值时 $a\cdot(b\cdot c)$ 与 $(a\cdot b)\cdot c$ 的值,其结果如表 5.1.8 所示.

表 5.1.8

$a\ \ b\ \ c$	$(a\cdot b)\cdot c$	$a\cdot(b\cdot c)$
0 0 0	0	0
0 0 1	0	0
0 1 0	0	0
0 1 1	0	0
1 0 0	0	0
1 0 1	0	0
1 1 0	0	0
1 1 1	1	1

由表 5.1.8 可知,a,b,c 在各种取值下,等式两边的值相等,所以公式成立.

类似地,可以用完全归纳法给出其他等式的证明.

由以上基本公式也可以推导出一些常用公式,直接使用这些公式可以给布尔函数的化简带来很大方便.

定理 5.1.1 $a+\bar{a}\cdot b=a+b$(图 5.1.6).

证明 $a+\bar{a}\cdot b=a+ab+\bar{a}b=(a+\bar{a})\cdot(a+b)=1\cdot(a+b)=a+b$.

上式表明,两个乘积项相加,如果其中一项的补(否定)是另一项的因子,则该因子是多余的,可以消去.

定理 5.1.2 $a\cdot b+\bar{a}\cdot c+b\cdot c=a\cdot b+\bar{a}\cdot c$(图 5.1.7).

证明

$$
\begin{aligned}
&a\cdot b+\bar{a}\cdot c+b\cdot c=a\cdot b+\bar{a}\cdot c+b\cdot c\cdot(a+\bar{a})\\
&=a\cdot b+\bar{a}\cdot c+a\cdot b\cdot c+\bar{a}\cdot b\cdot c=a\cdot b\cdot(1+c)+\bar{a}\cdot c\cdot(1+b)\\
&=a\cdot b+\bar{a}\cdot c
\end{aligned}
$$

上式说明,若两乘积项中分别包含某变量和该变量的补,则由这两个乘积项的其余因子组成的第三个乘积项是多余的,可以消去.

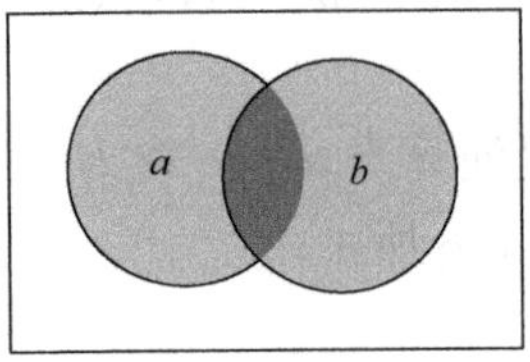

图 5.1.6　$a+\bar{a}\cdot b=a+b$

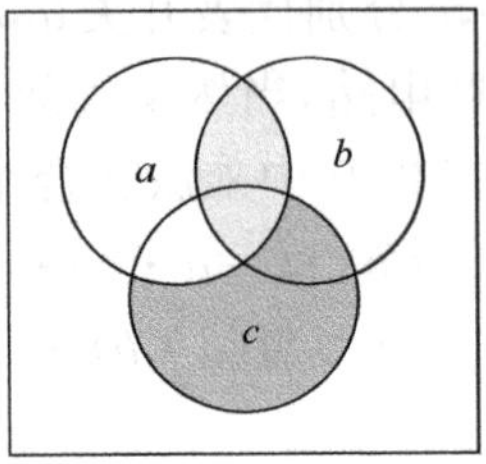

图 5.1.7　$a\cdot b+\bar{a}\cdot c+b\cdot c=a\cdot b+\bar{a}\cdot c$

应用的数学思想方法

1. 数学的美学方法——统一美

统一美又称和谐美.数学中部分与部分、部分与整体之间往往追求和谐统一,统一性是数学美的重要特征之一,而且是数学追求的目标之一.第 1 章中的命题逻辑,本节中的开关电路与布尔代数,第 6 章中的集合代数,多么统一、多么和谐.正如希尔伯特所说:“数学科学是一个不可分割的有机整体,它的生命力正是在于各个部分之间的联系.尽管数学知识千差万别,我们仍然清楚地意识到:在作为整体的数学中,使用着相同的逻辑工具,存在着概念的亲缘关系,同时,在它的不同部分之间,也有大量相似之处.我们仍然清楚地意识到,数学理论越是向前发展,它的结构就变得越调和一致,而且这门科学一向相互隔绝的分支之间也会显露出原先意想不到的关系.因此,随着数学的发展,它的有机特性不会丧失,只会更清楚地呈现.”

2. 数学符号化、量化的方法

将开关电路的物理模型转化为布尔代数的数学模型,首先要利用符号化、形式化、量化的方法,将研究电器元件转变为数学符号,将电路连接方式抽象成代数演算,将电路的状态量化成二进制数.用数学的方法来处理问题,用数学的“眼光”看世界,对于经历过数理逻辑学习的读者应该有所体会.

3. 数形结合的思想方法

数与形是数学中两个最古老、最基本的问题,是数学大厦深处的两块基石,数学的所有问题都是围绕数和形的提炼、演变、发展而展开的,每一个几何图形中都蕴藏着一定的数量关系,而数量关系常又可以通过图形的直观性作出形象的描述.因此,在解决数学问题时,常根据数学问题的条件和结论之间的内在联系,将数的问题利用形来观察,揭示其几何意义,而形的问题借助数进行思考,分析其代数含义，使数量关系和空间形式巧妙机智地结合起来，并充分利用这种结合寻找解题思路，使问题得到解决，简言之，就是把数学问题中的数量关系和空间形式相结合起来加以考察. 这种处理数学问题的方法称为数形结合的思想方法. 数形结合，不仅是一种重要的解题方法，而且是一种重要的思维方法，因此，它在数学中占有重要的地位.

本章中用电路图来表示代数式，增加了问题的直观性、简洁性.

4. 数学模型化方法

开关电路中遇到的问题，经过一番必要且合理的数学抽象，恰当地运用数学工具得到一个数学结构——布尔代数，把现实问题转化为一个数学问题，通过这个数学结构研究实际问题，脱离具体的情境，进行纯抽象的代数处理，可以推广到相近的一类问题或结构中，拓展了应用的范围，也可以作为描述这些实际问题的数学语言，当然也可以编程用计算机操作.

5.2 布尔函数

布尔代数 B 上的一些变元以及 0 和 1 通过“+”、“·”、“−”三种运算表示出的一个式子称为布尔代数式. 从 5.1 节的讨论可知，布尔代数式中变元的赋值确定以后，它们的值便随之确定，因此，代数式的取值和变量的赋值之间是一种函数关系，于是称 $f:\{0,1\}^n \to \{0,1\}$ 为 n 元布尔函数. 在这个定义中，f 的自变量为布尔代数 B 上的 n 个变元，定义域为 $\{0,1\}^n=\{00\cdots00,00\cdots01,00\cdots10,\cdots,11\cdots11\}$，即 $\{0,1\}^n$ 中元素为由 0,1 组成的全体长度为 n 的符号串，值域为 $\{0,1\}$. 由于变元 $a,b,c,\cdots$ 都是任意的，所以把布尔函数就写成 $f(a_1,\cdots,a_n)$ 而不用 $f(x_1,\cdots,x_n)$ 了，一个布尔代数式就是一个布尔函数，前面已遇到很多的例子.

与分析学中实数集上函数的相等及函数的运算类似，可以定义布尔函数的相等与运算，在此不予赘述.

5.2.1 布尔函数的标准形式

布尔代数式上的“−”运算，使得函数关系不能直接利用布尔变量和它的补的乘法和加法表示出来，依据双重否定律、德·摩根律和分配律是能够把它们化掉的，最终得到布尔函数的标准形式. 这个过程同命题公式通过等值演算化标准形相似.

1. 极小项和极大项

在含有 n 个变量及其否定的乘积形式(和的形式)中，若每个变量和它的补不同时出现，而二者之一必出现且仅出现一次，且第 i 个变量或它的补出现在从左算

起的第 i 位上(若变量无角标,就按字典排序),称这样的乘积形式(和的形式)为极小项(极大项).

由于每个变量在极小项中以原形或其补出现且仅出现一次,所以 n 个变量共可产生 2^n 个不同的极小项.其中每个极小项都有且仅有一个赋值,使其为 1.若这个赋值所对应的二进制数转化为十进制数为 i,就将所对应极小项记为 m_i.类似地,n 个变量共可产生 2^n 个不同的极大项.其中每个极大项都有且仅有一个赋值,使其为 0.若这个赋值所对应的二进制数转化为十进制数为 i,则将所对应极大项记为 M_i.为了便于记忆,将 a,b 与 a,b,c 形成的极小项和极大项分别列在表 5.2.1 和表 5.2.2 中.

表 5.2.1　a,b 形成的极小项和极大项

极小项			极大项		
公式	成真赋值	名称	公式	成假赋值	名称
$\bar{a}\bar{b}$	0 0	m_0	$a+b$	0 0	M_0
$\bar{a}b$	0 1	m_1	$a+\bar{b}$	0 0	M_1
$a\bar{b}$	1 0	m_2	$\bar{a}+b$	1 0	M_2
ab	1 1	m_3	$\bar{a}+\bar{b}$	1 1	M_3

表 5.2.2　a,b,c 形成的极小项和极大项

极小项			极大项		
公式	成真赋值	名称	公式	成假赋值	名称
$\bar{a}\bar{b}\bar{c}$	0 0 0	m_0	$a+b+c$	0 0 0	M_0
$\bar{a}\bar{b}c$	0 0 1	m_1	$a+b+\bar{c}$	0 0 1	M_1
$\bar{a}b\bar{c}$	0 1 0	m_2	$a+\bar{b}+c$	0 1 0	M_2
$\bar{a}bc$	0 1 1	m_3	$a+\bar{b}+\bar{c}$	0 1 1	M_3
$a\bar{b}\bar{c}$	1 0 0	m_4	$\bar{a}+b+c$	1 0 0	M_4
$a\bar{b}c$	1 0 1	m_5	$\bar{a}+b+\bar{c}$	1 0 1	M_5
$ab\bar{c}$	1 1 0	m_6	$\bar{a}+\bar{b}+c$	1 1 0	M_6
abc	1 1 1	m_7	$\bar{a}+\bar{b}+\bar{c}$	1 1 1	M_7

2. 布尔函数的标准形式

1) 极小项之和的形式

依据双重否定律、德·摩根律、乘法对加法的分配律、同一律和排中律,可以把任何一个布尔函数化为极小项之和的标准形式,如果两个极小项相同,则用幂等律合并.这种唯一的标准形式经常应用在布尔函数的化简中.

例如,给定布尔函数为

$$y=ab\bar{c}+bc$$

则可化为

$$y=ab\bar{c}+(a+\bar{a})bc=ab\bar{c}+abc+\bar{a}bc=m_3+m_6+m_7$$

再如,将布尔函数 $y=a\bar{b}+\overline{a+b+\bar{c}}+ac$ 展开为极小项之和的形式.

$$\begin{aligned}y&=a\bar{b}+\overline{a+b+\bar{c}}+ac=a\bar{b}(c+\bar{c})+\bar{a}\bar{b}\,\bar{\bar{c}}+a(b+\bar{b})c\\&=a\bar{b}c+a\bar{b}\bar{c}+\bar{a}\bar{b}c+abc+a\bar{b}c=m_1+m_4+m_5+m_7\end{aligned}$$

由$\{a,\bar{a}\}$,$\{b,\bar{b}\}$,$\{c,\bar{c}\}$中各取一个元素做成的极小项共 $2^3=8$ 个,三元布尔函数标准的极小项之和的形式就是从这 8 个极小项中取出一部分求和而得. 这样,三元布尔函数的标准形式共有 2^{2^3} 个,也就是说,不相等的三元布尔函数共有 2^{2^3} 个. 取全部 8 个极小项求和得到的布尔函数是 1,而一个极小项也没有时为 0. 一般地,两个相等的布尔函数有相同的标准的极小项之和的形式,不相等的 n 元布尔函数有 2^{2^n} 个.

2) 极大项之积的形式

可以证明,任何一个布尔函数都可以化成极大项之积的标准形式.

依据双重否定律、德·摩根律、加法对乘法的分配律、矛盾律、同一律和幂等律,可以把任何一个布尔函数化为极大项之积的标准形式.

例如,

$$\begin{aligned}y&=(a+b)(b+\bar{c})=((a+b)+c\bar{c})(a\bar{a}+(b+c))\\&=(a+b+c)(a+b+\bar{c})(a+b+c)(\bar{a}+b+c)=M_0M_1M_4\end{aligned}$$

再如,将布尔函数 $y=ab+\bar{c}$ 展开成极大项之积的形式 .

$$\begin{aligned}y&=ab+\bar{c}=(a+\bar{c})(b+\bar{c})=((a+\bar{c})+b\bar{b})(a\bar{a}+(b+\bar{c}))\\&-(a+b+c)(a+\bar{b}+c)(a+b+c)(\bar{a}+b+\bar{c})=M_1M_3M_5\end{aligned}$$

3) 布尔函数的两种标准形式之间的关系

若给定布尔函数为 $y=\sum m_i$,则 $\sum m_i$ 中没有的那些极小项之和为 $\bar{y}$,即

$$\bar{y}=\sum_{j\neq i}m_j$$

故得到

$$y=\overline{\sum_{j\neq i}m_j}$$

利用反演定理可将上式变换为极大项乘积的形式

$$y=\prod_{j\neq i}\bar{m}_j=\prod_{j\neq i}M_j$$

这就是说,如果已知布尔函数的极小项之和的标准形式,用其中没出现的极小

项的下标对应的极大项作成积，就是它的极大项之积的标准形式. 如 $y=ab+\bar{c}$ 的极小项之和的标准形式是 $y=m_0+m_2+m_4+m_6+m_7$，$y=ab\bar{c}+bc$ 的极大项之积的标准形式就是 $y=M_1M_3M_5$.

5.2.2 布尔函数的简化

1. 用公式化简布尔函数

在进行布尔函数运算时看到，同一个函数可以写成不同的式子，而这些函数的繁简程度又相差甚远. 式子越简单，它所表示的关系越明显，同时也有利于用最少的电子器件实现这个函数. 因此，在应用时经常需要通过化简的手段找出布尔函数的最简形式.

例如，$y=ab\bar{c}+bc$ 与 $y=ab\bar{c}+abc+\bar{a}bc$ 是同一个布尔函数，显然前式要比后式简单一些. 以上两式都是由几个乘积项相加组成的，我们把这种形式的布尔函数式称为"与-或"式，或称为布尔函数式的"积之和"形式. 在"积之和"形式中，若其包含的乘积项已经最少，而且每一个乘积项里的因子也不能再减少时，则称此布尔函数式为最简式. 化简函数的目的就是要消去多余的乘积项和每个乘积项中多余的因子，以得到布尔函数式的最简形式.

由于布尔代数的基本公式和常用公式多以"积之和"形式给出，所以下面主要讨论"积之和"布尔函数式的化简. 有了最简"积之和"式之后，再通过公式变换就可以得到其他类型的函数式. 究竟应该将函数式变换成什么形式，视电路的功能和类型而定.

化简布尔函数有以下几种基本的方法：

1）并项法

应用公式 $ab+a\bar{b}=a$ 可以将两项合并为一项，消去多余因子 b 和 $\bar{b}$. 当然 a,b 可以是任何复杂的代数式. 例如，

$$y_1=ab\bar{c}+a\,\overline{b\bar{c}}=a(b\bar{c}+\overline{b\bar{c}})=a\cdot 1=a$$

$$y_2=\bar{a}b\bar{c}+a\bar{c}+\bar{b}\bar{c}=\bar{a}b\bar{c}+(a+\bar{b})\bar{c}=(\bar{a}b)\bar{c}+(\overline{\bar{a}b})\bar{c}=\bar{c}$$

2）吸收法

利用公式 $a+ab=a$ 可以将 ab 项消去. a,b 同样也可以是任何复杂的代数式.

$$y_1=a\bar{b}+a\bar{b}cd+bc=a\bar{b}+bc$$

$$y_2=ab+ab\bar{c}+abd+ab(\bar{c}+\bar{d})=ab+ab(\bar{c}+d+\bar{c}+\bar{d})=ab$$

3）消项法

利用公式 $ab+\bar{a}c+bc=ab+\bar{a}c$ 可以将 bc 消去，a,b,c 可以是任何复杂的代数式. 例如，

$$y_1=ac+a\bar{b}+\bar{b}\bar{c}=ac+\bar{b}\bar{c}$$

$$y_2=\overline{a\bar{b}}c+a\bar{b}d+cdef=\overline{a\bar{b}}c+a\bar{b}d$$

4）消因子法

利用公式 $a+\bar{a}b=a+b$ 将 $\bar{a}b$ 中的 $\bar{a}$ 消去. 例如,

$$y_1=\bar{b}+abc=\bar{b}+ac$$

$$y_2=a\bar{b}+b+\bar{a}b=a+b+\bar{a}b=a+b$$

5）配项法

(1) 利用公式 $a+a=a$,可以在布尔代数式中重复写入某一项,有时能获得更加简单的化简结果. 例如,

$$\begin{aligned} y &=\bar{a}b\bar{c}+\bar{a}bc+abc=(\bar{a}b\bar{c}+\bar{a}bc)+(\bar{a}bc+abc) \\ &=\bar{a}b(c+\bar{c})+bc(a+\bar{a})=\bar{a}b+bc \end{aligned}$$

(2) 利用公式 $a+\bar{a}=1$,可以在布尔代数式中的某一项上乘以 $(a+\bar{a})$,然后拆成两项,分别与其他项合并,有时能获得更加简单的化简结果. 例如,

$$\begin{aligned} y &=ab+\bar{a}\bar{c}+b\bar{c}=ab+\bar{a}\bar{c}+b\bar{c}(a+\bar{a})=ab+\bar{a}\bar{c}+ab\bar{c}+\bar{a}b\bar{c} \\ &=ab(1+\bar{c})+\bar{a}\bar{c}(1+b)=ab+\bar{a}\bar{c} \end{aligned}$$

当然此题若用消项法更简便.

2. 用卡诺图化简布尔函数

布尔函数不仅可用真值表和函数式表示,也可用卡诺图来表示.

1）卡诺图

布尔函数还可用卡诺图来表示. 将 n 个变量组成的全部极小项各用一个方格表示,并使具有相邻性的极小项在几何位置上也相邻地排列起来,所得到的图形称为 n 个变量极小项的卡诺图. 因为这种表示方法是由美国工程师卡诺(Karnaugh)首先提出来的,所以把这种图形称为卡诺图.

布尔函数的卡诺图是一个特定的方格图. 图中的每一个小方格代表了布尔函数的一个极小项,且任意两个相邻小方格所代表的极小项只有一个变量不同. 图 5.2.1和图 5.2.2 分别给出了两、三个变量的卡诺图.

图形两侧标注的 0 和 1 表示使对应小方格内的极小项为 1 的变量的取值. 同时,这些 0 和 1 组成的二进制数所对应的十进制数也就是对应的极小项的下标.

两变量的真值表

a	b	y
0	0	m_1
0	1	m_2
0	0	m_3
1	1	m_4

⇒

两变量卡诺图

$a \backslash b$	0	1
0	m_0	m_1
1	m_2	m_3

图 5.2.1

为了保证图中几何位置相邻的极小项具有相邻性,这些数码不能按自然二进制数从小到大地顺序排列,而必须按图中的方式排列,以确保相邻的两个极小项仅有一个变量是不同的. 从图 5.2.1 和图 5.2.2 可以看到,处

三变量真值表

$a\ b\ c$	y
0 0 0	m_0
0 0 1	m_1
0 1 0	m_2
0 1 1	m_3
1 0 0	m_4
1 0 1	m_5
1 1 0	m_6
1 1 1	m_7

$\Rightarrow$

三变量卡诺图

$a \backslash bc$	00	01	11	10
0	m_0	m_1	m_3	m_2
1	m_4	m_5	m_7	m_6

图 5.2.2

在任何一行或一列两端的极小项仅有一个变量不同，所以它们也具有相邻性. 因此，从几何位置上应当把卡诺图看成是上下、左右闭合的图形.

2) 用卡诺图表示布尔函数

既然任何一个布尔函数都能表示为若干极小项之和的形式，那么自然也就可以设法用卡诺图表示任意一个布尔函数. 具体的方法是：首先把布尔函数化为极小项之和的形式，然后在卡诺图上与这些极小项对应的位置上填入 1，在其余的位置上填入 0，就得到了表示该函数的卡诺图. 也就是说，任何一个布尔函数都等于它的卡诺图中填入 1 的那些极小项之和.

例 5.2.1 用卡诺图表示布尔函数

$$y=\bar{a}\bar{b}\bar{c}+\bar{a}b+a\bar{b}$$

解 首先将 y 化为极小项之和的标准形式

$$\begin{aligned} y&=\bar{a}\bar{b}\bar{c}+\bar{a}b+a\bar{b}=\bar{a}\bar{b}\bar{c}+\bar{a}b(c+\bar{c})+a\bar{b}(c+\bar{c}) \\ &=\bar{a}\bar{b}\bar{c}+\bar{a}bc+\bar{a}b\bar{c}+a\bar{b}c+a\bar{b}\bar{c}=m_0+m_2+m_3+m_4+m_5 \end{aligned}$$

$a \backslash bc$	00	01	11	10
0	1	0	1	1
1	1	1	0	0

图 5.2.3

画出三变量极小项的卡诺图，在对应于各极小项的位置上填入 1，其余位置上填入 0，就得到如图 5.2.3 所示的 y 的卡诺图.

例 5.2.2 根据布尔函数的卡诺图(图 5.2.4)，试写出该函数的函数表达式.

$a \backslash bc$	00	01	11	10
0	0	1	0	1
1	1	0	1	0

图 5.2.4

解 因为函数 y 等于卡诺图中填入 1 的那些极小项之和，所以有

$$y=\bar{a}\bar{b}c+\bar{a}b\bar{c}+a\bar{b}\bar{c}+abc$$

3) 用卡诺图化简布尔函数

利用卡诺图化简布尔函数的方法称为卡诺图化简法或图形化简法. 化简时依据的基本原理是具有相邻性的极小项可以合并，并消去不

同的因子. 由于在卡诺图上几何位置相邻与逻辑相邻是一致的，因而从卡诺图上能直观地找出具有相邻性的极小项并将其合并化简.

合并极小项的规则：

(1) 若两个极小项相邻，则可以合并为一项并消去一对因子. 合并后的结果中只剩下公共因子.

在图 5.2.5 中画出了两个极小项相邻的几种可能情况. 其中 $\bar{a}\bar{b}\bar{c}(m_0)$ 和 $\bar{a}\bar{b}c(m_1)$ 相邻，故可合并为 $\bar{a}\bar{b}\bar{c}+\bar{a}\bar{b}c=\bar{a}\bar{b}(c+\bar{c})=\bar{a}\bar{b}$.

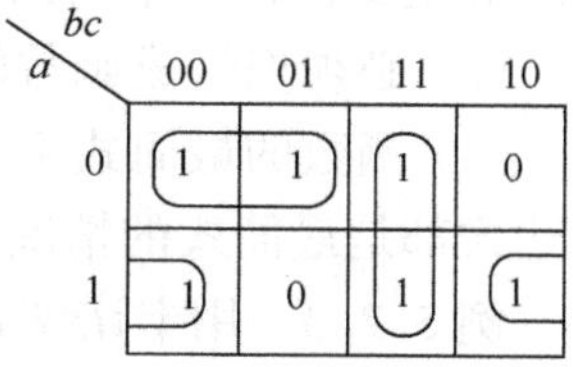

图 5.2.5

(2) 若 4 个因子相邻并排列成一个矩形组，则可合并一项并消去两对因子，合并后的结果只包含公共因子.

在图 5.2.6 中，$\bar{a}b\bar{c}\bar{d}(m_4)$，$\bar{a}b\bar{c}d(m_5)$，$ab\bar{c}\bar{d}(m_{12})$，$ab\bar{c}d(m_{13})$ 相邻，故可合并，合并后得到

$$\begin{aligned}\bar{a}b\bar{c}\bar{d}+\bar{a}b\bar{c}d+ab\bar{c}\bar{d}+ab\bar{c}d&=\bar{a}b\bar{c}(d+\bar{d})+ab\bar{c}(d+\bar{d})\\&=\bar{a}b\bar{c}+ab\bar{c}=(a+\bar{a})b\bar{c}=b\bar{c}\end{aligned}$$

(3) 若 8 个极小项相邻并且排列成一个矩形组，则可合并为一项并消去三对因子，合并后的结果只包含公共因子.

在图 5.2.7 中，左边两列的 8 个极小项是相邻的，可将它们合并为一项 $\bar{c}$，其他因子都消失了.

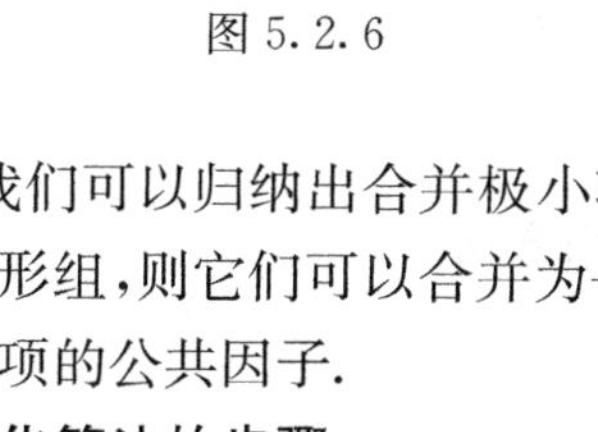

图 5.2.6

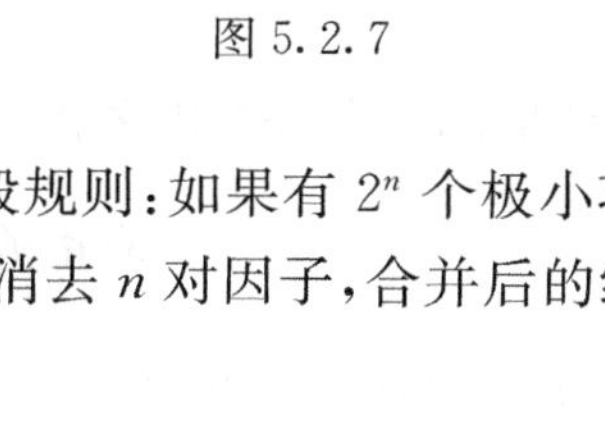

图 5.2.7

至此，我们可以归纳出合并极小项的一般规则：如果有 2^n 个极小项相邻并排列成一个矩形组，则它们可以合并为一项，并消去 n 对因子，合并后的结果中仅包含这些极小项的公共因子.

卡诺图化简法的步骤：

(1) 将函数化为极小项之和的形式(或列出真值表).

(2) 画出该布尔函数的卡诺图.

(3) 找出可以合并的极小项.

(4) 选取化简后的乘积项,写成积之和的形式.

利用卡诺图化简布尔函数应注意的几个问题:

(1) 圈越大越好. 合并极小项时,圈的极小项越多,消去的变量就越多,化简的结果就越简单.

(2) 每个圈至少包含一个新的极小项. 合并时,极小项可以重复使用,但是每个圈应至少包含一个新的极小项.

(3) 必须把组成函数的全部极小项圈完.

(4) 函数的最简式不是唯一的. 由于极小项的圈法不止一种,有时会出现几个表达式都是最简式的情况.

例 5.2.3　用卡诺图化简法将下式化简为最简积之和的形式.

$$y=a\bar{c}+\bar{a}c+b\bar{c}+\bar{b}c$$

解　(1) 求出极小项之和的形式.

$$y=a\bar{c}+\bar{a}c+b\bar{c}+\bar{b}c=\cdots=m_1+m_2+m_3+m_4+m_5+m_7$$

(2) 画出卡诺图(图 5.2.8).

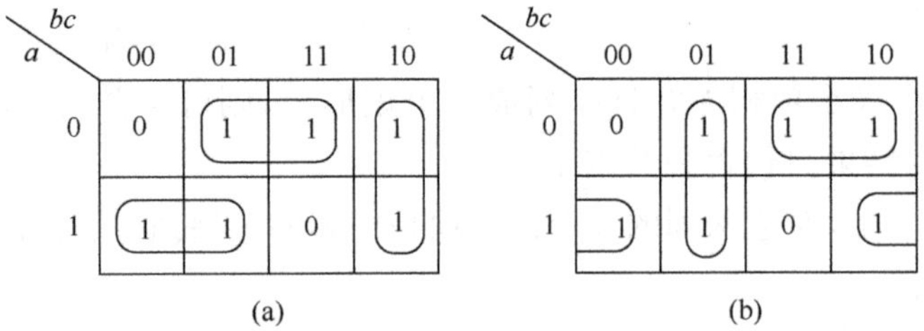

图 5.2.8

(3) 合并极小项.

按照图 5.2.8(a)所示的方案合并极小项得到

$$y=a\bar{b}+\bar{a}c+b\bar{c}$$

而按照 5.2.8(b)所示的方案合并极小项得到

$$y=\bar{b}c+a\bar{c}+\bar{a}b$$

这两个化简结果都符合最简积之和式的标准.

应用的数学思想方法

1. 数学美学方法——简单美

简单美又称简洁美,是数学美的重要标志. 无论是数学概念、公式和法则的广泛适用性,还是数量的逻辑系统性,或是空间形式的本质属性,无一不以它所特有的精炼的数学语言、严密的逻辑体系、抽象的字母符号向我们展示出数学简洁美的魅力. 庞加莱说:“简单性就是一种美.”[①]在数学发展史上,数学家无不追求简单美.

本节中通过消去布尔函数式中多余的乘积项和每个乘积项中多余的因子,得到布尔函数式的最简形式,就是追求数学美的例子.

2. 数形结合的思想方法

本节中用代数的方法化简布尔函数,方法较多,并不容易选择. 而用卡诺图简化就非常直观,一眼就能看到,非常简单,发挥了代数所不具备的优势.

5.3　布尔函数的逻辑电路

5.3.1　门电路简介

B上的布尔代数最简单却是应用最为广泛的,现在数字工程中的数字设计方法是对使用大规模集成电路的成品作部件来进行的. 在数字电子技术中,布尔函数是可以通过数字电路来实现的. 我们把用以实现基本的“·”、“+”、“−”运算和复合运算的单元电路通称为门电路,常用的门电路根据功能分为与门、或门、非门、与非门、或非门等几种. 目前中大规模集成电路发展得很快,人们也已不再单纯地用门电路来组成复杂的数字系统,但是门电路是构成中大规模集成电路的基础,而且门电路作为一种基本的逻辑元件,仍是各种数字系统中不可缺少的组成部分,因此,讨论由门电路组成的组合逻辑电路仍然是很有必要的.

能够实现“·”运算的单元电路称为与门. 它由一个二极管和一个电阻构成,与门的逻辑符号如图 5.3.1 所示.

能够实现“+”运算的单元电路称为或门. 它也由一个二极管和一个电阻构成,或门的逻辑符号如图 5.3.2 所示.

能够实现“−”运算的单元电路称为非门. 它由一个三极管和两个电阻构成,非门的逻辑符号如图 5.3.3 所示.

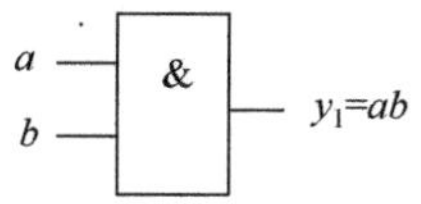

图 5.3.1

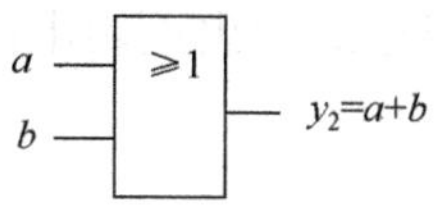

图 5.3.2

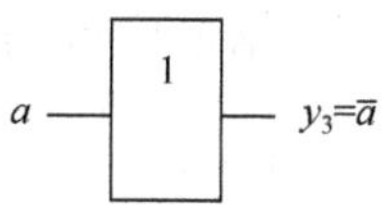

图 5.3.3

以上介绍的是三种基本运算的门电路,实际问题虽然复杂,但都是可以用与、或、非的组合表示. 最常用的逻辑复合运算有与非、或非、与或非、异或、同或等.

① 章士藻. 数学方法论简明教程. 南京:南京师范大学出版社,2006:192.

图 5.3.4给出了它们的图形符号和函数表达式．这些符号都有实际的电子元件存在，所以比较接近工程实际.

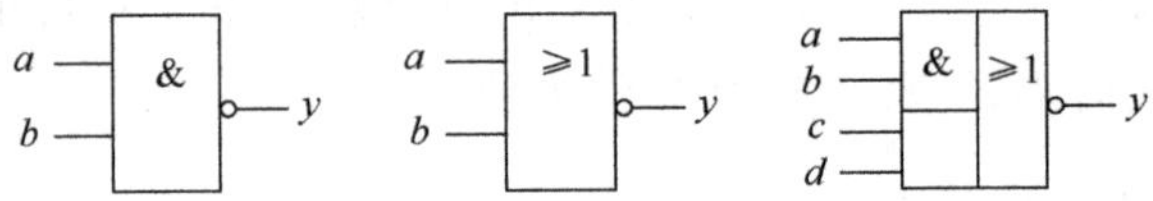

(a) 与非门 $y=\overline{ab}$　(b) 或非门 $y=\overline{a+b}$　(c) 与或非门 $y=\overline{ab+cd}$

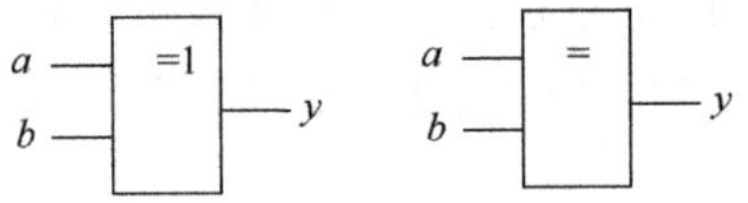

(d) 异或门 $y=a\bar{b}+\bar{a}b$　(e) 同或门 $y=ab+\overline{ab}$

图 5.3.4

5.3.2　组合逻辑电路的设计

1. 设计步骤

组合逻辑电路是从给定的逻辑功能要求出发，经过一定的设计步骤，画出实现该功能的逻辑电路. 对电路的设计的基本要求是：功能正确，所用元件最少.

用逻辑门设计组合逻辑电路时，一般需要经过以下几个步骤：

1）进行逻辑抽象

(1) 分析设计要求，确定输入、输出以及它们之间的因果关系；

(2) 用英文字母表示输入变量和输出变量；

(3) 状态赋值，即用 0 和 1 表示输入和输出的有关状态.

(4) 根据功能要求列出待设计电路的真值表.

2）进行化简

根据实际情况用卡诺图或公式法进行化简.

3）画出逻辑电路

(1) 根据要求使用的门电路类型，将输出函数表达转化成与之适应的形式；

(2) 根据最后得到的函数表达式画出逻辑电路图.

2. 设计举例

下面我们试着用这些逻辑符号表示函数表达式中各个变量之间的运算关系.

例 5.3.1　画出下列函数的电路图.

(1) $y=ab+\bar{a}\bar{b}$.

解　可用两个非门、两个与门和一个或门组成，如图 5.3.5 所示.

(2) $y=ab+bc+ac$.

解　可用三个与门和一个或门组成，如图 5.3.6 所示.

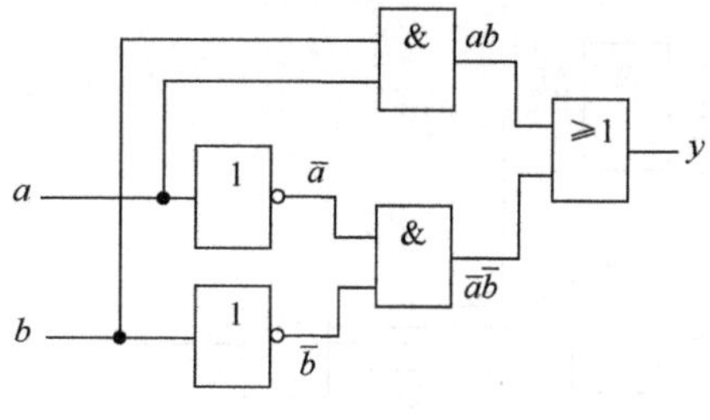

图 5.3.5

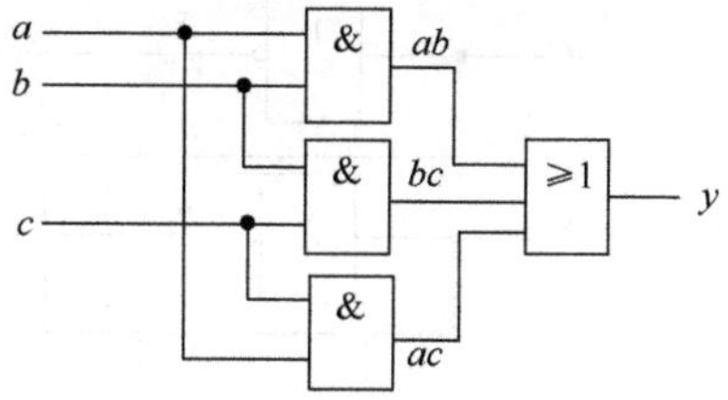

图 5.3.6

现在我们可以回答 5.2 节中关于三人表决器函数的电路图问题.

根据真值表(表 5.1.7)画出卡诺图,如图 5.3.7 所示,由卡诺图得到函数的最简积之和形式 $y=ab+bc+ac$,因而门电路的逻辑结构如图 5.3.6 所示. 有了电路图,就可以选择相应的电子元件来实现三人表决的效应.

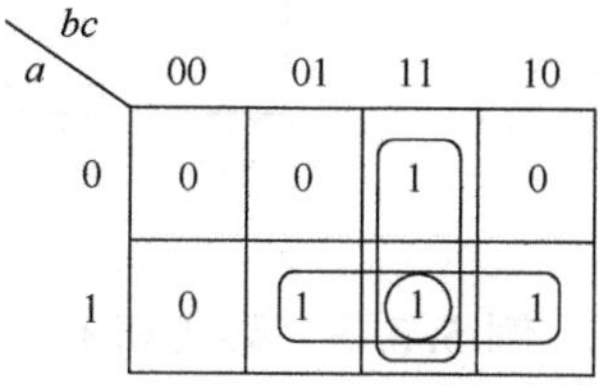

图 5.3.7

例 5.3.2 《普通高中数学课程标准(实验)》中设置了三人控制一个电灯的问题,要求任何一个开关状态的改变都使电路的状态发生改变.

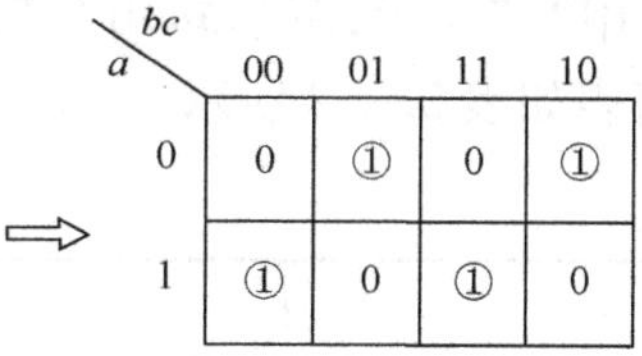

图 5.3.8

解 这个问题也不宜通过简单的电键开关电路实现,而需用数字电路实现. 先列出电路效应的真值表(表 5.3.1),再由真值表画出其卡诺图(图 5.3.8),由卡诺图可得函数的最简积之和的形式为 $y=\bar{a}\bar{b}c+\bar{a}b\bar{c}+a\bar{b}\bar{c}+abc$,因而其电路图如图 5.3.9所示. 选择相应的集成电路就可以实现 3 人控制一个电灯的问题.

表 5.3.1　3 人控制 1 灯的真值表

$a\ b\ c$	y
0 0 0	0
0 0 1	1
0 1 0	1
0 1 1	0
1 0 0	1
1 0 1	0
1 1 0	0
1 1 1	1

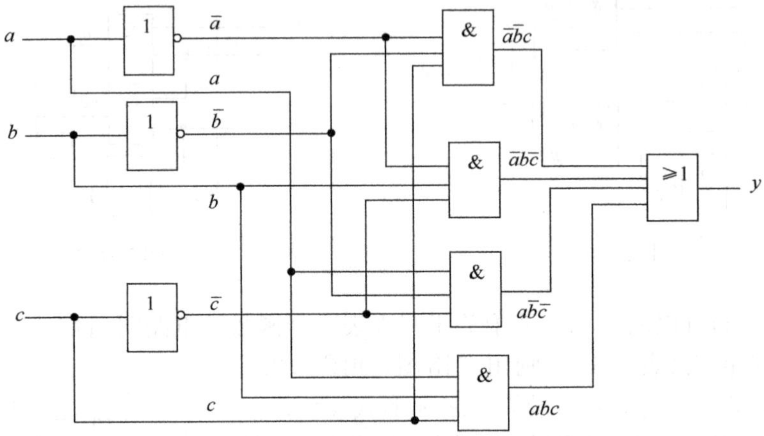

图 5.3.9

例 5.3.3　某飞机有三台发动机，当其中任何一台运转时，用一盏绿灯 G 点亮来指示. 当其中任意两台同时运转时，用一盏红灯 R 点亮来指示. 当三台同时运转时，用红、绿灯均点亮来指示. 设计一个组合电路来实现其功能，要求用最少的门电路.

解　设用 a,b,c 表示三台发动机，发动机运转时用"1"表示，不运转用"0"表示. 灯亮用"1"表示，灯灭用"0"表示. 由此，电路的真值表如表 5.3.2 所示.

表 5.3.2

$a\ b\ c$	G	R
0 0 0	0	0
0 0 1	1	0
0 1 0	1	0
0 1 1	0	1
1 0 0	1	0
1 0 1	0	1
1 1 0	0	1
1 1 1	1	1

G 和 R 的卡诺图如图 5.3.10 所示，由于需用最少的门实现，故圈画卡诺图时要综合考虑.

由图 5.3.10 可知：

$$G=\bar{a}\bar{b}c+\bar{a}b\bar{c}+a\bar{b}\bar{c}+abc=\bar{a}(\bar{b}c+b\bar{c})+a(\bar{b}\bar{c}+bc)$$
$$=\bar{a}(\bar{b}c+b\bar{c})+a\ \overline{(\bar{b}c+b\bar{c})}$$
$$R=\bar{a}bc+a\bar{b}c+ab\bar{c}+abc=bc+a(\bar{b}c+b\bar{c})$$

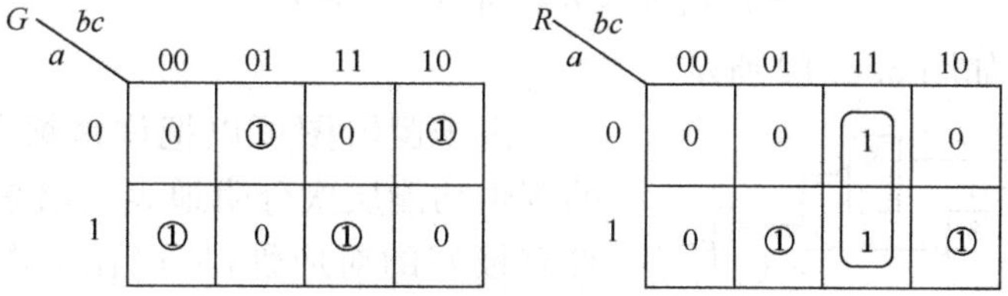

图 5.3.10

由此得到电路图，如图 5.3.11 所示.

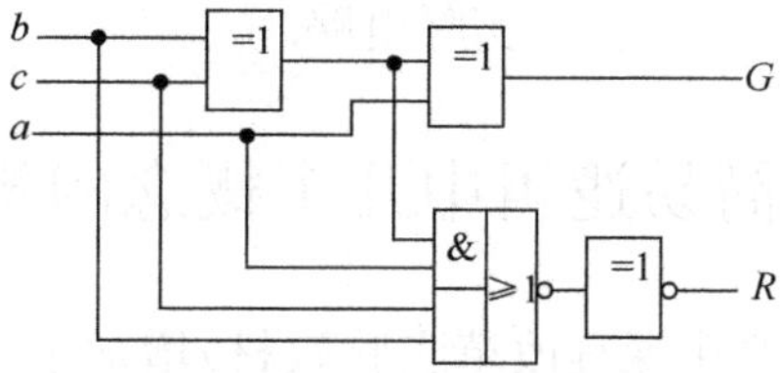

图 5.3.11

例 5.3.4　画出“不一致”电路（仅用与非门表示）.

解　先列出三个变量取值情况的真值表，如表 5.3.3 所示.

表 5.3.3

a　b　c	f
0　0　0	0
0　0　1	1
0　1　0	1
0　1　1	1
1　0　0	1
1　0　1	1
1　1　0	1
1　1　1	0

由真值表可得函数 f 为

$$f=\bar{a}\bar{b}c+\bar{a}b\bar{c}+\bar{a}bc+a\bar{b}\bar{c}+a\bar{b}c+ab\bar{c}$$

$$
\begin{aligned}
&=a\bar{b}+a\bar{c}+\bar{a}b+b\bar{c}+\bar{a}c+\bar{b}c\\
&=a(\bar{a}+\bar{b}+\bar{c})+b(\bar{a}+\bar{b}+\bar{c})+c(\bar{a}+\bar{b}+\bar{c})\\
&=a\cdot\overline{abc}+b\cdot\overline{abc}+c\cdot\overline{abc}\\
&=\overline{\overline{a\cdot\overline{abc}}\cdot\overline{b\cdot\overline{abc}}\cdot\overline{c\cdot\overline{abc}}}
\end{aligned}
$$

因而其电路图如图 5.3.12 所示.

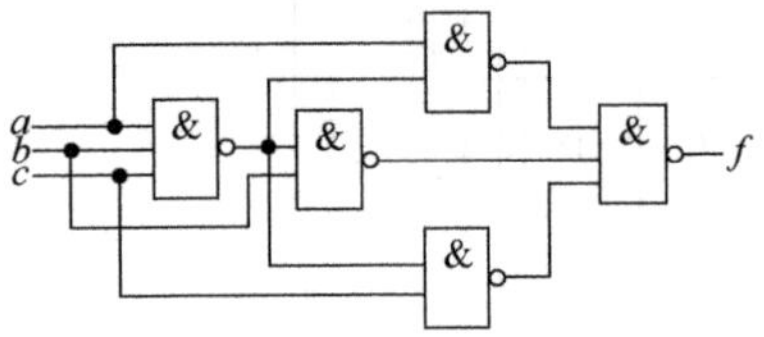

图 5.3.12

由于逻辑图可以把许多烦杂的实际电路的逻辑功能层次分明地表示出来,且与电子元件有极好的对应性,所以在工作中,要了解某个数字系统或者数控装置的逻辑功能时,都要用到逻辑图. 另外,在制作数字设备时,首先通过逻辑设计,画出逻辑图,然后把逻辑图变成实际电路.

5.4　高中数学简易逻辑中几个概念的辨析及教学建议

高一新教材(即普通高中课程改革实验教材)增加了"简易逻辑"内容,多数中学数学老师感到陌生、理解起来有困难,特别是对简单命题、复合命题和析取联结词"或"的争议颇多. 在《中学数学教学参考》杂志 2005 年第 6 期上刊载的题为"该是新教材编者说话的时候了"[1]的文章中,作者搜集了近四年来数学教育杂志上涉及讨论一类问题"'方程 $x^2-x-6=0$ 的解是 $x=-2$ 或 $x=3$'是否是复合命题"的九篇文章,整理出它们的观点是各不相同. 可以看出,多数教师对此认识混乱,教学无所适从,问题已变得比较严重. 于是,作者在文中呼吁教材编者切实负起责任,站出来发表权威的见解,给中学师生一个明确的标准,以解决教学实践中的具体操作问题. 笔者不是新教材的编写者,只是出于普通数学教师的责任,来谈谈自己的一孔之见.

5.4.1　概念的理解

我们认为,对逻辑联结词认识上的混乱,首先源于对下面几个概念片面或肤浅的理解,甚至是根本不理解,因此,有必要先澄清.

1. 简单命题与复合命题

用语言、符号或式子等表示并且客观上能区别真假的判断语句称为命题[2]. 命题是命题逻辑中最基本也是最小的研究单位. 从语法上看,命题是能辨明真假的主谓陈述句,当它是只有一个主语和一个谓语的简单句时(否定式除外),称为简单命题(或原子命题). 简单命题不能再分解出更简单的陈述句. 几个简单命题经逻辑联结词联结后所得的命题称复合命题. 从命题的表现形式看,复合命题是用联结词将简单命题或其主语或其谓语联结而得. 例如,命题"2 和 3 都是有理数"是"2 是有理数"和"3 是有理数"两个简单命题用"和"联结成的,而形式上仅是"和"联结的两个简单命题的主语. 又如,命题"明天上午我去教室或者去图书馆(∗)"是"明天上午我去教室"和"明天上午我去图书馆"两个简单命题用"或"联结的,形式上是"或"联结的两个简单命题的谓语. 再如,命题"四条边相等且有一个角是直角的四边形是正方形"是一个简单命题,因为其中的"且"是联结主语"四边形"的两个限制性定语"四条边相等"和"有一个角是直角"的,句子的主语和谓语都仅有一个.

通常,在命题逻辑的学习中,教材列举的简单命题成分简单且没有联结词,但不是所有的简单命题中都没有联结词. 同样,形式上没有联结词的命题也可以是复合命题,如复合命题"教育要面向现代化、面向世界、面向未来"中就没有联结词,所以不能以有无联结词作为区分的绝对标准. 另外,我们的汉语词汇意义非常灵活,多词能一义,一词可多义,如"或"字词义就比较多. 这些都给命题的区分和符号化带来了困难,需要根据联结词含义的严格规定以及数学命题的意义和形式进行合理把握,不能简单地根据命题在形式上有无联结词,或者由表示哪个联结词的字词来判断. 联结词的应用很广泛,即使命题中有联结词,也要具体看联结词联结的是什么. 需要说明的是,命题的成分复杂后,需引入谓词逻辑才能解释清楚,在谓词逻辑中,谓词是研究的基本单位,再划分简单命题、复合命题已失去了意义.

2. 析取联结词

前述我们知道:两个命题 p,q 的析取是复合命题"p 或 q",记为"$p\vee q$","$\vee$"称为析取联结词. 析取联结词 $\vee$ 的逻辑关系是严格的,当且仅当 p 与 q 同时为假时,$p\vee q$ 为假,其他三种情况 $p\vee q$ 都为真(真值表略). 数学的文字语言中用"或(相容或)"表示析取,但此时它与汉语中"或"字意义已不完全相同. 我们在生活和数学学习中遇到较多的"或"字是"排斥或"的含义,所以不能盲目地见到"或"就以为是析取联结词,"或"字是"相容或"时才表示析取联结词"$\vee$";是"排斥或"时,如果两个命题不能同时为真,也用析取联结词"$\vee$"表示,而若两个命题可同时为真,则不能简单地表示成"$\vee$"[3]. 例如:

(1) 命题"5 大于或等于 3",显然此命题中的"或"是"排斥或",因为两个简单命题"5 大于 3"、"5 等于 3"不同时为真,所以命题可符号化为 $p\vee q$[3]. 据此,文献[4]将命题(∗)视为简单命题不合适.

(2) 复合命题"小张只能挑 202 号房间或 203 号房间"为真,当且仅当其两个简单命题一真一假,如果也符号化成 $p\vee q$,小张能同时得到两个房间,这违背了题意,使用多个联结词符号化成 $(p\vee\neg q)\vee(\neg p\wedge q)$ 才能准确表达命题的要求[3].

(3) “张三或李四都可以做这件事”这个命题的意义是“张三可以做这件事，并且李四也可以做这件事”，若设 p：张三可以做这事，q：李四可以做这事，本例可表示为：$p \wedge q$[5].

联结词的含义虽然是在命题逻辑中利用命题的复合规定的，但是，联结词不仅可以联结命题，也可以联结命题变元(命题变元是真值可以发生变化的陈述句，如“$x>3$”，有的书籍中命题变元也称命题.)和命题公式，就像四则运算最初利用数来定义，后来又推广到字母、代数式等一样. 联结词同样也是谓词逻辑(一阶逻辑)的形式语言符号，用来联结谓词和谓词公式.

高一新教材简易逻辑部分应该不涉及谓词逻辑，但是解释教材的引例和方程解集的表示要用到谓词.

3. 谓词

从语法上看，每个陈述语句(简单命题或命题变元)由主语和谓语两部分组成，其中主语是句中的主动者，称为个体词，用小写拉丁字母表示，确定的个体词是个体常元，抽象的不确定的个体词是个体变元，个体变元的取值范围称为个体域. 谓词用来刻画主语的性质或说明几个主语之间关系的，用大写拉丁字母表示，谓词并不是谓语. 一般地，用 $F(a)$ 表示个体常元 a 具有性质 F，而用 $F(a,b)$ 表示个体常元 a,b 具有关系 F，$F(a)$ 和 $F(a,b)$ 都是 0 元谓词，0 元谓词表示命题. 用 $F(x)$ 表示个体变元 x 具有性质 F，而用 $F(x,y)$ 表示个体变元 x,y 具有关系 F，$F(x)$ 是一元谓词，$F(x,y)$ 是二元谓词. 例如，命题变元“x 是有理数”，可以符号化为 $F(x)$，其中 x 是个体变元，“……是有理数”是谓词 F；命题“小张与小王同岁”中，小张和小王是个体常元，分别符号化为 a,b，“……与……同岁”符号化为 G，从而这个命题符号化为 $G(a,b)$. 表示个体常元和个体变元之间数量关系的词为量词，一般分为全称量词和存在量词.

4. 方程的解(或根)

关于元素与集合的说法，我们在自然语言中习以为常. 例如，某父亲 F 有两个儿子，分别是 $R_{大}$、$R_{小}$，突出元素时说，$R_{大}$ 是 F 的儿子，这是某元素($R_{大}$)是某集合(F 的儿子)确定的一个元素；强调集合时则说，F 的儿子是 $R_{大}$、$R_{小}$，这是为了明确集合而列举其包含的所有元素. 又如，说“我是中国人”可以，但说“中国人是我”则不行，因为“我”只是中国人的一员(个体名词)，而“中国人”是集合(集体名词).

关于方程的解(或根)也有这两种说法.

(1) 一般地，对于方程 $f(x)=0$，若 x_0 满足 $f(x_0)=0$，则 $x=x_0$ 是方程 $f(x)=0$ 的解或根[6]. 这是突出元素，说“解”是方程解集中某一确定的解.

(2) 教材中，解一元二次不等式的最后一步这么叙述：所以不等式的解集是

$\{x|\cdots\}$[7];而对于一元二次方程则这么叙述:因此方程…有两个根 $x=a,x=b$,(或所以 $x=a,x=b$)[8].解完方程、不等式,很自然地要把其全部解都摆出来,但初中数学还没学到集合符号,只能约定俗成,所以不论习惯说法中有无表示集合的字眼和符号,此时的"解"表示的是方程的解集.

有了上述概念的界定,我们可根据命题的含义和表现形式来分析本节开头谈到的一类问题.

5.4.2　命题的分析

文献[1]列举了文献[4]、[9]～[16]九篇文章中所讨论的一类问题的四个命题:

(1) 方程 $(x-1)(x-2)=0$ 的根是 $x=1$ 或 $x=2$;

(2) 方程 $x^2-x-6=0$ 的解是 $x=-2$ 或 $x=3$;

(3) 4 的平方根是 2 或 -2;

(4) 方程 $x^2-4=0$ 的两根是 $x=\pm 2$.

忠实于命题本身,这四个命题在语法结构上相同,解集的表示方法不同,我们把解集用谓词表示法表示的命题(1)、(2)和(4)视为一组,把用列举法表示解集的命题(3)视为一组,发挥数学形式化的优势,用谓词逻辑和集合论的语言符号将命题部分地符号化,看清命题的结构后,再讨论命题的种类(当然,不符号化也不难判断).

第一组以命题(2)为例.首先,按本书对"方程的解"的理解,命题"方程 $x^2-x-6=0$的解是 $x=-2$ 或 $x=3$"中的"解"是"解集",命题(2)应是"方程 $x^2-x-6=0$的解集是$\{x|x=-2$ 或 $x=3\}$";其次,集合$\{x|x=-2$ 或 $x=3\}$用的是谓词表示法,取个体域为 R,若设 $F(x,y)$ 表示"$x=y$",则集合$\{x|x=-2$ 或$x=3\}$就是$\{x|F(x,-2)$或 $F(x,3)\}$.为了更清楚地揭示命题的结构,我们进一步将其符号化,再设 $f(x)=x^2-x-6$,则方程 $x^2-x-6=0$ 的解集表示为$\{x|F(f(x),0)\}$.这样,命题(2)部分地符号化成:集合$\{x|F(f(x),0)\}$是集合$\{x|F(x,-2)$或 $F(x,3)\}$.至此,命题的结构已非常明朗,命题(2)是简单命题.至于解集中的"或",它联结的是两个二元谓词,表示任意元 x 与 -2 或 3 有相等关系,因为 x 不能与 -2 和 3 同时相等,所以是"排斥或",也用析取联结词表示.上面的分析也适用于命题(1)和(4).

对于命题(3)"4 的平方根是 2 或 -2",其中的"根"也是"所有的根",根的集合是用列举法表示的,即$\{2,-2\}$,"或"应该是自然语言里联结集合中两个元素的连词.这个命题应是"4 的平方根的集合是$\{2,-2\}$",所以也是简单命题.

他山之石或许可以攻玉,看了日本高中数学研究对方程或不等式解集的表示,对这类命题的结构成分会更清楚.文献[2]中有这样叙述的:表示集合的方法有两

种;……第二种方法是用确定的条件表示某种事物是否属于这个集合的方法.用条件表示时,除了用条件描述外,还可以用方程或不等式表示.例如,集合$\{x|x^2-1=0\}$就是集合$\{-1,1\}$;集合$\{x|x^2-1<0\}$就是集合$\{x|-1<x<1\}$.如上例所说的条件:"x是6的正约数"、"$x^2-1=0$",像这样含有用x表示变数、变量的句子或式子称为条件命题(我们称谓词).若全集为U,$f(x)$是一个条件命题,则U中满足$f(x)$的x的集合$\{x|f(x)\}$称为$f(x)$的真值集合.特别地,当$f(x)$表示上述方程或不等式时,就把它的真值集合称为这个方程或不等式的解集.例如,集合$\{x|x^2-1=0\}$的解集是$\{-1,1\}$;集合$\{x|x^2-1<0\}$的解集是$\{x|-1<x<1\}$.

5.4.3　错误的诊断与归因

文献[9]~[12]和[15]将命题(3)分解出命题"4的平方根是2"和"4的平方根是−2",无从理清"4的平方根是2"、"4的平方根是−2"、"4的平方根是2或4的平方根是−2"和"4的平方根是2或−2"四个命题之间的关系(限于文章篇幅,其具体观点不再一一列举);文献[15]、[16]也把命题(1)和(4)分别拆成两个命题.于是各执一词,莫衷一是,岂不知这种做法一开始就是错误的,简单命题怎么能分解成两个并列的简单句.对于命题(1)、(2)和(4),文献[13]强调命题中的"或"不是联结词,这是不对的,它不是联结的简单命题,而是联结的命题变元(或谓词);文献[14]把谓词表示法表示的解集换成了列举法表示的形式,虽对区分命题形式无碍,但联结词发生了变化,也不可以.

还有,文献[4]提出的区分简单、复合命题的标准值得商榷.文献[4]认为,应以命题的"实质"作为判断和区分一个命题是简单命题或复合命题的"标准",其中一个重要的步骤就是先将命题变更为其等价命题.于是,命题(3)可变更为"4的一个平方根是2或4的一个平方根是−2",命题(4)可变更为"方程$x^2-4=0$的一个根是$x=2$或方程$x^2-4=0$的一个根是$x=-2$",于是两命题是复合命题.这种观点的做法改变了原来命题的陈述形式,结果只能是对其等价命题的判断,而不是对原来的命题.等价的命题可能有几个,例如,"$5\geqslant 3$",是"5大于或等于3",也是"5不小于3",这两个命题实质相同,但一个是析取式,一个是否定式,以哪个为标准呢?所以,文献[4]的"实质标准"实际上是没有标准的.

如果追寻这几篇文章产生错误的原因,应该有以下3个:①没有充分认识到命题的含义,理解好此类命题中"解(两根)"是"解集(全部的解)"的意思;②没有吃透简单命题和复合命题的概念,不了解命题逻辑和谓词逻辑讨论的内容;③见了"或"就认为是联结词,还只能联结命题.其中②、③两个原因和教师的知识面有关.如果追寻教材方面的原因,应该是:教材模糊、破绽常出.例如:

(1) 从"不等式$x^2-x-6>0$的解集是$\{x|x<-2$或$x>3\}$"、"不等式$x^2-x-6<0$的解集是$\{x|x<-2$且$x>3\}$"引入联结词"或"、"且"是不恰当的,这里两

个联结词联结的是两个命题变元(或谓词),不是简单命题,已经超出了命题逻辑的研究范围,让老师无从处理,更何况这个“或”还是“排斥或”,与教材定义的“相容或”略有不同.

(2) 为了防止理解产生歧义,逻辑联结词的含义有严格的规定.教材在没有界定三个逻辑联结词的意义之前,根据例子定义“‘或’、‘且’、‘非’这些词为逻辑联结词”是不规范的,甚至是错误的.

(3) 紧跟逻辑联结词定义之后,简单命题和复合命题定义为“像……这样的命题,不含逻辑联结词,是简单命题;像……这样的命题,它们由简单命题与逻辑联结词构成,是复合命题”也过于简单,很容易使人误解.

(4) 第 25 页引例“10 可被 2 或 5 整除”、第 26 页练习 2 第 4 小题“正数或 0 的平方根是实数”、第 29 页习题 1.6 第 2 题第 4 小题“10 或 15 是 5 的倍数”中“或”的词意比较模糊,文献[5]就认为其更接近合取联结词而不是析取联结词.

(5) 本书部分常用符号$\{x\in A|p(x)\}$中的$p(x)$解释为“使命题为真的A中诸元素之集合”,第 6 页有“$\{x|x-3>2\}$”,第 25 页又有“$x>5$ 不是命题”的说法,前后矛盾.

教材如此,难怪老师们辨别不清.教学实践给人民教育出版社也给新课标选修教材的修改提了个醒:中学数学教学需要教材清楚明白,便于操作,特别是新内容的引进,要切实把握好,应该讲到哪个范围,讲到什么程度,否则后患无穷.同时,教师也要加强学习,提高自身素质,适当整合教材.

数学和逻辑联系紧密,中学数学教学实践中当然会遇到各种逻辑问题,有的用简易逻辑能解决,可能大部分都解决不了,也可能目前数理逻辑的几种语言和推理系统都不能完美地解决,所以有的问题不一定有正确的、统一的标准答案.数理逻辑是用一套数学的符号系统来描述和处理思维的形式和规律的.简易逻辑教学的重点是界定联结词的意义,让学生体会到用逻辑语言表达数学内容的准确性和简洁性,因此教师教学宜选用典型正例,不宜涉及超范围、当时解释不清的例子,也不宜在此过多地纠缠,这样做并不会妨碍对数理逻辑知识和学习和思想方法的领悟.

5.5 描述法表示集合

“描述法”是表示集合(特别是无穷集)的一种普遍的方法.高中教材与高等数学中关于“描述法”的文字表述(或符号表示)含义基本一致,但由于高中教材中缺少相关的数学知识背景,又因实际问题中的集合形形色色,且有些式子等价而形式各异,有些式子形式相似却意义差异较大,所以,对于有些问题的认识,不只是学生,有时连老师都不是非常清楚.文献[20]~[22]中反复讨论了描述法表示集合中出现的问题,事实上,倘若综合相关的背景知识,问题就容易解决了.

5.5.1 描述法表示集合

常见的数学教材或参考书籍中，关于集合表示的描述法通常有两种表示形式. 考虑到完整性，我们先叙述文字表述.

1. 不写出代表元 x 的取值范围

其一，利用一种规则，以便决定某一事物是否属于该集合，称为描述法，例如，$S_1=\{x|x$ 是正奇数$\}$，$S_2=\{x|x$ 是中国的省$\}$，$S_3=\{y|y=a$ 或 $y=b\}$. 如果用 $p(x)$(x 具有的性质)表示任何谓词，则$\{x|p(x)\}$可表示集合. 设集合为 $A=\{x|p(x)\}$，如果 $p(b)$为真，那么 $b\in A$，否则$b\notin A$[23].

其二，康托尔创建古典集合论的最重要的思想方法就是概括原则：其意指任给一个谓词，即性质 p，就能把所有性质 p 的对象，也仅由这些具有性质 p 的对象 x，汇集起来构成一个集合，用符号表达就是：$A=\{x|p(x)\}$或 $x\in A\leftrightarrow p(x)$[24].

其三，描述法又称特征性质法或内涵法. 利用概括原则指出确定集合元素的特征性质$p(x)$，从而给出集合的方法称为描述法. 其中 $p(x)$表示集合中元素的特征性质. 所谓集合中元素的特征性质是指：集合的每个元素的共有的性质，并且不属于这个集合的元素都不具有这个性质[25].

康托尔的集合概念过于广泛，特别是性质 $p(x)$含混、不确切，在深入研究中发现了一些悖论，便导致了公理集合论的产生. 在公理集合论中，用较强的分离公理替换了概括原则(公理)，把集合限制为由已给集合与性质共同确定的对象. 例如，它不允许包含一切集合的集合存在. 用概括原则确定的对象称为类，任何性质 p 都确定一个类$C=\{x|p(x)\}$. 类分为两种：一种是集合；另一种不是集合，称为固有类或真类. 我们在数学学习中遇到的数集、点集等都是集合，集合的全体、序数的全体等都是固有类.

其四，描述法是用确定的条件表示某种事物是否属于这个集合的方法. 例如，研究“6 的正约数的集合”时，用条件“x 是 6 的正约数”，使用$\{\ \}$表示为$\{x|x$ 是 6 的正约数$\}$. 用条件表示时，除了用语言描述外，还可以用方程或不等式表示. 例如，集合$\{x|x^2-1=0\}$就是集合$\{-1,1\}$；集合$\{x|x^2-1<0\}$就是满足不等式$-1<x<1$ 的全体实数的集合，所以也可以表示为$\{x|-1<x<1\}$.

如上例所说的条件：“x 是 6 的正约数”“$x^2-1=0$”，像这样含有用 x 表示变数、变量的句子或式子称为条件命题(也称谓词). 设 $f(x)$是一个条件命题，把满足 $f(x)$的 x 的集合(即 $f(x)$是真的事物的集合)$\{x|f(x)\}$称为 $f(x)$的真值集合. 特别地，当 $f(x)$表示上述方程或不等式时，就把它的真值集合称为这个方程或不等式的解集. 例如，集合$\{x|x^2-1=0\}$的解集是$\{-1,1\}$，集合$\{x|x^2-1<0\}$的解集是$\{x|-1<x<1\}$[26].

其五，$\{x|P(x)\}$或$\{x:P(x)\}$是谁最早使用，没有足够资料确定. 这个符号是在集合论于 19 世纪 50 年代诞生以后逐渐形成的. 当代使用最多的通常是用刻画一个集合元素公共特征的方法表示集合. 例如，设 $p(x)$是一个与 x 有关的条件，所有适合于这个条件的 x 组成一个集合，用符号"$\{x|P(x)\}$"或"$\{x:P(x)\}$"表示.

花括号{}包含"所有"的意思，但有人写出{全体实数}、{一切三角形}是错误的. 符号{}就是"所有"或"全体"之意，故不要在{}内画蛇添足地写"全体"、"一切"之类的字眼. 花括号中，竖线"|"或":"前面的 x 是该集合的代表元素，后面的 $p(x)$ 指出了 x 所具有的公共属性. 在应用时要弄懂[27].

2. 写出代表元 x 的取值范围

其一，例如，不等式 $x-7<3$ 的解集中所含元素的共同特征是：$x\in\mathbf{R}$，且 $x-7<3$，即$x<10$，所以可以把这个集合表示为 $D=\{x\in\mathbf{R}|x<10\}$. 又如，任何一个偶数都可以表示为 $x=2k(k\in\mathbf{Z})$的形式，所以可以把所有奇数的集合表示为$E=\{x\in\mathbf{Z}|x=2k+1,k\in\mathbf{Z}\}$.

用集合所含元素的共同特征表示集合的方法称为描述法. 具体方法是：在花括号内先写上表示这个集合元素的一般符号及取值(或变化)范围，再画一条竖线，在竖线后写出这个集合中元素所具有的共同特征.

如果从上下文的关系来看，$x\in\mathbf{R}$，$x\in\mathbf{Z}$ 是明确的，那么 $x\in\mathbf{R}$，$x\in\mathbf{Z}$ 可以省略，只写其元素 x. 例如，集合 $D=\{x\in\mathbf{R}|x<10\}$也可以表示为 $D=\{x|x<10\}$；集合 $E=\{x\in\mathbf{Z}|x=2k+1,k\in\mathbf{Z}\}$也可以表示为 $E=\{x\in\mathbf{Z}|x=2k+1,k\in\mathbf{Z}\}$[28].

其二，例 1 给定 $\mathbf{R}^2$ 的三个集合 $D=\{(x,y)\in\mathbf{R}^2|x^2+y^2=1\}$，$E=\{(x,y)\in\mathbf{R}^2|x>0,y>0\}$，$F=\{(x,y)\in\mathbf{R}^2|0\leqslant x<1,y>0\}$，…….[29]

5.5.2　几个问题的认识

1. 代表元 x 的论域问题

集合描述法的表示不管是采用$\{x|P(x)\}$形式，还是采用$\{x\in D|P(x)\}$形式，都使用了一阶语言. 在一阶语言中，不论是将命题符号化，还是解释一阶逻辑公式，首先要明确论域，搞清变元 x 的取值范围. 因为论域不同，$p(x)$的真值可能发生变化，确定的集合就不同了. 在形式$\{x|P(x)\}$中论域包含于 $p(x)$，形式$\{x\in D|P(x)\}$中直接将论域写在了前面. 我们倾向于文献[22]的意见，因为代表元在前，其所满足的性质在后，与列举法表示集合有某些相似之处，论域的表示也随意一些；后一种形式将变元及其取值范围放在一起，容易使初学者感到迷惑，也与列举法表示集合的思想有较大的距离，不自然. 再者，论域是常用的、普适性的整体(集合). 文献[20]的例子中将集合{2,4,6,8}表示成$\{1<x<9|x$ 是偶数$\}$，在表示形式上有瑕

疵，事实上(1,9)作论域也不合适.

2. 参数问题

符号{}是一个数学符号，对其内的对象有取“所有”或“全体”之意，列举法、描述法表示集合都是用的{}这个含义. 所以，文献[21]中可用$\{x|x$是兴华中学 0806 班的学生$\}$表示“兴华中学 0806 班的全体学生组成的集合”. 文献[22]中正切函数$y=\tan x$的定义域$\left\{x|k\pi-\frac{\pi}{2}<x<k\pi+\frac{\pi}{2},k\in\mathbf{Z}\right\}$，花括号内的参数$k$与单调区间$\left(k\pi-\frac{\pi}{2},k\pi+\frac{\pi}{2}\right)(k\in\mathbf{Z})$小括号中的$k$一样，都是取某个整数，但是前者外面加上表示集合的{}，就成了“所有的整数”、“任意的整数”，即$\left\{x|k\pi-\frac{\pi}{2}<x<k\pi+\frac{\pi}{2},k\in\mathbf{Z}\right\}=\bigcup\limits_{k\in Z}\left\{x|k\pi-\frac{\pi}{2}<x<k\pi+\frac{\pi}{2}\right\}$. 后者的()只是一般的标号，没有特殊的含义.

3. 量词问题

集合描述法的形式$\{x|P(x)\}$可以推广. $\{x|P(x)\}$中代表元x是一维变元，$p(x)$是一元谓词，表示x具有的性质. 如果代表元是二维变元(x,y)，则竖线“|”后面就应是二元谓词$f(x,y)$，表示变元x,y所满足的关系.

文献[20]中的例子，设全集$U=\{(x,y)|x\in\mathbf{R},y\in\mathbf{R}\}$，$A=\{(x,y)|y=ax^2+2x+3,a\in\mathbf{R}\}$，求集合$A$的补集$C_UA$.

A中点的两个坐标之间满足关系式$y=ax^2+2x+3$，其中三个变元a,x,y均取实数值. 根据对参数的分析，函数$y=ax^2+2x+3$中，二次项系数a是某个实数. 如果确定了a的值，就可以根据x的值计算y的值，因为y只能从函数$y=ax^2+2x+3$的值域中取值，根据值域的定义，应存在x，使得$y=ax^2+2x+3$. 也就是说题目的本意应该是：存在某个a和x，使得$y=ax^2+2x+3$. 所以集合A中含有的变元较多，不宜随意省略约束a和x的存在量词，让人产生歧义. 如果表示出量词，即

$$A=\{(x,y)|y=ax^2+2x+3,a\in\mathbf{R}\}=\{(x,y)|\exists a\exists x(y=ax^2+2x+3\wedge a\in\mathbf{R})\}$$

题意就比较明确了.

任给$(x_0,y_0)\in\mathbf{R}$，①当$x_0\neq0$时，取$a=\frac{y_0-(2x_0+3)}{x_0^2}$，有$y_0=ax_0^2+2x_0+3$，所以$(x_0,y_0)\in A$；②当$x_0=0,y_0=3$时，对任意的$a\in\mathbf{R}$，有$y_0=ax_0^2+2x_0+3$，所以$(0,3)\in A$；③当$x_0=0,y_0\neq3$时，对任意的$a\in\mathbf{R}$，有$y_0\neq ax_0^2+2x_0+3$，即不存在实数$a$，使得$y_0=ax_0^2+2x_0+3$，所以$(0,y_0)\notin A$. 因此，$A=\{(x,y)|x\neq0\}\cup\{(0,3)\}$，即$A$是由直线$y=2x+3$上的点以及与此直线相切于点$(0,3)$的抛物线

族 $y=ax^2+2x+3(a\neq 0)$上的点构成的集合.

自然地,$C_UA=\{(0,y)\mid y\neq 3\}$,即 C_UA 是纵轴上除点(0,3)外的点构成的集合,或者说平面内既不在直线 $y=2x+3$ 上也不在抛物线族 $y=ax^2+2x+3(a\neq 0)$ 上的点构成的集合.如果将 C_UA 简单地理解为$\{(x,y)\mid \exists a \exists x(y\neq ax^2+2x+3)\}$,是不正确的.这里要注意量词的否定,因为

$$\begin{aligned}C_UA&=\{(x,y)\mid \neg\exists a\exists x(y=ax^2+2x+3\wedge a\in\mathbf{R})\}\\&=\{(x,y)\mid \forall a\forall x(y=ax^2+2x+3\vee a\notin\mathbf{R})\}\\&=\{(x,y)\mid \forall a\forall x(y\neq ax^2+2x+3)\}\end{aligned}$$

还有一点需要说明的是,关于代表元 x 所具有的性质,如果不只一条时,用联结词表示时为"且",不用联结词表示时,许多书籍中都是不加说明地用","隔开.关于这一点,我们在概率论教材中找到了根据:设(X,Y)是二维随机变量,对于任意实数 x,y,二元函数

$$F(x,y)=P\{(X\leqslant x)\cap(Y\leqslant y)\}\xlongequal{\text{记成}}P\{X\leqslant x,Y\leqslant y\}$$

称为二维随机变量(X,Y)的分布函数,或称为随机变量 X 和 Y 的联合分布函数[30].事件即为集合,所以与集合代数中的语言应该一致.

5.6　命题否定中文献中常见错误及析解

查阅了自 2001～2008 年刊发在 14 种期刊上涉及"命题否定"的 29 篇文章,发现其中 15 篇文章或多或少都有错误,也有文章在给别人订正的时候自己又出错.笔者现将其分类整理出来,加以分析.

1. 命题否定=命题的否命题

例 5.6.1　若 p 表示命题,则 $\neg p$ 称为 p 的否命题,这里 p 可以是原子命题,也可以是复合命题[31].

分析　若 p 表示命题,则 $\neg p$ 称为 p 的否定(或负命题),将"命题的否定"与"命题的否命题"混为一谈的错误是比较低级的.

2. $\neg(A\rightarrow B)\Leftrightarrow A\rightarrow\neg B$

例 5.6.2　一般地,若 p 则 q 形式命题的非为若 p 则 $\neg q$,若 p 则 q 形式命题的否命题为若 $\neg p$ 则 $\neg q$[32].

例 5.6.3　(1) 若 $x^2+y^2=0$,则 a,b 全为 0;…….正解:若 $x^2+y^2=0$,则 a,b 不全为 0[33].

(2) 命题:若 $x=2$,则$|x|=2$;命题否定:若 $x=2$,则$|x|=2$[34].

分析 因为$\neg(A\to B)\Leftrightarrow\neg(\neg A\vee B)\Leftrightarrow A\wedge\neg B\Leftrightarrow A\to\neg B$,所以$A\to B$形式的命题的否定为$A\wedge\neg B$,即(虽然)$A$但$\neg B$(其中$A$、$B$为元语言符号,代表任意命题、命题变元、命题公式、谓词、谓词公式等).

解 例5.6.3(1)中,命题的否定为:虽然$x^2+y^2=0$,但a,b不全为0;(2)中命题否定为:虽然$x=2$,但$|x|\neq 2$.

例 5.6.4 命题"若p则q"的实质是:命题"若p则q真(成立)"的简写,p是命题的条件,"q真(成立)"是命题的结论,其中p与q自身不一定是命题,"q真"若正确,则命题"若p则q"为真命题,若"q真"不正确,则命题"若p则q"为假命题.我们知道命题的否定指的是把命题的条件作条件,结论的否定作结论.由此可知,"若p则q"的否定应该是"若p则q假"或"若p则q不成立",即"若p则$\neg q$"[35].

分析 数理逻辑中,联结词"→"的意义是借助于命题表达的,其真值表见表5.6.1.

表 5.6.1 基本复合命题 $p\to q$ 的真值表

p q	$p\to q$
0 0	1
0 1	1
1 0	0
1 1	1

由表5.6.1可知,$p\to q$的取值分成四种情况,当命题p为真,q为假时,$p\to q$为假;当p,q都为真时,$p\to q$为真;当p为假时,不论q的真值如何,$p\to q$为真.即使p,q是命题变元也是如此.据此,"若p则q真"有两种情况:"p真,q真"与"p假,q真".那么"若p则q假"就是剩下的两种情况,"p假,q假"与"p真,q假".而p假,q假时,$p\to q$为真.并不是"若p则q"为假命题.

3. 无视量词的存在

1) 表述中含有量词时无视量词的存在

例 5.6.5 (1) p_1:有些质数是奇数;$\neg p_1$:不是质数无奇数.(2) p_2:所有的方程都不是不等式;$\neg p_2$:所有的方程都是不等式[36].

分析 含有量词的命题的否定要否定量化了的整个命题,用谓词逻辑公式表示为:$\neg\forall xA(x)\Leftrightarrow\exists x\neg A(x)$,$\neg\exists xA(x)\Leftrightarrow\forall x\neg A(x)$;而不能像否定个体词是单独的个体的简单命题一样,形式地将"是"改为"不是",将"不是"改为"是".

解 (1) 采用整数集$\mathbf{Z}$为个体域,并令$Z(x)$:x是质数;$J(x)$:x是奇数.则p_1符号化为:$\exists x(Z(x)\wedge J(x))$.由于

$$\neg \exists x(Z(x) \wedge J(x))$$
$$\Leftrightarrow \forall x \neg (Z(x) \wedge J(x))$$
$$\Leftrightarrow \forall x(\neg Z(x) \vee \neg J(x))$$
$$\Leftrightarrow \forall x(Z(x) \rightarrow \neg J(x)$$
$$\Leftrightarrow \forall x(J(x) \rightarrow \neg Z(x))$$

所以$\neg p_1$可以解释为:“任意一个整数或不是质数或不是奇数”,或“所有的质数都不是奇数”,或“凡奇数都不是质数”.

(2) 个体域取数学式子构成的集合,并令$F(x)$:x是方程,$B(x)$:x是不等式.则p_2符号化为:$\forall x(F(x) \rightarrow \neg B(x))$.因为

$$\neg \forall x(F(x) \rightarrow \neg B(x))$$
$$\Leftrightarrow \exists x \neg (\neg F(x) \vee \neg B(x))$$
$$\Leftrightarrow \exists x(F(x) \wedge B(x))$$

所以,$\neg p_2$可以解释为:有的方程是不等式.

2) 表述中省略量词时无视量词的存在

例 5.6.6 (1) p_1:正方形的四个角都相等;$\neg p_1$:正方形的四个角不相等[37].

(2) p_2:负数的立方是负数;$\neg p_2$:负数的立方不是负数[38].

分析 这两个命题表述中都省略了全称量词.否定命题时,宜先将其补充完整再否定.

解 (1) p_1:所有正方形的四个角都相等;$\neg p_1$:存在一个正方形,它的四个角不都相等.或p_1:如果某个四边形是正方形,那么它的四个角都相等;$\neg p_1$:虽然某个四边形是正方形,但它的四个角不都相等.

(2) p_2:任意一个负数的立方都是负数;$\neg p_2$:存在一个负数的立方不是负数.p_2:如果一个数是负数,那么它的立方是负数;$\neg p_2$:有的数是负数,但它的立方不是负数.

4. 有关模态词的问题

1) 随意附加模态词

例 5.6.7 “相等”的实质是“一定相等”,其否定是“不一定相等”;“垂直”的实质是“一定垂直”,其否定是“不一定垂直”.由此可知:……,命题p:“菱形的对角线相等”的否命题$\neg p$应该是:“若一个四边形是菱形,则其对角线不一定相等”,…….命题p:“矩形的对角线互相垂直”为假命题,其否定$\neg p$应该是:“矩形的对角线不一定互相垂直”[35].

分析 例 5.6.5 中,表述省略了全称量词的两个命题的否定,随意附加了模态词(一定),将命题逻辑系统中的问题拽到了模态命题逻辑系统中,超出了数理逻辑的研究范围,中学数学课程仅在数理逻辑所包含的命题逻辑、谓词逻辑系统中讨论问题,不能随意附加模态词(如一定、必然、可能等).当然,上述两个错误的负命题的真值也与原命题无关.

关于省略全称量词的命题的否定见前述 2.3 节，这里不再赘述.

2) 模态词不变

例 5.6.8 写出下列命题的否定

(1) 三角形两边之和一定大于第三边.

(2) 若$\angle A$是直角，则$\angle B$、$\angle C$一定是锐角.

正解：(1)三角形两边之和一定不大于第三边；(2)若$\angle A$是直角，则$\angle B$、$\angle C$一定不都是锐角[33].

例 5.6.9 由于命题 p："9 的平方根一定是 3"为假，根据真值表，则非 p 命题为真，"9 的平方根一定不是 3"为假，"9 的平方根不一定是 3"为真，故非 p 应为"9 的平方根不一定是 3"[39].

例 5.6.10 在$\triangle ABC$中，设命题(变元——笔者注)p：$\angle A$一定是锐角，则非 p 是：$\angle A$一定不是锐角，而不能是：$\angle A$不一定是锐角[36].

分析 虽然三个例子中都形式地附加了模态词，但例 5.6.8 中的(1)和例 5.6.9 中的示例都是命题，将模态词附于命题没必要，数学中所讨论的命题，我们一般在命题逻辑系统中处理，可以去掉模态词，按命题否定的方法否定.

例 5.6.8 中的(2)和例 5.6.10 是将模态词附于命题变元，还是有意义的. 可以按照模态命题逻辑系统中的方法将其否定.

解 例 5.6.8(1)补充上全称量词，若表述为：任何三角形，两边之和都大于第三边. 否定是：有的三角形，其两边之和不大于第三边. 例 5.6.9 中命题的否定为：存在一个 9 的平方根不是 3.

将模态命题"A是必然(一定)的"记为"$\Box A$"，模态命题"A是可能的"记为"$\Diamond A$".

由于$\neg\Box A\Leftrightarrow\Diamond\neg A$，$\neg\Diamond A\Leftrightarrow\Box\neg A$(必然$A$的否定为可能不$A$，可能$A$的否定为必然不$A$)，所以取个体域为角的集合，设$Z(x)$：$x$为直角，$R(x)$：$x$为锐角. 例 5.6.8中的(2)，"若$\angle A$是直角，则$\angle B$、$\angle C$一定是锐角"可以符号化为：$Z(A)\to\Box(R(B)\wedge R(C))$.

$$
\begin{aligned}
&\neg(Z(A)\to\Box(R(B)\wedge R(C)))\\
\Leftrightarrow&\neg(\neg Z(A)\vee\Box(R(B)\wedge R(C)))\\
\Leftrightarrow&(Z(A)\wedge\neg\Box(R(B)\wedge R(C)))\\
\Leftrightarrow&(Z(A)\wedge\Diamond\neg(R(B)\wedge R(C)))
\end{aligned}
$$

表述为：虽然$\angle A$是直角，但$\angle B$、$\angle C$可能不都是锐角.

例 5.6.10 中，p 可以符号化为：$\Box R(A)$. $\neg\Box R(A)\Leftrightarrow\Diamond\neg R(A)$，所以$\neg p$：$\angle A$可能不是锐角.

习 题 5

1. 查阅有关数字电路的知识，并谈谈自己对数学各分支学科融合的看法.

2. 查阅本章所设计的有关参考资料，回顾高中所学的联结词的含义，你对数学符号化有什么认识？

参考文献

[1] 谢全苗．该是新教材编者说话的时候了．中学数学教学参考，2005,(6):5,6

[2] [日]早川康壹．日本新高中研究丛书(8)集合与逻辑．尚文斗译．北京:文化教育出版社，1982:2-95.

[3] 耿素云等．离散数学．北京:高等教育出版社,1998:5-8.

[4] 李三平,罗增儒．简单命题与复合命题的区分．中学数学教学参考,2003,(8):4,5.

[5] 左孝凌等．离散数学．上海:上海科学技术文献出版社,1982:11.

[6] 赵建立,宋宝和．初等数论及应用．重庆:西南师范大学出版社,2003:99.

[7] 人教社中学数学室．中师数学教科书——代数与初等函数(第一册)．北京:人民教育出版社,1993:260-295.

[8] 义务教育课程标准实验教科书,数学(九年级上册)．北京:北京师范大学出版社,2004:48.

[9] 河北霸州一中高一数学组．关于命题的困惑．中学数学教学参考,2002,(1/2):123.

[10] 徐彦明．试析关于命题的困惑．中学数学教学参考,2002,(9):29.

[11] 龚雷．关于“命题”的学习与思考．中学数学教学参考,2002,(9):25-28.

[12] 秦庆尧,张德东．“简易逻辑”教学中存在的问题．中学数学教学参考,2002,(9):30,31.

[13] 王晓明．简易逻辑中的几个常见错误及教学建议．数学通讯,2002,(15):14,15.

[14] 朱俊．对逻辑联结词再理解．数学通讯,2002,(15):24.

[15] 王涛．简易逻辑中的错误、剖析、对策．数学通讯,2002,(19):22,23.

[16] 郭世平．中学数学中“简易逻辑教学思考(一)．中学数学教学,2003,(5):4-6.

[17] 人教社中学数学室．全日制普通高级中学教科书(实验修订本 必修)数学第一册(上)．北京:人民教育出版社,2000:6-29.

[18] 刘光奇等．离散数学．上海:复旦大学出版社,1988:311-325.

[19] 冯志纯．现代汉语(下)．重庆:西南师范大学出版社,2002:159-212.

[20] 傅建民．集合表示中值得注意的几个问题．中学数学教学参考,2005,6:28.

[21] 段刚山．准确使用描述法表示集合．中学数学教学参考,2009,1/2:12.

[22] 任念兵．也谈使用描述法表示集合．中学数学教学参考,2009,5:43.

[23] 左孝凌,李为鑑,刘永才．离散数学．上海:上海科学技术出版社,2003:82.

[24] 现代数学手册编纂委员会．现代数学手册(近代数学卷)．武汉:华中科技大学出版社，2000:12,13.

[25] 数学辞海编辑委员会．数学辞海(第一卷)．太原:山西教育出版社,2002:594,633.

[26] [日]早川康壹．日本新高中研究丛书8(集合与逻辑)．尚文斗译．北京:文化教育出版社，1982:2,3.

[27] 徐品方,张红．数学符号史．北京:科学出版社,2006:264,265.

[28] 普通高中课程标准实验教科书:数学1(A版)．北京:人民教育出版社,2005:4,5.

[29] 现代数学手册编纂委员会．现代数学手册(经典数学卷)．武汉:华中科技大学出版社，2000:4.

[30] 盛骤等．概率论与数理统计．北京:高等教育出版社,2001:54,55.
[31] 马得新．再论四种命题的关系．青海教育,2006,(1,2):69.
[32] 徐雷波．"逻辑联结词"的教学思考．数学教学通讯,2004,(2)(上半月):28-31.
[33] 陈怀亮．简易逻辑学习中的几种错误理解．上海中学数学,2006,(12):30.
[34] 金智明．例谈简易逻辑学习中的几个误区．甘肃教育,2005,(2):51.
[35] 王守文．命题"若 p 则 q"的实质——也谈"若 p 则 q"的否定是什么．中学数学,2005,(12):38.
[36] 谢全苗．浅谈"非". 数学通讯,2006,(18):1-4.
[37] 焦万芹．命题的否定形式与命题的否定．数学学习与研究(教研版),2008,(4):51.
[38] 王跃辉．辨析命题的否定、命题的否命题．数学通讯,2005,(18):5.
[39] 聂文喜．学习简易逻辑五注意．语数外学习(高中版高一年级),2005,(5):33,34.

集合论部分

集合论简介

17 世纪数学中出现了一门新的分支:微积分.在之后的一二百年中,这一崭新学科获得了飞速发展并结出了丰硕成果,其推进速度之快使人来不及检查和巩固它的理论基础.19 世纪初,许多迫切问题得到解决后,出现了一场重建数学基础的运动.正是在这场运动中,康托尔①(Cantor,1845～1918)开始探讨前人从未研究过的实数点集,这是集合论研究的开端.

1873 年 11 月 29 日,康托尔在给戴德金②(J. W. R. Dedekind,1831～1916)的一封信中提出了一个问题:全体自然数集合 **N** 和全体实数集合 **R** 能否建立一一对应关系?按照直觉,由于 **N** 是离散的,**R** 是连续的,所以它们不可能建立一一对应关系.最初的证明是 1873 年 12 月 7 日做出的,它标志着集合论的诞生.1890 年,康托尔发表了第二个证明,这就是本书中采用的所谓"康托尔对角线法".康托尔还发现实数集与有理数集是两个不同层次的无穷集,为了建立一种计数无穷集的方法,康托尔提出了一一对应思想.1874 年 1 月 5 日,康托尔在给戴德金的信中又提出一个新问题:能否建立平面上的点和直线上的点之间的一一对应关系?后来,他又进一步考虑了一条直线上的点与 n 维连续空间中的点的对应关系.1877 年,康托尔写信给戴德金,报告了他的证明结果:n 维连续空间中的点与一条直线上的点可以建立一一对应关系.不同等级的无穷集合的发现,使康托尔对无穷的认识大大加深了.

1879～1884 年,康托尔为了引进新集合论的基本原理,先后发表了题为"论无穷线性集合"的 6 篇系列文章,其中第 5 篇篇幅最长,内容最丰富,具有绝对重要性.这篇以超穷数理论为核心的文章,后来以《集合论基础》为题作为专著单独出版.这部著作是康托尔关于早期集合理论的系统阐述,它的出版是康托尔数学研究的里程碑.1895～1897 年,康托尔先后发表了两篇对超穷数理论具有决定意义的论文,到此为止,康托尔所能做的关于超穷基数和超穷序数的理论已臻于完善.但

---

① 康托尔:德国数学家,集合论的创始人.康托尔对数学的贡献是集合论和超穷数理论.

② 戴德金:德国数学家,提出了算术公理的完整系统,主要成就在代数理论方面.戴德金在数学上有很多新发现,很多概念和定理以他的名字命名.他的主要贡献有以下两个方面:在实数和连续性理论方面,他提出"戴德金分割",给出了无理数及连续性的纯算术的定义.1872 年,他的《连续性与无理数》出版,使他与康托尔、魏尔斯特拉斯等一起成为现代实数理论的奠基人.在代数论方面,他建立了现代代数和代数域的理论,将库默尔的理想数加以推广,引出了现代的"理想"概念,并得到了代数整数环上理想的唯一分解定理.今天把满足理想唯一分解条件的整环称为"戴德金整环".他在数论上的贡献对 19 世纪数学产生了深刻影响.

是，集合论的内在矛盾开始暴露出来，康托尔首先发现了集合论的内在矛盾. 他在1895 年的文章中遗留下两个悬而未决的问题：一个是连续统假说；另一个是所有超穷基数的可比较性. 他所提出的问题，一部分被他自己解决，一部分被他的后继者解决，还有一些尚未解决的问题则引导和支配着数学的某一发展方向.

康托尔的集合论是数学上最具有革命性的理论，他的证明方法是史无前例的，因此不可避免地遭到了传统思想的反对. 19 世纪，被普遍承认的关于存在性的证明是构造性的. 你要证明什么东西存在，那就要具体造出来. 因此，人只能从具体的数或形出发，经过有限多步得出结论. 至于“无穷”，许多人更是认为它是一个超乎于人的能力所能认识的世界，不要说去数它，就是它是否存在也难以肯定，而康托尔竟然漫无边际地去数它，去比较它们的大小，去设想没有最大基数的无穷集合的存在，这自然遭到反对和斥责. 法国数学界的权威人物庞加莱①(J. H. Poincaré，1854～1912)曾预言：“我们的后一代将把(康托尔的)集合论当成一种疾病”等. 集合论最激烈的反对者是康托尔的老师克罗内克②(L. Kronecker，1823～1891)，他是有穷论者，他认为只有自己研究的数论及代数才最可靠的. 他对康托尔的研究对象和论证手段都表示强烈的反对. 由于柏林是当时的数学中心，克罗内克又是柏林学派的领袖人物，所以他对康托尔及其集合论的发展前途的阻碍作用是非常大的. 由于两千年来无穷概念给数学带来的困难，也由于反对派的权威地位，康托尔的成就不仅没有得到应有的评价，反而受到排斥. 在康托尔的工作受到反对和排斥的同时，也得到许多大数学家的支持，除了戴德金外，瑞典的数学家米塔 · 列夫勒③(M. G. Mittag Leffler，1846～1927)在自己创办的国际性数学杂志上，把康托尔集合论的论文用法文转载，从而极大地促进了集合论在国际上的传播. 1897 年，在第一次国际数学家大会上，德国数学家霍尔维次(Hurwitz)在对解析函数的最新进展进行概括时，就对康托尔的集合论的贡献进行了阐述. 三年后的第二次国际数学家大会上，为了捍卫集合论而勇敢战斗的希尔伯特又进一步强调了康托尔工作的重要性，他把连续统假设列为 20 世纪初有待解决的 23 个主要问题之首，希尔伯特宣称：“没有人能把我们从康托尔为我们创造的乐园中驱逐出去”. 特别是，自 1901 年，勒贝格④(H. L. Lebesgue，1875～1941)积分产生以及勒贝格的测度理论充实

---

① 庞加莱：法国理论科学家和科学哲学家. 他对数学、数学物理和天体力学做出了很多创造性、基础性的贡献 . 他提出的庞加莱猜想是数学中最著名的问题之一 . 在对三体问题的研究中，庞加莱成了第一个发现混沌确定系统的人，并为现代的混沌理论打下了基础 .

② 克罗内克：德国数学家. 对代数和代数数论，特别是椭圆函数理论有突出贡献.

③ 米塔 · 列夫勒：瑞典数学家. 他的研究主要涉及函数理论. 他是各种科学团体与学术活动的积极组建者和倡导者 . 由他创办并担任了 45 年主编的《数学杂志》，曾对一批数学家产生巨大影响，成为数学家相互联系的园地.

④ 勒贝格：法国数学家，他对数学的主要贡献属于积分论领域.

了集合论之后,集合论得到了公认,康托尔的工作获得崇高的评价.当第三次国际数学大会于1904年召开时,“现代数学不能没有集合论”已成为公认的看法,康托尔的声望得到举世公认.

1899年第一篇点集论的论文在《德国数学家联合会年报》上发表,这篇论文是德国数学家舍恩弗利斯(Schoenflis,1853～1928)写的.他本人在其后还为德国《数学科学百科全书》撰写有关条目.20世纪初他继续研究康托尔留下的问题,特别是维数不变性问题.同时,德国数学家豪斯道夫(F. Hausdorff,1868～1942)对集合论进行一系列研究,特别是序型及序集理论.1914年出版的《集合论大纲》更是集合论及点集拓扑学的经典著作,他的体系是后来研究的基础及出发点.从此集合论成为系统的学科.从非欧几何的产生开始的对数学无矛盾性(相对无矛盾性)的证明把整个数学解释为集合论,集合论成了数学无矛盾性的基础,集合论在数学中的基础理论地位就逐步确立起来.

19世纪和20世纪之交,人们发现了一系列集合论悖论,表明集合论是不协调的,这使得人们对数学推理的正确性和结论的真理性产生了怀疑,触发了第三次数学危机.为了克服悖论所带来的困难,人们开始对集合论进行改造,即对康托尔的集合定义加以限制:“从现有的集合论成果出发,反求足以建立这一数学分支的原则.这些原则必须足够狭窄,以保证排除一切矛盾,另一方面,又必须充分广阔,使康托尔集合论中一切有价值的内容得以保存下来”(策梅罗语).这就是集合论公理化方案.1908年策梅洛①(E. F. F. Zermelo,1871～1953)提出第一个公理集合论系统,后经德国-以色列数学家弗兰克尔(Fraenkel,1891～1965)和挪威数学家斯科兰姆(T. Skole,1887～1963)的补充和修正,得到现在公认的策梅罗-弗兰克尔公理系统,简记为ZF. ZF如果另加选择公理(AC),则所得的公理系统简记为ZFC. 1925年数学家冯·诺伊曼②(J. Von Neumann,1903～1957)开创了另一套公理系统,后经伯尔奈斯及哥德尔的改进形成了NBG公理系统.已经证明,ZF对于发展集合论是足够了,它能避免已知的集合论悖论,并为数学基础研究提供了一种方便的语言和工具.在ZF中,几乎所有的数学概念都能用集合论语言表达,数学定理也大都可以在ZFC内得到形式证明,因而作为整个数学的基础,ZFC是完备的,数学的无矛盾性可以归结为ZFC的无矛盾性.

由哥德尔不完全性定理可知,如果ZF是无矛盾的,则在ZF中不能证明自身的无矛盾性,所以在公理集合论中只考虑相对无矛盾性问题.已经证明,如果ZF

---

① 策梅罗:德国数学家.他的主要贡献是集合论基础,1904年发表的论文不仅解决了康托尔的良序问题,而且给出了选择公理(也称为策梅罗公理),它有上百种等价形式,已几乎应用于每一个数学分支,成为一个独立的研究领域.他在1908年建立了第一个集合论公理系统,给出了外延、空集合、并集合、幂集合、分离、无穷与选择等公理.

② 冯·诺伊曼:20世纪最杰出的美国籍数学家之一,现代计算机创始人之一.

是无矛盾的，则 NBG 也是无矛盾的. 1963 年科恩(P. Cohen)用全新方法证明了选择公理和连续统假设都是独立于策梅罗-弗兰克尔集合论的. 也就是说，不可能在集合论中证明或否定这两个公理中的任何一个，进一步，人们可以自由地采用两者中的任何一个的反命题而不用担心会在集合论中引入新的矛盾.

我们这样来理解集合论. 集合论的等势性原理，是康托尔为了给现代分析学构建理论和逻辑基础而准备的，而不是为了描述“常识世界”而构造的. 试图用“常识”来反驳等势性原理是荒谬的. 就像在现实生活中思考实无穷是没有意义一样，因为你只能举出潜无穷的例子(例如，探究真理时，实践与认识之间的反复，直至无穷)，而举不出实无穷的例子. 只要能在逻辑上构成一致的体系，在现代分析学体系下就是正确的基础.

6　集合的基础知识及其思想方法

6.1　集合的基本概念

集合理论在现代数学中起着十分重要的作用，集合论的语言是各门数学的基础. 对于学习计算机科学，集合的概念也是必不可少的. 集合是一个基本概念(或原始概念). 一般地说，把一些事物汇集到一起组成一个整体，就形成了一个集合，而这些事物就是这个集合的元素. 例如，全体自然数，26 个英文字母，某个教室里的桌椅，方程 $x^2=1$ 的实数解等，均分别构成一个集合. 由此，集合就是研究对象的全体.

通常用大写的英文字母 $A,B,C,\cdots$ 表示集合；用小写的英文字母 $a,b,c,\cdots$ 表示集合的元素. 元素与集合之间是隶属关系，即属于或不属于，属于记为 $\in$，不属于记为 $\notin$. 若元素 a 属于集合 A，记为 $a\in A$，b 不属于集合 A，则记为 $b\notin A$.

如果没有特别声明，以下几个符号常用来表示特定的集合，自然数集 $\mathbf{N}$(自然数：英文 natural numbers，0 是自然数)，整数集 $\mathbf{Z}$(整数：德文 zahlen)，有理数集 $\mathbf{Q}$(商：英文 quotient)，实数集 $\mathbf{R}$(实数：英文 real)，复数集 $\mathbf{C}$(复的：英文 complex)等.

表示一个集合的方法通常有两种：列举法(列元素法)和谓词表示法(描述法). 列举法是将集合的所有元素一一列举出来，元素之间用逗号隔开，并用花括号括起来. 这里的花括号是表示集合的数学符号，有全体、一切之意. 例如，

$$A=\{a,b,c,d,\cdots,z\}$$

$$N=\{0,1,2,3,4,\cdots\}$$

$$B=\{\text{桌子},\text{椅子},\text{黑板},\text{书},\text{练习本}\}$$

谓词表示法是用谓词来概括集合中元素的属性，也就是利用一项规则，以便决定某一事物是否属于该集合. 例如，

$$A_1=\{x\mid x^2-1=0\wedge x\in\mathbf{R}\}$$

$$A_2=\{x\mid x=a\vee x=b\}$$

$$A_3=\{x\mid 1\leqslant x\leqslant 10\wedge x\in\mathbf{Z}\}$$

如果用 $p(x)$ 表示任何谓词，则 $A=\{x\mid p(x)\}$ 可以表示集合. 如果 $p(a)$ 为真，则 $a\in A$；否则，若 $p(b)$ 为假，则 $b\notin A$.

许多集合可以用两种方法表示，如 A_1 也可以表示成 $\{-1,1\}$. 但是有些集合不可以用列举法表示，如实数集 $\mathbf{R}$，闭区间 $[a,b]$ $(a<b)$ 等.

数学中也会通过计算规则定义集合中的元素，这种情况下的集合称为递归指

定集合. 例如,设 $a_0=1, a_1=1, a_{i+2}=a_{i+1}+a_i, i\geqslant 1$,于是 $A=\{1,1,2,3,5,8,\cdots\}$.

集合的元素是彼此不同的、互异的,如果同一个元素在集合中多次出现,应该认为是一个元素,如

$$\{1,2,3,4\}=\{1,2,3,3,4,4\}$$

$$\{\cdots,-5,-3,-1,1,3,5,\cdots\}=\{x \mid x=2n-1 \wedge n\in \mathbf{Z}\}$$

但

$$\{1,2,3,4\}\neq\{1,\{2,3\},4\}$$

集合的元素是无序的,如

$$\{1,2,3,4\}=\{4,3,2,1\}$$

集合的元素是确定的,一个元素属于这个集合或不属于这个集合,二者必居其一且只居其一. 例如,所有美丽的图画构不成集合,全部高个子的人也构不成集合.

集合的元素也可以是一个集合. 例如,如图 6.1.1 所示,

$$S=\{a,\{b,c\},d,\{\{d\}\}\}$$

这里,$a\in S$, $\{b,c\}\in S$, $d\in S$, $\{\{d\}\}\in S$,但 $b\notin S$, $\{d\}\notin S$, b 和 $\{d\}$ 都是 S 的元素的元素. 可以用树形图来表示这种隶属关系. 该图分层构成,每一层上的结点都是上一层上结点的元素.

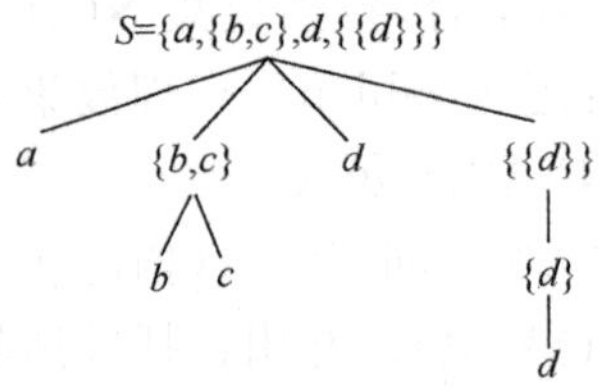

图 6.1.1

两个集合相等是按照下述原理来定义的.

外延性原理:两个集合是相等的,当且仅当它们有相同的元素. 两个集合 A, B 相等,记为 $A=B$,否则记为 $A\neq B$.

定义 6.1.1　设 A, B 是任意两个集合,如果 A 的每一个元素都是 B 的元素,则称 A 是 B 的子集,或 A 包含于 B,或 B 包含 A,记为 $A\subseteq B$.

$$A\subseteq B \Leftrightarrow \{x \mid x\in A \to x\in B\}$$

例如,设 $A=\{1,2,3\}$, $B=\{1,2\}$, $D=\{1\}$,则 $D\subseteq B\subseteq A$; $\mathbf{N}\subseteq\mathbf{Z}\subseteq\mathbf{Q}\subseteq\mathbf{R}\subseteq\mathbf{C}$.

显然,对任何集合 A, B, D,都有 $A\subseteq A$, $(A\subseteq B)\wedge(B\subseteq D)\Rightarrow(A\subseteq D)$.

定理 6.1.1　A, B 两个集合 A 与 B 相等的充要条件是 $A\subseteq B$ 且 $B\subseteq A$.

证明　设集合 A 与 B 相等,则 A 与 B 有相同的元素,从而 $\forall x(x\in A\to x\in B)$ 为真,且 $\forall x(x\in B\to x\in A)$ 为真,即 $A\subseteq B$ 且 $B\subseteq A$.

反之,若 $A\subseteq B$ 且 $B\subseteq A$,假设 $A\neq B$,则 A 与 B 的元素不完全相同,设有某一元素 $x\in A$ 但 $x\notin B$,这与 $A\subseteq B$ 矛盾;或设某一元素 $x\in B$ 但 $x\notin A$,这与 $B\subseteq A$ 相矛盾. 因此,A 与 B 的元素必须相同,即 $A=B$.

集合相等的这个充要条件很重要,今后证明两个集合相等,主要是利用这个定理.

如果 A 中至少有一个元素不在 B 中或者 B 中至少有一个元素不在 A 中,则

称 A 和 B 不等，记为 $A\neq B$.

定义 6.1.2 设 A，B 是任意两个集合，如果集合 A 的每一个元素都属于集合 B，但集合 B 中至少有一个元素不属于集合 A，则称 A 是 B 的真子集，记为 $A\subset B$.

$$A\subset B\Leftrightarrow A\subseteq B\wedge A\neq B$$

$$A\subset B\Leftrightarrow\forall x(x\in A\rightarrow x\in B)\wedge\exists x(x\in B\wedge x\notin A)$$

例如，$N\subset Z\subset Q\subset R\subset C$.

定义 6.1.3 不含任何元素的集合称为空集，记为$\varnothing$(近似地读作"o").

$$\varnothing=\{x\mid p(x)\wedge\neg p(x)\},\quad p(x)\text{是任意谓词}$$

注意：$\varnothing\neq\{\varnothing\}$，但$\varnothing\in\{\varnothing\}$.

定理 6.1.2 空集是任意集合的子集.

证明 任意集合 A，由子集的定义有

$$\varnothing\subseteq A\Leftrightarrow\forall x\quad(x\in\varnothing\rightarrow x\in A)$$

右边蕴涵式因前件为假而为真命题，所以$\varnothing\subseteq A$ 也为真.

推论 空集是唯一的.

证明 假设存在空集$\varnothing_1$ 和$\varnothing_2$，由定理 6.1.2 有

$$\varnothing_1\subseteq\varnothing_2,\quad\varnothing_2\subseteq\varnothing_1$$

根据集合相等的充要条件(定理 6.1.1)，有$\varnothing_1=\varnothing_2$.

根据空集和子集的定义，可以看到，对于每个非空集合 A，至少有两个不同的子集，即 A 和$\varnothing$，称 A 和$\varnothing$是 A 的平凡子集.

含有 n 个元素的集合简称 n 元集，它的含有 $m(m\leqslant n)$个元素的子集称为它的 m 元子集. 任给一个 n 元集，怎样求出它的全部子集呢?

例 6.1.1 $A=\{a,b,c\}$，将 A 的全部子集分类：

0 元子集，也就是空集$\varnothing$，只有一个即 C_3^0 个；

1 元子集，即单元集：$\{a\}$，$\{b\}$，$\{c\}$，有 C_3^1 个；

2 元子集：$\{a,b\}$，$\{a,c\}$，$\{b,c\}$，有 C_3^2 个；

3 元子集：$A=\{a,b,c\}$，有 C_3^3 个.

一般地，对于 n 元集 A，它的 0 元子集有 C_n^0 个，1 元子集有 C_n^1 个，…，m 元子集有 C_n^m 个，…，n 元子集有 C_n^n 个，子集的总数为

$$C_n^0+C_n^1+C_n^2+\cdots+C_n^n=2^n$$

定义 6.1.4 给定集合 A，由集合 A 的所有子集作为元素组成的集合称为集合 A 的幂集，记为 $P(A)$(或 2^A).

幂集的符号化表示为

$$P(A)=\{x\mid x\subseteq A\}$$

对于例 6.1.1 中的集合 A，有

$$P(A)=\{\varnothing,\{a\},\{b\},\{c\},\{a,b\}\{a,c\},\{b,c\},\{a,b,c\}\}$$

$P(A)$有 8 个元素.

现在我们引进一种编码,用来唯一地表示有限集幂集的元素,现以 $A=\{a,b,c\}$ 为例.

$$P(A)=\{A_i \mid i\in J\},\quad J=\{i \mid i \text{ 是二进制数且 } 000\leqslant i\leqslant 111\}$$

如 $A_3=A_{011}=\{b,c\}$,$A_6=A_{110}=\{a,b\}$等.

一般地,有

$$P(A)=\{A_0,A_1,A_2,\cdots,A_{2^n-1}\}=\{A_i \mid i\in J\}$$

$$J=\{i \mid i \text{ 是二进制数且 } \overbrace{000\cdots0}^{n}\leqslant i\leqslant \overbrace{111\cdots1}^{n}\}$$

定义 6.1.5 在一个具体问题中,如果所涉及的集合都是某个集合的子集,则称这个集合为全集,记为 E.

全集可以符号化为

$$E=\{x \mid p(x)\vee \neg p(x)\},\quad p(x)\text{是任意谓词}$$

全集的概念相当于论域. 例如,在初等数论中,全体整数组成全集;在矩阵代数中,所有矩阵组成全集等. 全集是相对的,不同的问题有不同的全集,即使是同一个问题,也可以取不同的全集. 一般说来,全集取得小一些,问题的描述和处理会简单一些.

应用的数学思想方法

1. 分类思想

在思维过程中,把一些事物汇集成一个整体,形成了一个集合,这样就把这一类事物同其他事物从思想上区分开来.

2. 符号化思想

把集合、元素、元素与集合的关系、集合与集合的关系都符号化,为定义运算做好准备.

3. 同一与差异的数学方法

集合论是描述同一与差异的数学方法. 一个集合是指具有某个同一性质的事物全体. 一个元素 a 要么属于集合 A,要么不属于 A,二者必居其一而只居其一.

“是”与“非”日常语言很容易混淆. 比如,“是”有很多种解释:①表示相等:“能被 2 整除的数是偶数”(集合相等);②表示属于:“2 是偶数”(元素属于集合);③表示包含于:“能被 4 整除的数是偶数”(子集含于全集).

在用集合语言表示“是”与“非”这种判断“同一”与“差异”的语句时,有其明显的优点. 这是精确简约的科学语言的例证.

6.2 集合的运算及其思想方法

集合的运算,就是以给定集合为对象,按照确定的规则得到另外一些集合.集合的运算有交、并、补和对称差等.

6.2.1 集合的交

定义 6.2.1 设 A,B 为集合,由集合 A 和 B 的所有公共元素组成的集合称为 A 和 B 的交集,记为 $A\cap B$.

$$A\cap B=\{x\mid x\in A\wedge x\in B\}$$

交集的定义如图 6.2.1(文氏图[①])所示.

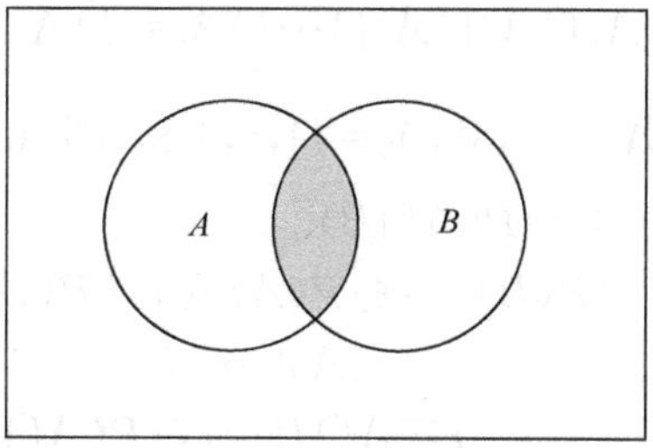

图 6.2.1

例 6.2.1 设 $A=\{0,2,4,6,8,10\}$,$B=\{1,2,3,4,5,6\}$,则 $A\cap B=\{2,4,6\}$.

例 6.2.2 设 $A=\{$矩形$\}$,$B=\{$菱形$\}$,则 $A\cap B=\{$正方形$\}$.

例 6.2.3 设 A 是 2 的倍数集,B 是 3 的倍数集,则 $A\cap B$ 是 6 的倍数集.

特殊情况下,如果 A 和 B 没有公共元素,此时,$A\cap B=\varnothing$,则称 A 和 B 不相交(或 A 和 B 是分离的).

例 6.2.4 设 $A\subseteq B$,则 $A\cap C\subseteq B\cap C$.

证明 若 $x\in A\cap C$,则 $x\in A$ 且 $x\in C$,对 $x\in A$,因为 $A\subseteq B$,所以 $x\in B$,故$x\in B\cap C$.

集合的交运算具有以下性质:

(1) 幂等率 $A\cap A=A$;

(2) 交换律 $A\cap B=B\cap A$;

---

① 文氏图也称韦恩(Venn)图,是用封闭曲线(内部区域)表示集合及其关系的图形.John Venn(1834~1923)英国哲学家和数学家.在逻辑学方面,John Venn 曾澄清了布尔在 1854 年的《思维规律的研究》中一些含混的概念.其最主要的成就是系统解释并发展了集合表示的方法,他作出一系列简单闭曲线(圆或更复杂的形式),将平面分为许多间隔,利用这种图表阐明了演绎推理的基本原理.虽然在韦恩之前,莱布尼茨已系统地运用过这类逻辑图,但今天这种逻辑图仍称为韦恩图.

(3)结合律 $(A\cap B)\cap C=A\cap(B\cap C)$;

(4) 零律 $A\cap\varnothing=\varnothing$;

(5) 同一律 $A\cap E=A$.

从定义 6.2.1 还可以得到 $A\cap B\subseteq A, A\cap B\subseteq B$.

现对(3)证明如下:

$$\begin{aligned}(A\cap B)\cap C&=\{x|x\in A\cap B\wedge x\in C\}\\&=\{x|(x\in A\wedge x\in B))\wedge x\in C\}\\&=\{x|x\in A\wedge(x\in B\wedge x\in C)\}\\&=\{x|x\in A\wedge x\in B\cap C\}\\&=A\cap(B\cap C)\end{aligned}$$

因为集合交运算满足结合律,故对有限个集合 $A_1,A_2,A_3,\cdots,A_n$ 的交可记为

$$A_1\cap A_2\cap A_3\cap\cdots\cap A_n=\bigcap_{i=1}^{n}A_i$$

例如, $A_1=\{1,2,8\},A_2=\{2,8\},A_3=\{4,5,6,8\}$,则 $A_1\cap A_2\cap A_3=\bigcap_{i=1}^{3}A_i=\{8\}$.

例 6.2.5 $P(A)\cap P(B)=P(A\cap B)$.

证明 $\forall x, x\in P(A)\cap P(B)\Leftrightarrow x\in P(A)\wedge x\in P(B)$

$\Leftrightarrow x\subseteq A\wedge x\subseteq B$

$x\subseteq A\cap B\Leftrightarrow x\in P(A\cap B)$

所以,$P(A)\cap P(B)=P(A\cap B)$.

6.2.2 集合的并

定义 6.2.2 设 A,B 为集合,由所有属于 A 或属于 B 的元素组成的集合,称为 A 和 B 的并集,记为 $A\cup B$.

$$A\cup B=\{x|x\in A\vee x\in B\}$$

并集的定义如图 6.2.2(文氏图)所示.

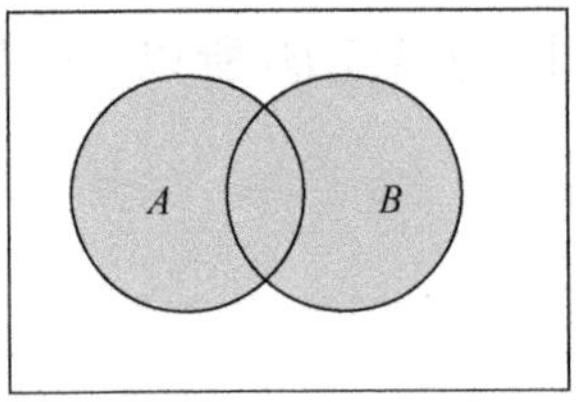

图 6.2.2

例 6.2.6 设 $A=\{0,2,4,6,8,10\},B=\{1,2,3,4,5,6\}$,则 $A\cup B=\{0,1,2,3,4,5,6,8,10\}$.

集合的并运算具有以下性质:

(1) 幂等率 $A\cup B=A$;

(2) 交换律 $A\cup B=B\cup A$;

(3) 结合律 $(A\cup B)\cup C=A\cup(B\cup C)$;

(4) 零律 $A\cup E=E$;

(5) 同一律 $A\cup\varnothing=A$.

从定义还可以得到 $A\subseteq A\cup B, B\subseteq A\cup B$.

例 6.2.7 设 $A\subseteq B, C\subseteq D$,则 $A\cup C\subseteq B\cup D$.

证明 对任意的 $x\in A\cup C$,则 $x\in A$ 或 $x\in C$. 若 $x\in A$,由 $A\subseteq B$,则 $x\in B$;若

$x\in C,C\subseteq D$,则 $x\in D$.故 $x\in B$,或 $x\in D$,即 $x\in B\cup D$,因此,$A\cup C\subseteq B\cup D$.

因集合并运算满足结合律,故对有限个集合 $A_1,A_2,A_3,\cdots,A_n$ 的并可记为

$$A_1\cup A_2\cup A_3\cup\cdots\cup A_n=\bigcup_{i=1}^{n}A_i$$

定理 6.2.1 设 A,B,C 为集合,则下列分配律成立.

(1) $A\cap(B\cup C)=(A\cap B)\cup(A\cap C)$;

(2) $A\cup(B\cap C)=(A\cup B)\cap(A\cup C)$.

证明 (1)

$$\begin{aligned}A\cap(B\cup C)&=\{x\mid x\in A\wedge(x\in B\vee x\in C)\}\\&=\{x\mid(x\in A\wedge x\in B)\vee(x\in A\wedge x\in C)\}\\&=\{x\mid x\in A\cap B\vee x\in A\cap C\}\\&=\{x\mid x\in(A\cap B)\cup(A\cap C)\}\\&=(A\cap B)\cup(A\cap C)\end{aligned}$$

(2)证明与(1)类似.

定理 6.2.2(吸收律) 设 A,B 为集合,则下列关系式成立.

(1) $A\cup(A\cap B)=A$;

(2) $A\cap(A\cup B)=A$.

证明 (1)$A\cup(A\cap B)=(A\cap E)\cup(A\cap B)=A\cap(E\cup B)=A\cap E=A$;

(2) $A\cap(A\cup B)=(A\cup\varnothing)\cap(A\cup B)=A\cup(\varnothing\cap B)=A\cup\varnothing=A$.

定理 6.2.3 $A\subseteq B$ 当且仅当 $A\cup B=B$ 或 $A\cap B=A$(证明略).

例 6.2.8 $P(A)\cup P(B)\subseteq P(A\cup B)$.

证明

$$\begin{aligned}\forall x,x\in P(A)\cup P(B)&\Leftrightarrow x\in P(A)\vee x\in P(B)\\&\Leftrightarrow x\subseteq A\vee x\subseteq B\\&\rightarrow x\subseteq A\cup B\Leftrightarrow x\in P(A\cup B)\end{aligned}$$

所以,$P(A)\cup P(B)\subseteq P(A\cup B)$.

6.2.3 集合的补

定义 6.2.3 设 A,B 为集合,由所有属于 A 而不属于 B 的元素组成的集合称为 B 对于 A 的补集,或相对补,记为 $A-B$.

$$A-B=\{x\mid x\in A\wedge x\notin B\}=\{x\in A\wedge\neg x\in B\}$$

$A-B$ 也称 A 和 B 的差,定义如图 6.2.3 所示.

例 6.2.9 设 $A=\{2,5,6\}$,$B=\{1,2,4,7,9\}$,求 $A-B$.

解 $A-B=\{5,6\}$.

例 6.2.10 设 $A=\{$素数$\}$,$B=\{$奇数$\}$,求 $A-B$.

解 $A-B=\{2\}$.

定义 6.2.4 设 E 为全集,对任一集合 A 关于 E 的补集,称为集合 A 的绝对补,记为 $\overline{A}$.

$$\overline{A}=E-A=\{x\mid x\in E\wedge x\notin A\}$$

补集的定义如图 6.2.4 所示.

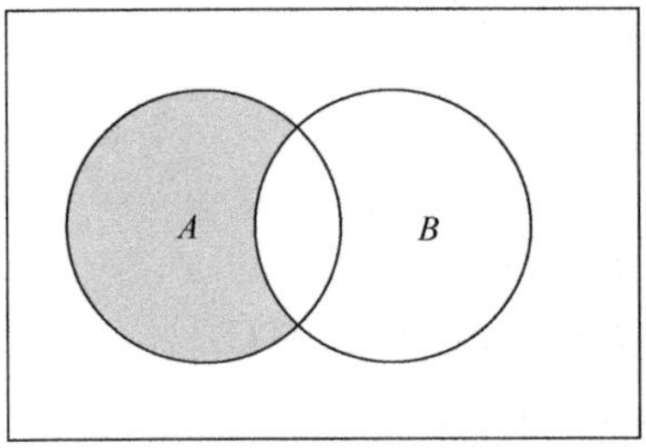

图 6.2.3

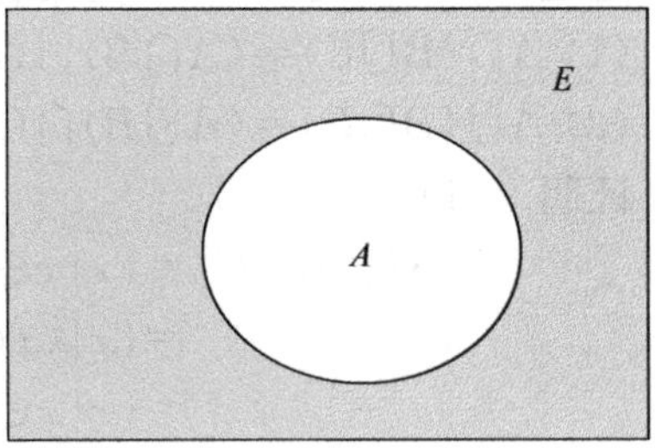

图 6.2.4

补集的性质:

(1) $(\overline{\overline{A}})=A$;

(2) $A\cup\overline{A}=E$;

(3) $A\cap\overline{A}=\varnothing$;

(4) $\overline{A\cup B}=\overline{A}\cap\overline{B}$, $\overline{A\cap B}=\overline{A}\cup\overline{B}$;

(5) $\overline{E}=\varnothing$, $\overline{\varnothing}=E$.

定理 6.2.4 设 A,B 为集合,则下列关系式成立.

(1) $A-B=A\cap\overline{B}$;

(2) $A-B=A-(A\cap B)$.

证明 (1) $A-B=\{x\mid x\in A\wedge x\notin B\}=\{x\mid x\in A\wedge\neg x\in B\}=\{x\mid x\in A\wedge x\in\overline{B}\}=A\cap\overline{B}$.

(2) 证明略.

定理 6.2.5 设 A,B,C 为集合,则

$$A\cap(B-C)=(A\cap B)-(A\cap C)$$

证明 因为

$$A\cap(B-C)=A\cap(B\cap\overline{C})$$

又

$$\begin{aligned}(A\cap B)-(A\cap C)&=(A\cap B)\cap\overline{(A\cap C)}\\&=(A\cap B)\cap(\overline{A}\cup\overline{C})\\&=(A\cap B\cap\overline{A})\cup(A\cap B\cap\overline{C})\\&=\varnothing\cup(A\cap B\cap\overline{C})=A\cap B\cap\overline{C}\end{aligned}$$

因此,$A\cap(B-C)=(A\cap B)-(A\cap C)$.

定理 6.2.6 设 A,B 为集合,若 $A\subseteq B$,则

(1) $\overline{B}\subseteq\overline{A}$；

(2) $(B-A)\cup A=B$.

证明 (1) 因为 $A\subseteq B$,所以若 $x\in A$,则 $x\in B$,因此 $x\notin B$ 必有 $x\notin A$,故 $x\in\overline{B}$ 必有 $x\in\overline{A}$,即 $\overline{B}\subseteq\overline{A}$.

(2) $(B-A)\cup A=(B\cap\overline{A})\cup A=(B\cup A)\cap(\overline{A}\cup A)=(B\cup A)\cap E=B\cup A$. 因为 $A\subseteq B$,就有 $B\cup A=B$. 因此

$$(B-A)\cup A=B$$

6.2.4 集合的对称差

定义 6.2.5 设 A,B 为集合,由属于 A 而不属于 B 或属于 B 而不属于 A 的元素组成的集合称为 A 和 B 的对称差,记为 $A\oplus B$.

$$\begin{aligned}A\oplus B&=(A-B)\cup(B-A)\\&=\{x\mid(x\in A\wedge x\notin B)\vee(x\in B\wedge x\notin A)\}\end{aligned}$$

对称差的定义如图 6.2.5 所示.

对称差的性质：

(1) $A\oplus B=B\oplus A$；

(2) $A\oplus\varnothing=A$；

(3) $A\oplus A=\varnothing$；

(4) $A\oplus B=(A\cap\overline{B})\cup(\overline{A}\cap B)$；

(5) $A\oplus E=\overline{A}$；

(6) $A\oplus\overline{A}=E$；

(7) $A\oplus B=(A\cup B)-(A\cap B)$；

(8) $(A\oplus B)\oplus C=A\oplus(B\oplus C)$；

(9) 若 $A\oplus B=A\oplus C$,则 $A=C$.

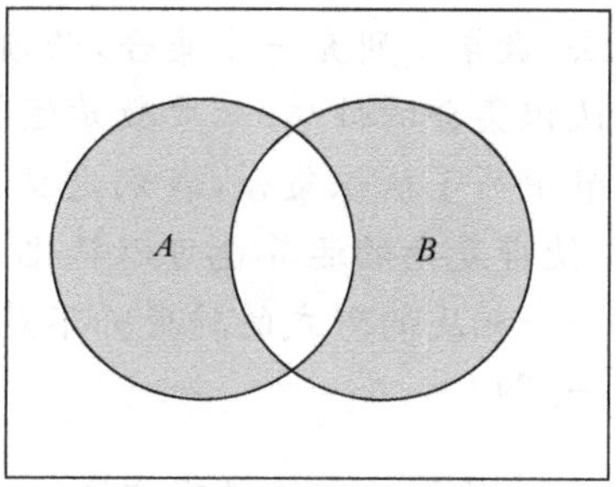

图 6.2.5

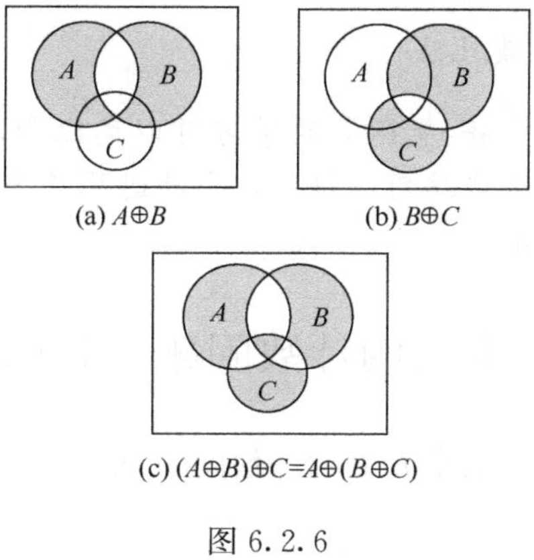

(a) $A\oplus B$ (b) $B\oplus C$

(c) $(A\oplus B)\oplus C=A\oplus(B\oplus C)$

图 6.2.6

我们仅对(7)进行证明,其余读者可以作为练习.

$\forall x$

$$
\begin{aligned}
x\in A\oplus B &\Leftrightarrow (x\in A\wedge x\notin B)\vee(x\in B\wedge x\notin A)\\
&\Leftrightarrow (x\in A\vee(x\in B\wedge x\notin A))\wedge(x\notin B\vee(x\in B\wedge x\notin A))\\
&\Leftrightarrow (x\in A\vee x\in B)\wedge(x\in A\vee x\notin A)\wedge(x\notin B\vee x\in B)\wedge(x\notin B\vee x\notin A)\\
&\Leftrightarrow (x\in A\cup B)\wedge\neg(x\in B\wedge x\in A)\\
&\Leftrightarrow x\in A\cup B\wedge x\notin A\cap B\\
&\Leftrightarrow x\in(A\cup B)-(A\cap B)
\end{aligned}
$$

所以,$A\oplus B=(A\cup B)-(A\cap B)$.

应用的数学思想方法

1. 运算、运算相互转化的思想方法

数学是研究数量关系和空间形式的科学.从数学萌芽时期简单的算术,到现代数学与计算机技术的结合,运算伴随数学形影不离,运算是数学研究的基本工具和方法.数学要研究一个集合,必须先定义集合上的运算,通过研究集合上的运算性质认识集合的性质.只要数学运算在进行,交换运算顺序、运算的转化就不可避免.本节中为了认识集合,我们定义了集合的并、交、补等运算,并获得了许多运算性质,使得复杂的运算也可以转化为较简单的运算.正如恩格斯所说:"从一个形式到另一个相反的形式的转变并不是一种无聊的游戏,它是数学科学的最有力的杠杆之一."①

2. 数形结合的思想方法

我们可以利用文氏图来理解集合运算,也能通过观察、猜想到本节多数的运算性质,所以说文氏图是学习集合及其运算必不可少的.

3. 普遍联系的方法、类比法

前有所述,集合代数中并、交运算的学习可以类比命题逻辑中的合取、析取的学习,其定义中的表示符号直接用逻辑代数中的运算符号,所以可以利用正迁移的作用,促进集合运算的理解.

6.3 有穷集的计数问题及其思想方法

集合的运算,可用于有限个元素的计数问题.集合之间的关系和运算可以用文

① 恩格斯.自然辩证法.北京:人民出版社,1971:236.

氏图给予形象的描述,使用文氏图可以很方便地解决有穷集的计数问题. 首先,根据已知条件把对应的文氏图画出来,一般来说,每一条性质决定一个集合,有多少条性质,就有多少个集合,如果没有特殊的说明,任何两个集合都画成相交的;然后,将已知集合的元素数填入表示该集合的区域内,通常从 n 个集合的交集填起,根据计算的结果将数字逐步填入所有的空白区域. 如果 n 个集合的交集的数字是未知的,可以设为 x,根据题目中的条件,列出一次方程或方程组,就可以求得所需要的结果.

例 6.3.1　对 24 名会外语的科技人员进行掌握外语情况的调查. 其统计结果如下:会英语、日语、德语和法语的人分别为 13,5,9 和 10 人,其中同时会英语和日语的有 2 人,会英语、德语和法语中任两种语言的都是 4 人. 已知会日语的人既不懂德语也不懂法语,分别求只会一种语言的人数和会三种语言的人数.

解　令 A,B,C,D 分别表示会英语、德语、法语和日语的科技人员的集合. 根据题意画出文氏图,如图 6.3.1 所示. 设同时会英语、德语和法语三种语言的有 x 人,只会英语、德语或法语中一种语言的人数分别为 y_1,y_2,y_3. 将其分别填入图中相应的区域,然后依次填入其他区域的人数. 根据已知条件列出方程组

$$\begin{cases} y_1+2(4-x)+x+2=13 \\ y_2+2(4-x)+x=9 \\ y_3+2(4-x)+x=10 \\ y_1+y_2+y_3+3(4-x)+x=19 \end{cases}$$

解得 $\begin{cases} x=1, \\ y_1=4, \\ y_2=2, \\ y_3=3. \end{cases}$

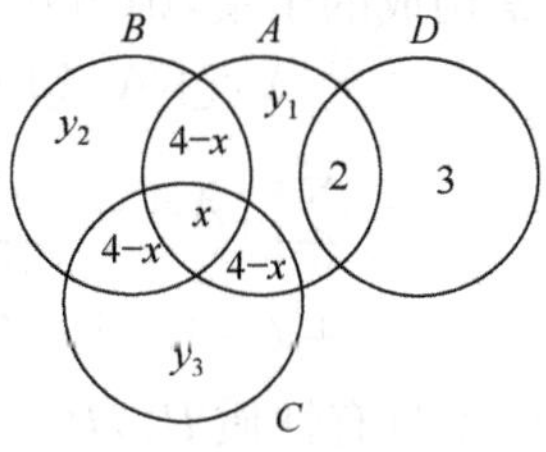

图 6.3.1

因此,只会英语、德语、法语、日语中一种语言的人数分别为:4 人,2 人,3 人,3 人,会三种语言的人数为 1 人.

例 6.3.2　问 1000 以内(包含 1000)的正整数中既不能被 5 和 6 整除,也不能被 8 整除的数有多少个?

解　设

$E=\{x|1\leqslant x\leqslant 1000\}$，　$A=\{x|x\in E\wedge x$ 能被 5 整除$\}$

$B=\{x|x\in E\wedge x$ 能被 6 整除$\}$，　$C=\{x|x\in E\wedge x$ 能被 8 整除$\}$

则

$$|A|=\left[\frac{1000}{5}\right]=200$$

$$|B|=\left[\frac{1000}{6}\right]=166$$

$$|C|=\left[\frac{1000}{8}\right]=125$$

$$|A\cap B|=\left[\frac{1000}{[5,6]}\right]=33$$

$$|A\cap C|=\left[\frac{1000}{[5,8]}\right]=\left[\frac{1000}{40}\right]=25$$

$$|B\cap C|=\left[\frac{1000}{[6,8]}\right]=\left[\frac{1000}{24}\right]=41$$

$$|A\cap B\cap C|=\left[\frac{1000}{[5,6,8]}\right]=\left[\frac{1000}{120}\right]=8$$

将这些数据依次填入文氏图，得到图 6.3.2. 由图 6.3.2 可知，不能被 5 或 6 或 8 整除的数有

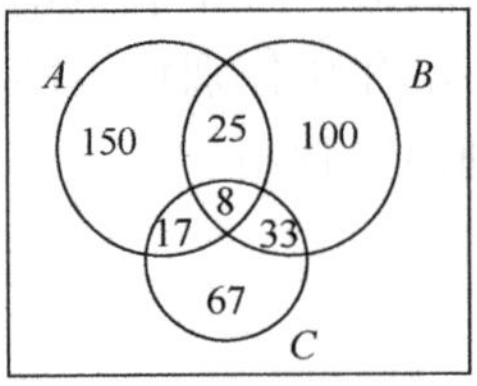

图 6.3.2

$$1000-(200+100+33+67)=600 \text{ 个}$$

或

$$(200+166+125)-(33+25+41)+8=600 \text{ 个}$$

有穷集的计数问题也可以使用包含排斥原理求解.

包含排斥原理　设 S 为有穷集，$P_1,P_2,\cdots,P_n$ 是 n 个性质. S 中的任何元素 x 或者具有性质 P_i，或者不具有性质 P_i，两种情况必居其一. 令 A_i 表示 S 中具有性质 P_i 的元素构成的子集，则 S 中至少具有一条性质的元素数为

$$\begin{aligned}&|A_1\cup A_2\cup\cdots\cup A_n|\\ &=\sum_{i=1}^{n}|A_i|-\sum_{1\leqslant i<j\leqslant n}|A_i\cap A_j|+\sum_{1\leqslant i<j<k\leqslant n}|A_i\cap A_j\cap A_k|-\cdots\\ &\quad+(-1)^{n-1}|A_1\cap A_2\cap\cdots\cap A_n|\end{aligned}$$

S 中不具有性质 $P_1,P_2,\cdots,P_n$ 的元素数为

$$\begin{aligned}&|S|-|A_1\cup A_2\cup\cdots\cup A_n|\\ &=|S|-\sum_{i=1}^{n}|A_i|+\sum_{1\leqslant i<j\leqslant n}|A_i\cap A_j|-\sum_{1\leqslant i<j<k\leqslant n}|A_i\cap A_j\cap A_k|+\cdots\\ &\quad+(-1)^{n}|A_1\cap A_2\cap\cdots\cap A_n|\end{aligned}$$

特殊情形：如果 A 和 B 都是有穷集，则有

$$|A\cup B|=|A|+|B|-|A\cap B|$$

如果 A,B,C 都是有穷集，则有

$$|A\cup B\cup C|=|A|+|B|+|C|-|A\cap B|-|A\cap C|-|B\cap C|+|A\cap B\cap C|$$

例 6.3.3　假定有 120 个学生，其中 100 个学生至少要学英语、日语、韩语三种语言中的一种；还假定 65 人学英语，42 人学日语，45 人学韩语；25 人学英语和

韩语,20 人学英语和日语,15 人学日语和韩语.问同时学三种语言的有多少人?仅学一种语言的有多少人?

解 设 A,B,C 分别表示学英语、日语和韩语的学生的集合,于是

$$|A\cup B\cup C|=|A|+|B|+|C|-|A\cap B|-|A\cap C|-|B\cap C|+|A\cap B\cap C|$$

$$100=65+45+42-25-20-15+|A\cap B\cap C|$$

$$|A\cap B\cap C|=8$$

即有 8 人三种语言都学.

把这个结果填在文氏图(图 6.3.3)中.由图 6.3.3 可知,28 人仅学英语,15 人仅学日语,13 人仅学韩语.

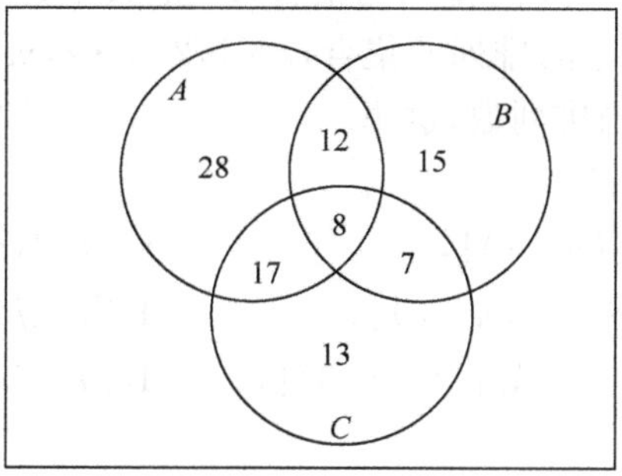

图 6.3.3

例 6.3.4 求欧拉函数的值.

欧拉函数 $\varphi(x)$ 是初等数论中的一个重要函数,设 n 是正整数,$\varphi(n)$ 表示 $\{0,1,2,3,\cdots,n-1\}$ 中与 n 互素的数的个数.下面利用包含排斥原理求出欧拉函数的计算公式.

给定正整数 n,设 n 的标准分解式为 $n=p_1^{\alpha_1}p_2^{\alpha_2}\cdots p_k^{\alpha_k}$,$A_i=\{x\mid 0\leqslant x\leqslant n-1$ 且 p_i 整除 $x\}$,则

$$|A_i|=\frac{n}{p_i},\quad i=1,2,3,\cdots,k$$

$$|A_i\cap A_j|=\frac{n}{p_ip_j},\quad 1\leqslant i<j\leqslant k$$

$$\cdots\cdots$$

根据包含排斥原理

$$\begin{aligned}\varphi(n)&=n-\left(\frac{n}{p_1}+\frac{n}{p_2}+\cdots+\frac{n}{p_k}\right)+\left(\frac{n}{p_1p_2}+\frac{n}{p_1p_3}+\cdots+\frac{n}{p_{k-1}p_k}\right)\\&\quad-\cdots+(-1)^k\frac{n}{p_1p_2\cdots p_k}\\&=n\left(1-\frac{1}{p_1}\right)\left(1-\frac{1}{p_2}\right)\cdots\left(1-\frac{1}{p_k}\right)\end{aligned}$$

例如，$60=2^2\cdot 3\cdot 5$，$\varphi(60)=60\left(1-\frac{1}{2}\right)\left(1-\frac{1}{3}\right)\left(1-\frac{1}{5}\right)=60\cdot\frac{1}{2}\cdot\frac{2}{3}\cdot\frac{4}{5}=16$.

例 6.3.5（错位排列计数问题） 有 n 个人参加晚会时寄存了自己的帽子，可是保管人忘记放寄存号，当每个人领取帽子时，他只能随机选择一顶帽子交给寄存人. 问 $n!$ 种领取帽子的方式中有多少种方式使得每个人都没有领到自己的帽子？

如果将这些人与他们的帽子分别标号为 $1,2,3,\cdots,n$，设 j 领到的帽子标号为 i_j，$j=1,2,3,\cdots,n$，那么这些人领到的帽子可以用排列 $i_1i_2\cdots i_n$ 来表示，其中每个人都没有领到自己帽子的排列 $i_1i_2\cdots i_n$ 满足 $i_j\neq j$，$j=1,2,3,\cdots,n$，称这种排列为错位排列，这里就是求错位排列数.

解 设 S 为 $1,2,3,\cdots,n$ 的排列的集合，P_i 是其中 i 处在排列中的第 i 位的性质，A_i 是 S 中具有性质 P_i 的排列的集合，$i=1,2,3,\cdots,n$. 错位排列数就是 S 中不具有以上任何一条性质的排列数，这里

$$
\begin{aligned}
&|S|=n!,\\
&|A_i|=(n-1)!, && i=1,2,\cdots,n\\
&|A_i\cap A_j|=(n-2)!, && 1\leqslant i<j\leqslant n\\
&|A_i\cap A_j\cap A_k|=(n-3)!, && 1\leqslant i<j<k\leqslant n\\
&\cdots\cdots\\
&|A_1\cap A_2\cap\cdots\cap A_n|=0!\ =1
\end{aligned}
$$

于是所求的错位排列数为

$$
n!-C_n^1(n-1)!+C_n^2(n-2)!-\cdots+(-1)^nC_n^n0!\ =n!\ \left[1-\frac{1}{1!}+\frac{1}{2!}-\cdots+(-1)^n\frac{1}{n!}\right]
$$

由于 $\lim\limits_{n\to\infty}\left[1-\frac{1}{1!}+\frac{1}{2!}-\cdots+(-1)^n\frac{1}{n!}\right]=e^{-1}$，所以，当 n 充分大时，错位排列占所有排列的比例约为 e^{-1}.

应用的数学思想方法

1. 量化的思想、分类的方法

用集合中所含元素的多少来量化集合，从而把集合按照基数的大小分成不同的等价类.

2. 数形结合思想方法

借助于文氏图，非常清晰地呈现出集合中元素的个数，不容易产生逻辑上的混乱.

习 题 6

1. 选择适当的谓词表示下列集合：

(1) 非负偶数的集合;

(2) 7 的整倍数的集合;

(3) 二年级大学生的集合.

2. 用列元素法表示下列集合:

(1) $S_1=\{x|x$ 是十进制数字$\}$;

(2) 整数 36 的全部正因子的集合;

(3) 不超过 9 且与 9 互质的正整数集合(该集合的元素个数称为欧拉函数 $\varphi(9)$);

(4) $S_2=\{x|x\in\mathbf{Z}\wedge 2<x<10\}$;

(5) $S_3=\{x|x\in\mathbf{R}\wedge x^2-5x+6=0\wedge x>5\}$.

3. 设 A,B,C 是任意三个集合,如果 $A\in B,B\in C$,则 $A\in C$ 可能吗? $A\in C$ 常真吗? 举例说明.

4. 设 A,B 是任意两个集合,$A\subseteq B$ 与 $A\in B$ 同时成立吗?

5. 设 A,B,C 是任意三个集合.

(1) 若 $A\cup B=A\cup C$,则 $B=C$ 吗?

(2) 若 $A\cap B=A\cap C$,则 $B=C$ 吗?

(3) 若 $A\cup B=A\cup C$ 且 $A\cap B=A\cap C$,则 $B=C$ 吗?

6. 设 A,B 是任意两个集合.

(1) 若 $A-B=B$,则 A 与 B 有何关系?

(2) 若 $A-B=B-A$,则 A 与 B 有何关系?

(3) 若 $A\cap B=B\cup A$,则 A 与 B 有何关系?

(4) 若 $A\oplus B=A$,则 A 与 B 有何关系?

7. 设 A,B 是任意两个集合,证明:

(1) $A\subseteq B\Rightarrow P(A)\subset P(B)$;

(2) $P(A)\subseteq P(B)\Rightarrow A\subseteq B$;

(3) $P(A)=P(B)\Leftrightarrow A=B$.

8. 120 个学生参加考试,考试有 A,B,C 3 道题. 考试结果如下:12 个学生 3 道题都做对了,20 个学生做对 A 和 B,16 个学生做对 A 和 C,28 个学生做对 B 和 C,做对 A 的有 48 个学生,做对 B 的有 56 个学生,有 16 个学生一道也没有做对. 试问做对 C 的学生有多少个?

9. 断下列说法,为真的给出证明,为假的给出反例.

(1) $\{\varnothing\}\subseteq\{x\}-\{\{x\}\}$;

(2) 若 $A\cap B=A\cap C$,则 $B=C$.

10. 求下列集合的幂集:

(1) $\varnothing$;

(2) $\{\varnothing\}$;

(3) $\{a,\{a\}\}$;

(4) $\{\{1,2\}\}$.

11. 设 $S=\{0,1\}$,求集合 $P(S)$.

12. 证明:对任意集合 A,B,有

$$P(A)\cap P(B)=P(A\cap B),\quad P(A)\cup P(B)\subseteq P(A\cup B)$$

并举例说明,一般 $P(A)\cup P(B)\neq P(A\cup B)$.

13. 设 $A=\{\varnothing,\{\varnothing\}\}$,计算 $P(A)-\{\varnothing\}$,$P(A)\oplus A$.

14. 设 A,B,C 是任意集合,证明:已知 $A\cap B\subseteq B\cap C$,且有 $A-B\subseteq B-C$,则 $A\subseteq B$.

15. 设 A 是集合,A 的元素也是集合,$P(A)$ 是 A 的幂集.

(1) 计算 $\bigcup\{\{a,b,c\},\{a,d,e\},\{a,f\}\}$;

(2) 证明 $\bigcup P(A)=A$;

(3) 请问 $P(\bigcup A)=A$?

7 关系及其思想方法

世间的万事万物之间存在着各种各样的联系，这些联系正是各门学科所要研究的主要问题. 例如，函数关系、计算机程序的输入与输出的联系等. 集合论为刻画这种联系提供了一种数学模型——关系. 关系是一个集合，已具有这种关系的事物为其成员. 因而在关系的研究中可方便使用集合论的语言和方法.

7.1 有序对与笛卡儿积

在日常生活中，有许多事物是成对出现的，而且这种成对出现的事物具有一定的顺序. 例如，上、下；左、右；$3<4$；山东是中国的一个省；平面上点的坐标等. 一般来说，两个具有固定次序的客体组成一个有序对，它常表达两个客体之间的关系. 上述各例可分别表示为$<$上，下$>$；$<$左，右$>$；$<3,4>$；$<$山东，中国$>$；$<a,b>$等.

定义 7.1.1 由两个元素 x 和 y 按一定顺序排列成的二元组称为一个有序对或序偶，记为$<x,y>$，其中 x 是它的第一元素（或分量），y 是它的第二元素.

例如，平面直角坐标系中，点的坐标(x,y)就是一个有序对，x 是点的横坐标，y 是点的纵坐标.

定义 7.1.2 两个序偶$<x,y>$，$<u,v>$相等，当且仅当 $x=u,y=v$.

应该指出序偶$<a,b>$中的两个元素不一定来自同一个集合，它们可以代表不同类型的事物. 例如，a 代表极坐标平面中点的极径，b 代表点的极角，那么序偶$<a,b>$代表极坐标平面中点的极坐标. 由此，集合$\{a,b\}$与序偶$<a,b>$是不同的.

序偶的概念可以推广到 n 元组的情况.

一般地，n 元组可简写为$<x_1,x_2,\cdots,x_{n-1},x_n>$，第 i 个元素 x_i 称为 n 元有序组的第 i 个坐标 $i=1,2,\cdots,n$.

序偶$<x,y>$其元素可以分别属于不同的集合，因此任给两个集合 A 和 B，可以定义一种序偶的集合.

定义 7.1.3 设 A,B 是任意两个集合，用 A 中的元素为第一元，用 B 中的元素为第二元构成有序对，这样的有序对组成的集合称为 A 和 B 的笛卡儿积，记为 $A\times B$. 笛卡儿积运算是定义在集合上的一种新的运算，其运算结果不同于集合的并、交等的运算结果，具有新意.

笛卡儿积的符号化表示为

$$A\times B=\{<x,y>|x\in A\wedge y\in B\}$$

可以将定义 7.1.3 推广，设 $A_1,A_2,\cdots,A_n$ 是任意的 n 个集合，则

$$A_1\times A_2\times\cdots\times A_n=\{<x_1,x_2,\cdots,x_n>|x_i\in A_i,i=1,2,3,\cdots,n\}$$

例如，设 $A=\{a,b\}$，$B=\{1,2,3\}$，则

$$A\times B=\{<a,1>,<a,2>,<a,3>,<b,1>,<b,2>,<b,3>\}$$
$$B\times A=\{<1,a>,<1,b>,<2,a>,<2,b>,<3,a>,<3,b>\}$$
$$A\times A=\{<a,a>,<a,b>,<b,a>,<b,b>\}$$
$$B\times B=\{<1,1>,<1,2>,<1,3>,<2,1>,<2,2>,<2,3>,<3,1>,<3,2>,<3,3>\}$$

再如，课程表就是 $A_1\times A_2\times\cdots\times A_n$ 的一个实例，如表 7.1.1 所示.

表 7.1.1　课程表

班级	课程名称	教师	教室	时间
01 级 1 班	高等代数	A	1-101	周 1,1-2
02 级 1 班	数学分析	B	1-202	周 1,1-2
03 级 1 班	概率论与数理统计	C	1-205	周 1,1-2
04 级 1 班	数学教学论	D	1-305	周 3,3-4

可以看到 $A\times B\neq B\times A$.

由排列组合的知识可以得到，如果 $|A|=m$，$|B|=n$，则 $|A\times B|=mn$；如果 $|A_i|=m_i,i=1,2,\cdots,n$，则

$$|A_1\times A_2\times\cdots\times A_n|=|A_1|\times|A_2|\times\cdots\times|A_n|=m_1m_2\cdots m_n$$

例 7.1.1　计算机内的字是由固定的 n 个有序二进制数所组成，它的全体可以表示成有序 n 元组的集合：$A=\{0,1\}$，$A^n=A\times A\times\cdots\times A=\{\underbrace{00\cdots0}_{n个},\underbrace{00\cdots1}_{n个},\cdots,\underbrace{11\cdots1}_{n个}\}$，$|A^n|=|A|^n=2^n$.

我们约定 $A=\varnothing$ 或 $B=\varnothing$，则 $A\times B=\varnothing$.

笛卡儿积运算具有以下性质：

(1) 笛卡儿积运算不满足交换律，即

$$A\times B\neq B\times A\quad（当 A\neq\varnothing\wedge B\neq\varnothing\wedge A\neq B 时）$$

(2) 笛卡儿积运算不满足结合律，即

$$(A\times B)\times C\neq A\times(B\times C)\quad（当 A\neq\varnothing\wedge B\neq\varnothing\wedge C\neq\varnothing 时）$$

例 7.1.2　设 $A=\{0,1\}$，$B=\{a,b\}$，$C=\{x,y\}$，则

$$(A\times B)\times C=\{\langle\langle 0,a\rangle,x\rangle,\langle\langle 0,b\rangle,x\rangle,\langle\langle 1,a\rangle,x\rangle,\langle\langle 1,b\rangle,x\rangle,\langle\langle 0,a\rangle,y\rangle,\langle\langle 0,b\rangle,y\rangle,\langle\langle 1,a\rangle,y\rangle,\langle\langle 1,b\rangle,y\rangle\}$$

$$A\times(B\times C)=\{\langle 0,\langle a,x\rangle\rangle,\langle 0,\langle b,x\rangle\rangle,\langle 1,\langle a,x\rangle\rangle,\langle 1,\langle b,x\rangle\rangle,\langle 0,\langle a,y\rangle\rangle,\langle 0,\langle b,y\rangle\rangle,\langle 1,\langle a,y\rangle\rangle,\langle 1,\langle b,y\rangle\rangle\}$$

所以，$(A\times B)\times C\neq A\times(B\times C)$.

(3) 笛卡儿积运算对并、交和相对补运算满足分配律

$$A\times(B\cup C)=(A\times B)\cup(A\times C)$$
$$A\times(B\cap C)=(A\times B)\cap(A\times C)$$
$$A\times(B-C)=(A\times B)-(A\times C)$$
$$(A\cup B)\times C=(A\times C)\cup(B\times C)$$
$$(A\cap B)\times C=(A\times C)\cap(B\times C)$$
$$(A-B)\times C=(A\times C)-(B\times C)$$

我们来证明第一式，其余各式可以仿此证明.

证明 任取$\langle x,y\rangle$，有

$$\begin{aligned}&\langle x,y\rangle\in A\times(B\cup C)\\ \Leftrightarrow\ & x\in A\wedge y\in B\cup C\\ \Leftrightarrow\ & x\in A\wedge(y\in B\vee y\in C)\\ \Leftrightarrow\ & (x\in A\wedge y\in B)\vee(x\in A\wedge y\in C)\\ \Leftrightarrow\ & \langle x,y\rangle\in A\times B\vee\langle x,y\rangle\in A\times C\\ \Leftrightarrow\ & \langle x,y\rangle\in(A\times B)\cup(A\times C)\end{aligned}$$

所以 $A\times(B\cup C)=(A\times B)\cup(A\times C)$.

(4) 若 $C\neq\varnothing$，则

$$A\subseteq B\Leftrightarrow(A\times C)\subseteq(B\times C)\Leftrightarrow(C\times A)\subseteq(C\times B)$$

证明 因为 $C\neq\varnothing$，所以存在 $y\in C$，若 $A\subseteq B$，任取 $x\in A$，有

$$\begin{aligned}\langle x,y\rangle\in A\times C&\Leftrightarrow x\in A\wedge y\in C\\ &\Rightarrow x\in B\wedge y\in C\\ &\Leftrightarrow\langle x,y\rangle\in B\times C\end{aligned}$$

因此

$$(A\times C)\subseteq(B\times C)$$

反之，若 $A=\varnothing$，则结论显然成立；若 $A\neq\varnothing$，因为$(A\times C)\subseteq(B\times C)$，任取 $x\in A$，则有

$$\left.\begin{array}{l}x\in A\\ y\in C\end{array}\right\}\Rightarrow\langle x,y\rangle\in A\times C\Rightarrow\langle x,y\rangle\in B\times C\Rightarrow x\in B$$

因此 $A\subseteq B$.

同样，性质的第二部分可以类似地证明.

(5) 设 A,B,C,D 为非空集合,则

$$A\times B\subseteq C\times D \text{ 的充要条件为 } A\subseteq C, B\subseteq D.$$

证明 若 $A\times B\subseteq C\times D$,对任意 $x\in A, y\in B$,有

$$\begin{aligned} x\in A\wedge y\in B &\Leftrightarrow <x,y>\in A\times B \\ &\Rightarrow <x,y>\in C\times D \\ &\Leftrightarrow x\in C\wedge y\in D \end{aligned}$$

即 $A\subseteq C, B\subseteq D$.

反之,若 $A\subseteq C, B\subseteq D$,对 $x\in A, y\in B$,有

$$\begin{aligned} <x,y>\in A\times B &\Leftrightarrow x\in A\wedge y\in B \\ &\Rightarrow x\in C\wedge y\in D \\ &\Leftrightarrow <x,y>\in C\times D \end{aligned}$$

因此 $A\times B\subseteq C\times D$.

因为两集合的笛卡儿积仍是一个集合,故对于有限集合可以进行多次的笛卡儿积运算.

例 7.1.3 设 $A=\{1,2\}$,求 $P(A)\times A$.

解 $P(A)\times A$

$=\{\varnothing,\{1\},\{2\},\{1,2\}\}\times\{1,2\}$

$=\{<\varnothing,1>,<\varnothing,2>,<\{1\},1>,<\{1\},2>,<\{2\},1>,<\{2\},2>,<\{1,2\},1>,<\{1,2\},2>\}$.

应用的数学思想方法

1. 数学化思想

本节第一步数学化把成对出现的具有一定顺序的事物抽象成数学的对象——有序对.本部分是研究集合的,把对象看成是集合的元素,进一步抽象化出集合的笛卡儿积的运算,并作一般化处理.可以让我们一步步在“一浪接一浪”的数学化过程中体验到数学由现实的情境问题到数学问题的建模过程.

2. 运算的方法

前已述及,数学研究概念的方法是运算.本节中定义了有序对,将有序对视为集合的元素,定义了集合之间一种新的运算,其运算结果形式完全不同于前面集合的并、交运算,运算结果蕴涵于参与运算的集合之中,而是“脱胎换骨”式的一种全新的形式,拓宽了集合形式,开阔了视野,创新了运算的方法,更丰富了集合研究的内容.

3. 集合与元素的方法

集合语言是现在数学的基础语言,凡对象即视为属于集合的元素.

7.2 关系及其表示

关系是一个基本概念,在日常生活中我们都熟悉关系这个词的含义,如同学关系、位置关系、邻居关系等.在数学上关系可表达集合中元素间的联系,如"3 小于 5"、"4 整除 36"等.我们又知道序偶可以表达两个客体、三个客体或 n 个客体之间的联系,因此用序偶表达关系这个概念是非常自然的.在数学与计算机科学中,用关系来描述集合和元素之间的联系,如等价关系、偏序关系、函数关系、一一对应关系和递归关系等.下面以实例说明.

例如,体育馆某场篮球比赛票与座位之间有对号关系.设 X 表示篮球票的集合,Y 表示座位的集合,则对于任意的 $x\in X$ 和 $y\in Y$,必有 x 与 y 有"对号"关系和 x 与 y 没有"对号"关系两种情况之一,令 R 表示"对号"关系,则上述问题可表达为 xRy 或 $x\not R y$,也可记为 $<x,y>\in R$ 或 $<x,y>\notin R$,因此我们看到对号关系 R 是序偶的集合.

定义 7.2.1 如果一个集合满足以下条件之一:

(1) 集合非空,且它的元素都是有序对;

(2) 集合是空集.

则称该集合为一个二元关系,记为 R.二元关系也可简称关系,对于二元关系 R,如果 $<x,y>\in R$,可记为 xRy;如果 $<x,y>\notin R$,则记为 $x\not R y$.

例如,$R_1=\{<1,2>,<a,b>,<3,2>\}$,$R_2=\{<1,2>,a,b\}$,则 R_1 是二元关系,R_2 不是二元关系.根据上面的记法可以写 $1R_1 2$,$aR_1 b$,$3R_1 2$,$2\not R_1 3$ 等.

定义 7.2.2 设 A,B 为集合,$A\times B$ 的任何子集所定义的二元关系称为从 A 到 B 的二元关系,特别当 $A=B$ 时称为 A 上的二元关系.

例如,$A=\{0,1\}$,$B=\{1,2,3\}$,那么

$$R_1=\{<0,1>\},R_2=A\times B,R_3=\varnothing,R_4=\{<0,2>,<1,1>\}$$

都是从 A 到 B 的二元关系,特别地,R_1,R_3 同时也是 A 上的二元关系.

集合 A 上的二元关系的数目依赖于 A 中元素数.如果 $|A|=n$,则 $|A\times A|=n^2$,$A\times A$ 的子集就有 2^{n^2} 个,每一个子集代表一个 A 上的二元关系,所以 A 上有 2^{n^2} 个不同的二元关系.

对于任何集合 A,空集 $\varnothing$ 是 $A\times A$ 的子集,称为 A 上的空关系.

定义 7.2.3 对于任意集合 A,定义

$$E_A=\{<x,y>|x\in A\wedge y\in B\}=A\times A$$

$$I_A=\{<x,x>|x\in A\}$$

分别为 A 上的全域关系和恒等关系.

除了以上三种特殊的关系以外,还有一些常用的关系,如实数集上的小于等于关系、不含有零的整数集上的整除关系、集合族上的包含关系等.

如果 $A=\{1,2,3\}$,则 A 上的小于等于关系是关系 L_A:

$$L_A=\{<1,1>,<1,2>,<1,3>,<2,2>,<2,3>,<3,3>\}$$

A 上的整除关系是 D_A:

$$D_A=\{<1,1>,<1,2>,<1,3>,<2,2>,<3,3>\}$$

$B=\{a,b\}$,$P(B)$上的包含关系 $R_{\subseteq}$:

$$R_{\subseteq}=\{<\varnothing,\varnothing>,<\varnothing,\{a\}>,<\varnothing,\{b\}>,<\varnothing,\{a,b\}>,\\ <\{a\},\{a\}>,<\{a\},\{a,b\}>,<\{b\},\{b\}>,\\ <\{b\},\{a,b\}>,<\{a,b\},\{a,b\}>\}$$

例 7.2.1　设 $A=\{1,2,3,4\}$下面各式定义的关系 R 都是 A 上的关系,试用列元素法表示.

(1) $R=\{<x,y>|x$ 是 y 的倍数$\}$.

(2) $R=\{<x,y>|(x-y)^2\in A\}$.

(3) $R=\{<x,y>|x/y$ 是素数$\}$.

(4) $R=\{<x,y>|x\neq y\}$.

解　(1)

$$R=\{<1,1>,<2,1>,<2,2>,<3,1>,<3,3>,<4,1>,<4,2>,<4,4>\}$$

(2)

$$R=\{<1,2>,<1,3>,<2,1>,<2,3>,<2,4>,\\ <3,1>,<3,2>,<3,4>,<4,2>,<4,3>\}$$

(3)

$$R=\{<2,1>,<3,1>,<4,2>\}$$

(4)

$$R=\{<1,2>,<1,3>,<1,4>,<2,1>,<2,3>,<2,4>,\\ <3,1>,<3,2>,<3,4>,<4,1>,<4,2>,<4,3>\}$$

关系的三种表示方法:集合表达式、关系矩阵、关系图.

对于有穷集 A 上的关系可以用关系矩阵和关系图来表示.

设 $A=\{x_1,x_2,\cdots,x_n\}$,R 是 A 上的关系. 令

$$r_{ij}=\begin{cases}1, & 若\ x_iRx_j\\ 0, & 若\ x_i\not{R}x_j\end{cases}\quad (i,j=1,2,\cdots,n)$$

则

$$(r_{ij})_{n\times n}=\begin{bmatrix} r_{11} & r_{12} & \cdots & r_{1n} \\ r_{21} & r_{22} & \cdots & r_{2n} \\ \vdots & \vdots & & \vdots \\ r_{n1} & r_{n2} & \cdots & r_{nn} \end{bmatrix}$$

是 R 的关系矩阵，记为 M_R.

例如，$A=\{1,2,3\}$，$R=\{<1,1>,<1,2>,<2,3>,<2,4>,<4,2>\}$，则 R 的关系矩阵是

$$M_R=\begin{bmatrix} 1 & 1 & 0 & 0 \\ 0 & 0 & 1 & 1 \\ 0 & 0 & 0 & 0 \\ 0 & 1 & 0 & 0 \end{bmatrix}$$

设 $A=\{x_1,x_2,\cdots,x_n\}$，R 是 A 上的关系，R 的关系图记为 G_R. G_R 有 n 个顶点 $x_1,x_2,\cdots,x_n$，如果 $<x_i,x_j>\in R$，在 G_R 中就有一条从 x_i 到 x_j 的有向边.

上例中，R 的关系图 G_R 如图 7.2.1 所示.

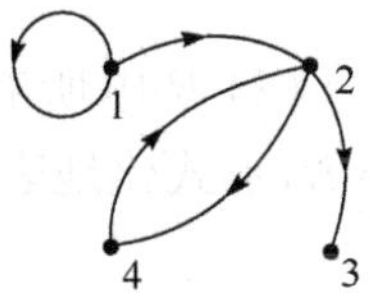

图 7.2.1

由于关系图主要表达顶点与顶点之间的邻接关系，故对顶点位置和线段的长短没有要求. 但也应合理布置顶点的位置，使关系图漂亮，且边尽可能不相交.

应用的数学思想方法

1. 普遍联系的辩证方法

本节中的二元关系是集合，自然可以用集合表达式来表示关系. 二元关系又可以用代数研究的基本内容和工具——矩阵来表示，关系的幂运算用集合表达式不方便，却可以通过矩阵的乘法(因为局限于二进制，其中的加法为逻辑加)来实现，非常方便. 更为奇特的是 7.3 节中逆关系的矩阵是关系矩阵的转置. 二元关系还可以用关系图来直观表示. 数学真奇妙，其内在的联系、规律性令人叹为观止. 结合前面关于数理逻辑部分的学习，可以窥见数学表现出高度分化与高度融合的深刻的一致性.

2. 数形结合的思想方法

将集合 A 的元素抽象为点，将元素之间的关系抽象为有向边，形象地表达了抽象的数学对象，非常自然贴切，符合人们日常的习惯. 其妙处在后面的几节中将展现出来.

7.3　关系的运算

二元关系是以有序对为元素的集合，因此对它可以进行集合的运算(如并、交、补等)而产生新的集合(关系). 对于关系还有一些新的运算. 关系的基本运算有7种.

7.3.1　关系的运算

定义 7.3.1　设 R 是二元关系.

(1) R 中所有有序对的第一元素构成的集合称为 R 的定义域(domain)，记作 $\mathrm{dom}R$，形式化地表示为

$$\mathrm{dom}R=\{x\mid \exists y(<x,y>\in R)\}$$

(2) R 中所有有序对的第二元素构成的集合称为 R 的值域(range)，记为 $\mathrm{ran}R$，形式化地表示为

$$\mathrm{ran}R=\{y\mid \exists x(<x,y>\in R)\}$$

(3) R 的定义域与值域的并集称为 R 的域，记作 $\mathrm{fld}R$，形式化地表示为

$$\mathrm{fld}R=\mathrm{dom}R\cup\mathrm{ran}R$$

图 7.3.1 是从 A 到 B 的一个关系 R 的图形表示，从 $a_i\in A$ 到 $b_i\in B$ 存在一个箭头当且仅当 $<a_i,b_i>\in R$.

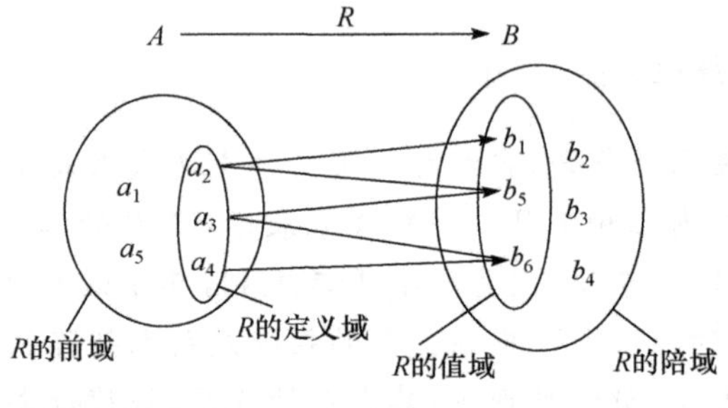

图 7.3.1

定义 7.3.2　设 R 是 A 上的二元关系，R 的逆关系简称 R 的逆，记为 R^{-1}，其中

$$R^{-1}=\{<x,y>\mid <y,x>\in R\}$$

定义 7.3.3　设 F,G 为二元关系，G 对 F 的右复合记为 $F\circ G$，其中

$$F\circ G=\{<x,y>\mid \exists t(<x,t>\in F\wedge <t,y>\in G)\}$$

例 7.3.1　设 $F=\{<1,2>,<3,4>,<2,2>\}$，$G=\{<4,2>,<2,5>,<3,1>,<1,3>\}$，则

$$F\circ G=\{<1,5>,<3,2>,<2,5>\}$$
$$G\circ F=\{<4,2>,<3,2>,<1,4>\}$$
$$F\circ F=\{<1,2>,<2,2>\}$$
$$G\circ G=\{<4,5>,<3,3>,<1,1>\}$$
$$F^{-1}=\{<2,1>,<4,3>,<2,2>\}$$

如果 $A=\{1,2,3,4,5\}$,则

$$\boldsymbol{M}_F=\begin{bmatrix}0&1&0&0&0\\0&1&0&0&0\\0&0&0&1&0\\0&0&0&0&0\\0&0&0&0&0\end{bmatrix},\quad \boldsymbol{M}_{F^{-1}}=\begin{bmatrix}0&0&0&0&0\\1&1&0&0&0\\0&0&0&0&0\\0&0&1&0&0\\0&0&0&0&0\end{bmatrix}=\boldsymbol{M}_F'\quad (M_F \text{ 的转置})$$

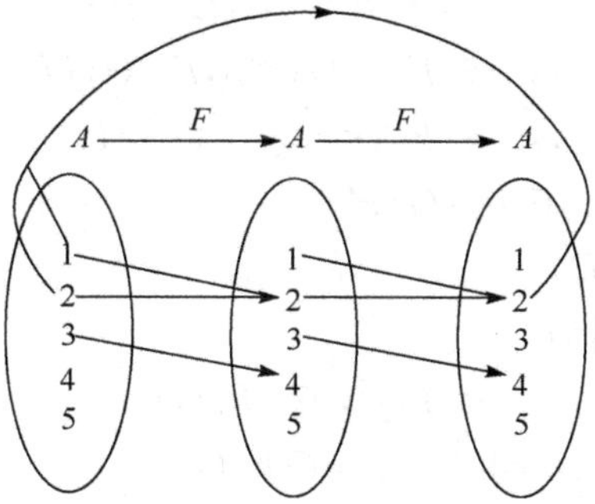

图 7.3.2 $F\circ F$ 的图示

关系的复合称为关系的合成运算,合成运算是关系的二元运算,它能够由两个关系生成一个新的关系,并可以此类推.

例如,如果 F 是关系"……是……的兄弟",G 是关系"……是……的父亲",那么 $F\circ G$ 是关系"……是……的叔伯".

在关系的这些运算中,逆运算优于其他运算,而所有的关系运算都优于集合运算,对于没有规定优先权的运算,以括号确定运算顺序.

7.3.2 运算的性质

定理 7.3.1 设 F 是二元关系,则

(1) $(F^{-1})^{-1}=F$.

(2) $\mathrm{dom}F^{-1}=\mathrm{ran}F$, $\mathrm{ran}F^{-1}=\mathrm{dom}F$.

证明 (1) 任取 $<x,y>$,因为

$$<x,y>\in(F^{-1})^{-1}\Leftrightarrow<y,x>\in F^{-1}\Leftrightarrow<x,y>\in F$$

所以有 $(F^{-1})^{-1}=F$.

(2) 任取 x,

$$x \in \mathrm{dom}F^{-1} \Leftrightarrow \exists y(<x,y> \in F^{-1}) \Leftrightarrow \exists y(<y,x> \in F) \Leftrightarrow x \in \mathrm{ran}F$$

所以有 $\mathrm{dom}F^{-1} = \mathrm{ran}F$.

同理可证 $\mathrm{ran}F^{-1} = \mathrm{dom}F$.

定理 7.3.2 设 F,G,H 为二元关系,则

(1) $(F \circ G) \circ H = F \circ (G \circ H)$.

(2) $(F \circ G)^{-1} = G^{-1} \circ F^{-1}$.

证明 (1)任取$<x,y>$,因为

$$\begin{aligned}
&<x,y> \in (F \circ G) \circ H \\
\Leftrightarrow\ & \exists t(<x,t> \in F \circ G \wedge <t,y> \in H) \\
\Leftrightarrow\ & \exists t(\exists s(<x,s> \in F \wedge <s,t> \in G) \wedge <t,y> \in H) \\
\Leftrightarrow\ & \exists t \exists s(<x,s> \in F \wedge <s,t> \in G \wedge <t,y> \in H) \\
\Leftrightarrow\ & \exists s(<x,s> \in F \wedge \exists t(<s,t> \in G \wedge <t,y> \in H)) \\
\Leftrightarrow\ & \exists s(<x,s> \in F \wedge <s,y> \in G \circ H) \\
\Leftrightarrow\ & <x,y> \in F \circ (G \circ H)
\end{aligned}$$

所以$(F \circ G) \circ H = F \circ (G \circ H)$.

(2) 任取$<x,y>$,因为

$$\begin{aligned}
&<x,y> \in (F \circ G)^{-1} \\
\Leftrightarrow\ & <y,x> \in F \circ G \\
\Leftrightarrow\ & \exists t(<y,t> \in F \wedge <t,x> \in G) \\
\Leftrightarrow\ & \exists t(<x,t> \in G^{-1} \wedge <t,y> \in F^{-1}) \\
\Leftrightarrow\ & <x,y> \in G^{-1} \circ F^{-1}
\end{aligned}$$

所以$(F \circ G)^{-1} = G^{-1} \circ F^{-1}$

定理 7.3.3 设 F,G 是 A 上的二元关系,则

$$(F \cup G)^{-1} = F^{-1} \cup G^{-1}$$

$$(F \cap G)^{-1} = F^{-1} \cap G^{-1}$$

证明 任取$<x,y>$,有

$$\begin{aligned}
&<x,y> \in (F \cup G)^{-1} \\
\Leftrightarrow\ & <y,x> \in F \cup G \\
\Leftrightarrow\ & <y,x> \in F \vee <y,x> \in G \\
\Leftrightarrow\ & <x,y> \in F^{-1} \vee <x,y> \in G^{-1} \\
\Leftrightarrow\ & <x,y> \in F^{-1} \cup G^{-1}
\end{aligned}$$

所以$(F \cup G)^{-1} = F^{-1} \cup G^{-1}$.

对于交运算与逆运算的式子同理可证.

定理 7.3.4 设 R 是 A 上的二元关系,则

$$R \circ I_A = I_A \circ R = R$$

证明 取$<x,y>$,因为有

$$\begin{aligned}&<x,y> \in R \circ I_A\\ \Leftrightarrow &\exists t(<x,t> \in R \wedge <t,y> \in I_A)\\ \Leftrightarrow &\exists t(<x,t> \in R \wedge t=y)\\ \Rightarrow &<x,y> \in R\end{aligned}$$

所以 $R \circ I_A \subseteq R$.

又

$$\begin{aligned}&<x,y> \in R\\ \Rightarrow &<x,y> \in R \wedge y \in A\\ \Rightarrow &<x,y> \in R \wedge <y,y> \in I_A\\ \Rightarrow &<x,y> \in R \circ I_A\end{aligned}$$

所以 $R \subseteq R \circ I_A$.

因此,$R \circ I_A = R$.

同理可证 $I_A \circ R = R$.

定理 7.3.5 设 F,G,H 为二元关系,则

(1) $F \circ (G \cup H) = F \circ G \cup F \circ H$.

(2) $(G \cup H) \circ F = G \circ F \cup H \circ F$.

(3) $F \circ (G \cap H) \subseteq F \circ G \cap F \circ H$.

(4) $(G \cap H) \circ F \subseteq G \circ F \cap H \circ F$.

这里仅证明(2)和(4),其他仿此可证.

证明 (2) 任取$<x,y>$,因为

$$\begin{aligned}&<x,y> \in (G \cup H) \circ F\\ \Leftrightarrow &\exists t(<x,t> \in G \cup H \wedge <t,y> \in F)\\ \Leftrightarrow &\exists t((<x,t> \in G \vee <x,t> \in H) \wedge <t,y> \in F)\\ \Leftrightarrow &\exists t((<x,t> \in G \wedge <t,y> \in F) \vee (<x,t> \in H \wedge <t,y> \in F))\\ \Leftrightarrow &\exists t(<x,t> \in G \wedge <t,y> \in F) \vee \exists t(<x,t> \in H \wedge <t,y> \in F)\\ \Leftrightarrow &<x,y> \in G \circ F \vee <x,y> \in H \circ F\\ \Leftrightarrow &<x,y> \in G \circ F \cup H \circ F\end{aligned}$$

所以$(G \cup H) \circ F = G \circ F \cup H \circ F$.

(4) 任取$<x,y>$,有

$$\begin{aligned}&<x,y> \in (G \cap H) \circ F\\ \Leftrightarrow &\exists t(<x,t> \in G \cap H \wedge <t,y> \in F)\\ \Leftrightarrow &\exists t((<x,t> \in G \wedge <x,t> \in H) \wedge <t,y> \in F)\\ \Leftrightarrow &\exists t((<x,t> \in G \wedge <t,y> \in F) \wedge (<x,t> \in H \wedge <t,y> \in F))\end{aligned}$$

$\Rightarrow \exists t(<x,t>\in G \wedge <t,y>\in F) \wedge \exists t(<x,t>\in H \wedge <t,y>\in F)$

$\Leftrightarrow <x,y>\in G\circ F \wedge <x,y>\in H\circ F$

$\Leftrightarrow <x,y>\in G\circ F \cap H\circ F$

所以$(G\cap H)\circ F\subseteq G\circ F\cap H\circ F$.

用数学归纳法可以证明,定理 7.3.5 的结论对于有限多个关系的并和交也是成立的.

7.3.3 关系的幂运算

定义 7.3.4 设 R 为 A 上的关系,n 为自然数,则 R 的 n 次幂 R^n 为:

(1) $R^0=I_A$;

(2) $R^{n+1}=R^n\circ R$.

给定 A 上的关系 R 和自然数 n,怎样计算 R^n 呢? 如果 n 是 0 或 1,结果很简单. 当 $n\geqslant 2$ 时,如果 R 是用集合表达式给出的,可以通过 $n-1$ 次复合计算得到 R^n;如果是用关系矩阵 $\boldsymbol{M}$ 给出的,则 R^n 的关系矩阵是 $\boldsymbol{M}^n$,即 n 个矩阵 $\boldsymbol{M}$ 的积. 与普通矩阵乘法不同的是其中的相加是逻辑加,相乘是逻辑乘,满足 $0+0=0,0+1=1,1+0=1,1+1=1;0\cdot 0=0,0\cdot 1=0,1\cdot 0=0,1\cdot 1=1$. 如果 R 是用关系图 G 给出的,可以直接由图 G 得到 R^n 的关系图 G',G'的顶点集与 G 相同,考察 G 的每个顶点 x_i,如果在 G 中从 x_i 出发经过 n 步长的路径到达顶点 x_j,则在 G'中加一条从 x_i 到 x_j 的边,当把所有这样的边都找到以后,就得到图 G'.

例 7.3.2 设 $A=\{a,b,c,d\}$,$R=\{<a,b>,<b,a>,<b,c>,<c,d>\}$,求 R 的各次幂,分别用关系矩阵和关系图表示.

解 R 的关系矩阵为

$$\boldsymbol{M}=\begin{bmatrix}0&1&0&0\\1&0&1&0\\0&0&0&1\\0&0&0&0\end{bmatrix}$$

则 R^2,R^3,R^4 的关系矩阵分别是

$$\boldsymbol{M}^2=\begin{bmatrix}0&1&0&0\\1&0&1&0\\0&0&0&1\\0&0&0&0\end{bmatrix}\begin{bmatrix}0&1&0&0\\1&0&1&0\\0&0&0&1\\0&0&0&0\end{bmatrix}=\begin{bmatrix}1&0&1&0\\0&1&0&1\\0&0&0&0\\0&0&0&0\end{bmatrix}$$

$$\boldsymbol{M}^3=\boldsymbol{M}^2\boldsymbol{M}=\begin{bmatrix}1&0&1&0\\0&1&0&1\\0&0&0&0\\0&0&0&0\end{bmatrix}\begin{bmatrix}0&1&0&0\\1&0&1&0\\0&0&0&1\\0&0&0&0\end{bmatrix}=\begin{bmatrix}0&1&0&1\\1&0&1&0\\0&0&0&0\\0&0&0&0\end{bmatrix}$$

$$M^4=M^3M=\begin{bmatrix}0&1&0&1\\1&0&1&0\\0&0&0&0\\0&0&0&0\end{bmatrix}\begin{bmatrix}0&1&0&0\\1&0&1&0\\0&0&0&1\\0&0&0&0\end{bmatrix}=\begin{bmatrix}1&0&1&0\\0&1&0&1\\0&0&0&0\\0&0&0&0\end{bmatrix}$$

因此，$M^4=M^2$，即 $R^4=R^2$. 由此可以得到

$$R^2=R^4=R^6=\cdots$$
$$R^3=R^5=R^7=\cdots$$

而 $R^0=I_A$ 的关系矩阵是

$$M^0=\begin{bmatrix}1&0&0&0\\0&1&0&0\\0&0&1&0\\0&0&0&1\end{bmatrix}$$

至此，R 的各次幂的关系矩阵都得到了.

用关系图的方法得到 $R^0,R^1,R^2,R^3,\cdots$ 的关系图，如图 7.3.3 所示.

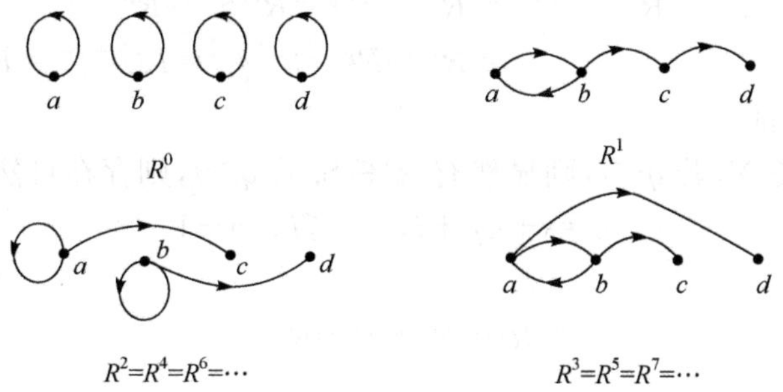

图 7.3.3

幂运算的性质：

定理 7.3.6 设 A 为 n 元集，R 是 A 上的关系，则存在自然数 s,t，使得 $R^s=R^t$.

证明 R 是 A 上的关系，对任何自然数 k，R^k 都是 $A\times A$ 的子集，又 $|A\times A|=n^2$，$|P(A)|=2^{n^2}$，即 $A\times A$ 的不同子集仅有 2^{n^2} 个，当列出 R 的各次幂的序列 $R^0,R^1,R^2,\cdots,R^{2^{n^2}},\cdots$ 时，必存在自然数 s,t，使得 $R^s=R^t$.

其实，有穷集上只有有穷多个不同的二元关系，当关系的幂指数足够大时，必定和排在前面的某个关系重复.

定理 7.3.7 设 R 为 A 上的关系，m,n 为自然数，则

(1) $R^m\circ R^n=R^{m+n}$；

(2) $(R^m)^n=R^{mn}$.

证明 (1) 固定 m，对 n 用数学归纳法.

当 $n=0$ 时，$R^m\circ R^0=R^m\circ I_A=R^m=R^{m+0}$.

假设当 $n=k(\geqslant 0)$ 时，有 $R^m\circ R^k=R^{m+k}$，那么当 $n=k+1$ 时，有

$$R^m\circ R^{k+1}=R^m\circ(R^k\circ R)=(R^m\circ R^k)\circ R=R^{m+k}\circ R=R^{m+k+1}$$

所以对任何自然数 m,n，都有 $R^m\circ R^n=R^{m+n}$.

(2) 仿(1)可证.

定理 7.3.8　设 A 为 n 元集，R 是 A 上的关系，若存在自然数 $s,t(s<t)$，使得 $R^s=R^t$，则

(1) 对任何 $k\in N$，有 $R^{s+k}=R^{t+k}$.

(2) 对任何 $k,i\in N$，有 $R^{s+kp+i}=R^{s+i}$，$p=t-s$.

(3) 令 $S=\{R^0,R^1,R^2,\cdots,R^{t-1}\}$，则对任意的 $q\in N$ 有 $R^q\in S$.

证明　(1) $R^{s+k}=R^s\circ R^k=R^t\circ R^k=R^{t+k}$.

(2) 对 k 用归纳法.

当 $k=0$ 时，有 $R^{s+0p+i}=R^{s+i}$.

假设 $R^{s+kp+i}=R^{s+i}$，$p=t-s$，那么

$$\begin{aligned}R^{s+(k+1)p+i}&=R^{s+kp+i+p}=R^{s+kp+i}\circ R^p\\&=R^{s+i}\circ R^p=R^{s+p+i}=R^{s+t-s+i}=R^{t+i}=R^{s+i}\end{aligned}$$

由归纳法命题得证.

(3) 任取 $q\in N$，若 $q<t$，则显然有 $R^q\in S$. 若 $q\geqslant t$，则存在自然数 k,i，使得

$$q=s+kp+i,\quad 0\leqslant i\leqslant p-1$$

于是

$$R^q=R^{s+kp+i}=R^{s+i}$$

而

$$s+i\leqslant s+p-1=s+t-s-1=t-1$$

这就证明了 $R^q\in S$.

通过上面的定理可以看出，有穷集上的关系序列除了前面有限项外均会周期性变化，就像无限循环小数一样，利用它的周期性可以将关系的高次幂化为低次幂.

应用的数学思想方法

1. 特殊化方法

众所周知，“从特殊到一般”与“由一般到特殊”是人类认识客观世界的一般规律. 由于事物的特殊性中包含着普遍性，即共性存在于个性之中. 由于相对于一般而言，特殊的事物往往显得简单、直观、具体，并为人所熟知，因而，当我们处理问题时，必须注意到问题的普遍性存在于特殊性之中，进而分析考虑是否有可能把待解决的问题划为某个特殊的问题.

函数关系是一种特殊的二元关系，它是我们从中学阶段就开始接触的最熟悉的，同时也是研究最多的内容. 本节根据特殊化方法，仿照函数关系，从定义域、值域、复合、逆开始，展开对二元关系的学习.

2. 普遍联系的辩证方法

关系幂运算的定义与实数幂运算的定义相似，运算法则完全一致；幂运算的周期性规律同循环小数也极其一致. 本节又一次体现了数学各分支的普遍联系与统一和谐.

3. 数形结合的思想方法

用关系图进行关系的运算，数形结合、操作方便、形象有趣.

7.4 关系的性质

关系的性质在关系的研究中起着特别重要的作用.

7.4.1 关系性质的概念

关系的性质主要有：自反性、反自反性、对称性、反对称性和传递性.

定义 7.4.1 设 R 是 A 上的关系.

(1) 若对于每一个 $x\in A$，有 xRx，则称 R 是自反的.

(2) 若对于每一个 $x\in A$，有 $x\not R x$，则称 R 是反自反的.

$$R\text{ 在 }A\text{ 上是自反的}\Leftrightarrow \forall x(x\in A\rightarrow xRx)$$

$$R\text{ 在 }A\text{ 上是反自反的}\Leftrightarrow \forall x(x\in A\rightarrow x\not R x)$$

例如，某个非空集合上的全域关系、恒等关系都是自反的，实数集上的小于等于关系、不含有零的整数集上的整除关系、某个集合族上的包含关系都是自反关系；而小于关系、真包含关系都是给定实数集、集合族上的反自反关系. 应该注意，一个不是自反的关系，不一定就是反自反的.

例 7.4.1 设 $A=\{1,2,3\}$，R_1，R_2，R_3 是 A 上的关系，其中

$$R_1=\{<1,1>,<2,2>,<3,3>,<1,2>\}$$

$$R_2=\{<1,3>\},\quad R_3=\{<1,1>,<2,2>\}$$

R_1 是自反的，R_2 是反自反的，R_3 既不是自反的也不是反自反的.

定义 7.4.2 设 R 是 A 上的关系.

(1) 若对于每一对 $x,y\in A$，当 xRy，就有 yRx，则称 R 是对称的.

(2) 若对于每一对 $x,y\in A$，当 xRy 和 yRx，就有 $x=y$，则称 R 是反对称的.

$$R\text{ 在 }A\text{ 上是对称的}\Leftrightarrow \forall x\forall y(x,y\in A\wedge xRy\to yRx)$$

$$R\text{ 在 }A\text{ 上是反对称的}\Leftrightarrow \forall x\forall y(x,y\in A\wedge xRy\wedge yRx\to x=y)$$

例如,某个非空集合上的全域关系、恒等关系都是对称的,而恒等关系又是反对称的,全域关系一般不是反对称的,除非是单元集. 平面上三角形构成的集合上的相似关系是对称的,在一定的人群中的同学关系也是对称的. 小于等于关系、整除关系、包含关系一般说来都是反对称的.

例 7.4.2 设 $A=\{1,2,3\}$,R_1,R_2,R_3,R_4 是 A 上的关系,其中

$$R_1=\{<1,1>,<2,2>\},\quad R_2=\{<1,3>,<3,1>,<1,1>\}$$

$$R_3=\{<1,2>\},\quad R_4=\{<1,2>,<2,1>,<1,3>\}$$

R_1 是对称的也是反对称的,R_2 是对称的不是反对称的,R_3 不是对称的是反对称的,R_4 既不是对称的也不是反对称的.

定义 7.4.3 设 R 是 A 上的关系,若对于任意 $x,y,z\in A$,当 xRy,yRz 时就有 xRz,则称 R 是传递的.

$$R\text{ 在 }A\text{ 上是传递的}\Leftrightarrow \forall x\forall y\forall z(x,y,z\in A\wedge xRy\wedge yRz\to xRz)$$

例如,A 上的全域关系、恒等关系都是传递的,前述小于等于关系、整除关系、包含关系、小于关系、真包含关系等都是传递的.

例 7.4.3 设 $A=\{1,2,3\}$,R_1,R_2,R_3 是 A 上的关系,其中

$$R_1=\{<1,1>,<2,2>\},R_2=\{<1,3>,<3,1>,<1,1>\},R_3=\{<1,2>\}$$

R_1 是传递的,R_2 不是传递的,R_3 是传递的.

由关系的定义,你能猜想到关系性质的判定方法吗?

7.4.2 关系性质的判定

定理 7.4.1 设 R 是 A 上的关系,则

(1) R 在 A 上是自反的当且仅当 $I_A\subseteq R$.

(2) R 在 A 上是反自反的当且仅当 $I_A\cap R=\varnothing$.

(3) R 在 A 上是对称的当且仅当 $R=R^{-1}$.

(4) R 在 A 上是反对称的当且仅当 $R\cap R^{-1}\subseteq I_A$.

(5) R 在 A 上是传递的当且仅当 $R\circ R\subseteq R$.

这里只证明(2)和(5).

证明 (2)充分性.

若 $I_A\cap R=\varnothing$,任取 x,有

$$x\in A\Leftrightarrow <x,x>\in I_A\Rightarrow <x,x>\notin R$$

从而证明了 R 在 A 上是反自反的.

必要性(反证法).

若 $I_A \cap R \neq \varnothing$，则必存在 $<x,y> \in I_A \cap R$，由于 I_A 是 A 上的恒等关系，从而 $x \in A$ 且 $<x,x> \in R$，这与 R 在 A 上是反自反的相矛盾. 因此假设是错误的，$I_A \cap R = \varnothing$.

(5) 充分性.

设 $R \circ R \subseteq R$，任取 $<x,y>,<y,z> \in R$，则

$$<x,y> \in R \wedge <y,z> \in R$$
$$\Rightarrow <x,z> \in R^2 \Rightarrow <x,z> \in R$$

所以 R 在 A 上是传递的.

必要性.

设 R 是传递的，任取 $<x,y>$，有

$$<x,y> \in R \circ R$$
$$\Leftrightarrow \exists t(<x,t> \in R \wedge <t,y> \in R)$$
$$\Rightarrow <x,y> \in R$$

所以 $R \circ R \subseteq R$.

关系的性质不仅反映在它的集合表达式上，也明显地反映在它的关系矩阵和关系图上，将其特点汇总成表 7.4.1.

表 7.4.1

性质 表示形式	自反性	反自反性	对称性	反对称性	传递性
集合表达式	$I_A \subseteq R$	$I_A \cap R = \varnothing$	$R = R^{-1}$	$R \cap R^{-1} \subseteq I_A$	$R \circ R \subseteq R$
关系矩阵	主对角线上的元素都是 1	主对角线上的元素都是 0	关系矩阵是对称矩阵	对于主对角线对称的位置上的元素不都是 1	平方矩阵 1 的位置，在矩阵中都是 1
关系图	每个顶点都有环	每个顶点都没环	两个顶点之间有边的一定是双向边	两个顶点之间有边的一定是单边	若顶点 x_i 到 x_j 有边，x_j 到 x_k 有边，则从 x_i 到 x_k 也有边

关系的传递特征比较复杂，不易从关系矩阵和关系图中直接判断.

关系的性质在关系运算过程中是否保持呢？如果两个关系原来具有某些共同的性质，在经过并、交、相对补、求逆或复合运算以后，得到的新关系是否还能保持原来关系的性质，要研究关系的性质和运算之间的联系. 我们通过考察得到如表 7.4.2所示的结论.

表 7.4.2

运算 \ 原有性质	自反性	反自反性	对称性	反对称性	传递性
逆	有	有	有	有	有
交	有	有	有	有	有
并	有	有	有	无	无
相对差	无	有	有	有	无
复合	有	无	无	无	无

我们需要对其中的"有"进行证明，对"无"举例说明.

定理 7.4.2 设 A 是集合，R_1，R_2 是 A 上的关系. 证明：如果 R_1，R_2 是自反的和对称的，那么 $R_1 \cup R_2$ 也是自反的和对称的.

证明 如果 R_1，R_2 是自反的，则有 $I_A \subseteq R_1$，$I_A \subseteq R_2$，从而 $I_A \subseteq R_1 \cup R_2$，所以 $R_1 \cup R_2$ 是自反的.

如果 R_1，R_2 是对称的，则 $R_1^{-1}=R_1$，$R_2^{-1}=R_2$，从而 $R_1 \cup R_2 = R_1^{-1} \cup R_2^{-1} = (R_1 \cup R_2)^{-1}$，所以 $R_1 \cup R_2$ 是对称的.

但是，尽管 R_1，R_2 都是传递的，但 $R_1 \cup R_2$ 不一定是传递的，如 $A=\{1,2,3\}$，$R_1=\{<1,2>\}$，$R_2=\{<2,3>\}$，$R_1 \cup R_2=\{<1,2>,<2,3>\}$.

应用的数学思想方法

1. 数学猜想

数学猜想是指依据某些已知事实和数学知识，对未知的量及其关系所作出的一种似真的推断. 它既有一定的科学性又有某些假定性. 它的真伪性还需要进行证明. 数学猜想是数学学习与研究的一种常用的科学方法，又是数学发展的一种重要的思维形式. 每一个数学成果都有一个由"潜"到"显"的过程，数学猜想同数学问题、数学悖论一样，是一种数学潜形态.

本节直接定义关系的性质，根据定义猜想关系性质等价的条件(符号表示、矩阵表示、关系图表示)，从而为关系的判断打下基础. 对于性质等价条件的各种形式的猜想是进行数学"创新"必不可少的，没有猜想就没有数学理论的发展，没有猜想就没有创新.

2. 数形结合的思想方法

用集合表达式、关系矩阵、关系图三种形式结合起来判定关系的性质，思维灵活高效.

7.5 关系的闭包

通过关系的运算可以构成新的关系.我们还可以对给定的关系用扩充一些序偶的办法得到具有某些特殊性质的新关系.我们希望关系具有某些有用的性质,如自反性、对称性和传递性,于是通过添加一部分序偶,对原来的关系进行改造,使得到的新关系具有这些性质,当然添加的序偶要尽可能少,这就是关系的闭包.

7.5.1 关系闭包的概念

定义 7.5.1 设 R 是 A 上的关系,如果 A 上有另一个关系 R' 满足:

(1) R' 是自反的(对称的,传递的);

(2) $R\subseteq R'$;

(3) 对于任何自反的(对称的,传递的)关系 R'',若 $R\subseteq R''$,则 $R'\subseteq R''$.

则称关系 R' 是 R 的自反(对称,传递)闭包,记为 $r(R)(s(R),t(R))$.

7.5.2 关系闭包的构造

利用关系性质的条件,可以得到构造闭包的方法.

定理 7.5.1 设 R 是 A 上的关系,则

(1) R 是自反的当且仅当 $r(R)=R$.

(2) R 是对称的当且仅当 $s(R)=R$.

(3) R 是传递的当且仅当 $t(R)=R$.

证明从略.

定理 7.5.2 设 R 是 A 上的关系,则有

(1) $r(R)=R\cup R^0$.

(2) $s(R)=R\cup R^{-1}$.

(3) $t(R)=R\cup R^2\cup R^3\cup\cdots$.

证明 (1) 由 $I_A=R^0\subseteq R\cup R^0$,$R\cup R^0$ 是自反的,且满足 $R\subseteq R\cup R^0$.

设 R'' 是 A 上的关系,如果 $I_A\subseteq R''$,$R\subseteq R''$,那么 $R^0\cup R=I_A\cup R\subseteq R''$,故 $r(R)=R\cup R^0$.

(2) 由 $(R\cup R^{-1})^{-1}=R\cup R^{-1}$,$R\cup R^{-1}$ 是对称的,且 $R\subseteq R\cup R^{-1}$.

设 R'' 是 A 上的关系,如果 $(R'')^{-1}=R''$,$R\subseteq R''$,则 $R\cup R^{-1}\subseteq R''\cup(R'')^{-1}=R''\cup R''=R''$,故 $s(R)=R\cup R^{-1}$.

(3) 这里是用两个集合相等的条件证明 $t(R)=R\cup R^2\cup R^3\cup\cdots$.

先证 $R\cup R^2\cup R^3\cup\cdots\subseteq t(R)$ 成立,为此只需证明对任意的正整数 n 有 $R^n\subseteq t(R)$.

用数学归纳法.

当 $n=1$ 时,有 $R\subseteq t(R)$.

假设 $R^n\subseteq t(R)(n\geqslant 1)$,那么对任意的 $<x,y>$,有

$$\begin{aligned}&<x,y>\in R^{n+1}=R^n\circ R\\ &\Leftrightarrow \exists t(<x,t>\in R^n\wedge <t,y>\in R)\\ &\Rightarrow \exists t(<x,t>\in t(R)\wedge <t,y>\in t(R))\\ &\Rightarrow <x,y>\in t(R)\end{aligned}$$

这就证明了 $R^{n+1}\subseteq t(R)$.

由归纳法,对任意的正整数 n 有 $R^n\subseteq t(R)$,从而 $R\cup R^2\cup R^3\cup\cdots\subseteq t(R)$.

再证 $t(R)\subseteq R\cup R^2\cup R^3\cup\cdots$,为此只需证明 $R\cup R^2\cup R^3\cup\cdots$ 是传递的.

任取 $<x,y>,<y,z>$,则

$$\begin{aligned}&<x,y>\in R\cup R^2\cup R^3\cup\cdots\wedge <y,z>\in R\cup R^2\cup R^3\\ &\Rightarrow \exists t(<x,y>\in R^t)\wedge \exists s(<y,z>\in R^s)\\ &\Rightarrow \exists t\exists s(<x,y>\in R^t\wedge <y,z>\in R^s)\\ &\Rightarrow \exists t\exists s(<x,z>\in R^{s+t})\\ &\Rightarrow <x,z>\in R\cup R^2\cup R^3\cup\cdots\end{aligned}$$

这就证明了 $R\cup R^2\cup R^3\cup\cdots$ 是传递的,从而 $t(R)\subseteq R\cup R^2\cup R^3\cup\cdots$.

因此,$t(R)=R\cup R^2\cup R^3\cup\cdots$.

推论 7.5.1 设 R 是有穷集 A 上的关系,则存在正整数 r,使得

$$t(R)=R\cup R^2\cup R^3\cup\cdots\cup R^r$$

以此定理为基础,可以得到通过关系矩阵和关系图求闭包的方法.

设关系 $R,r(R),s(R),t(R)$ 的关系矩阵分别为 $\boldsymbol{M},\boldsymbol{M}_r,\boldsymbol{M}_s,\boldsymbol{M}_t$,则

$$\boldsymbol{M}_r=\boldsymbol{M}+\boldsymbol{E},\boldsymbol{M}_s=\boldsymbol{M}+\boldsymbol{M}',\quad \boldsymbol{M}_t=\boldsymbol{M}+\boldsymbol{M}^2+\boldsymbol{M}^3+\cdots$$

注意,上式中的加法是逻辑加.

设关系 $R,r(R),s(R),t(R)$ 的关系图分别为 G,G_r,G_s,G_t,它们的顶点集相同,除了 G 的边以外,以下述方法添加新边.

考察 G 的每个顶点,如果没有环就加一个环,最终得到的是 G_r.

考察 G 的每一条边,如果有单向边,就加一条反向的边,最终得到 G_s.

考察 G 的每个顶点,找出从每顶点出发的 2 步、3 步、…、n 步长的路径的终点,然后在起点和终点之间加一条边,考察完所有的顶点后就得到 G_t.

例 7.5.1 设 $A=\{a,b,c,d\}$,$R=\{<a,b>,<b,a>,<b,c>,<c,d>,<d,b>\}$,求 $r(R),s(R),t(R)$.

解

$$\begin{aligned}r(R)&=R\cup R^0\\ &=\{<a,a>,<a,b>,<b,a>,<b,b>,<b,c>,\end{aligned}$$

$<c,c>,<c,d>,<d,b>,<d,d>\}$

$s(R)=R\cup R^{-1}$

$=\{<a,b>,<b,a>,<b,c>,<b,d>,$

$<c,b>,<c,d>,<d,c>,<d,b>\}$

要求 $t(R)$,用关系图应该是最简单的方法.

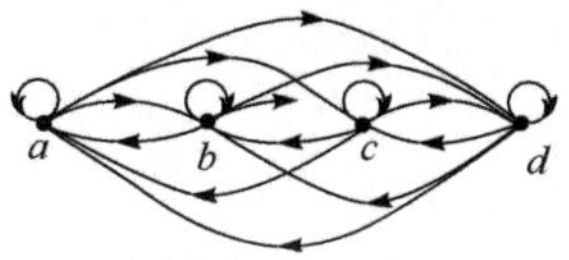

图 7.5.1

用上述方法得到 G_t,如图 7.5.1 所示,从而 $t(R)=E_A$.

7.5.3 关系闭包的性质

定理 7.5.3 设 R_1,R_2 都是非空集合上的关系,且 $R_1\subseteq R_2$,则

(1) $r(R_1)\subseteq r(R_2)$.

(2) $s(R_1)\subseteq s(R_2)$.

(3) $t(R_1)\subseteq t(R_2)$.

定理 7.5.4 设 R 是 A 上的关系.

(1) 若 R 是自反的,则 $s(R)$,$t(R)$也是自反的.

(2) 若 R 是对称的,则 $r(R)$,$t(R)$也是对称的.

(3) 若 R 是传递的,则 $r(R)$也是传递的.

证明 只证明(2).

若 R 是对称的,则 $R=R^{-1}$. 于是

$$r(R)^{-1}=(R\cup I_A)^{-1}=R^{-1}\cup I_A^{-1}=R\cup I_A=R\cup R^0=r(R)$$

这就证明了 $r(R)$是对称的.

为证明 $t(R)$是对称的,先证明下述命题.

若 R 是对称的,则 $R^n(n\in N)$也是对称的.

用数学归纳法.

当 $n=1$ 时,$R^1=R$ 是对称的.

假设 $R^n(n\geqslant 1)$是对称的,则对任意的$<x,y>$,有

$$\begin{aligned}&<x,y>\in R^{n+1}\\ &\Leftrightarrow\exists t(<x,t>\in R^n\wedge<t,y>\in R)\\ &\Rightarrow\exists t(<y,t>\in R\wedge<t,x>\in R^n)\\ &\Rightarrow<y,x>\in R\circ R^n\\ &\Rightarrow<y,x>\in R^{n+1}\end{aligned}$$

所以 R^{n+1}也是对称的,由归纳法知 $R^n(n\in N)$是对称的.

再证 $t(R)$是对称的.

任取的$<x,y>$,有

$$\begin{aligned}&<x,y>\in t(R)\\ \Leftrightarrow&\exists n(<x,y>\in R^n)\\ \Rightarrow&\exists n(<y,x>\in R^n)\\ \Rightarrow&<y,x>\in t(R)\end{aligned}$$

从而证明了 $t(R)$是对称的.

若 R 是传递的,则 $s(R)$可以不是传递的. 例如,$A=\{1,2,3\}$,$R=\{<1,3>\}$是传递的,但 $s(R)=\{<1,3>,<3,1>\}$却不是传递的.

关系的自反(对称,传递)闭包还可以进一步复合成自反、对称和传递闭包,它们之间有如下的关系.

定理 7.5.5 设 R 是 A 上的关系,则

(1) $r(s(R))=s(r(R))$.

(2) $r(t(R))=t(r(R))$.

(3) $s(t(R))\subseteq t(s(R))$.

证明 (1)

$$\begin{aligned}r(s(R))&=r(R\cup R^{-1})=(R\cup R^{-1})\cup I_A\\&=(R\cup I_A)\cup(R^{-1}\cup I_A)=(R\cup I_A)\cup(R\cup I_A)^{-1}\\&=r(R)\cup r(R)^{-1}=s(r(R))\end{aligned}$$

(2)

$$\begin{aligned}r(t(R))&=r(R\cup R^2\cup R^3\cup\cdots)\\&=(R\cup R^2\cup R^3\cup\cdots)\cup I_A\\&=(R\cup I_A)\cup(R^2\cup R\cup I_A)\cup(R^3\cup R^2\cup R\cup I_A)\cup\cdots\\&=(R\cup I_A)\cup(R\cup I_A)2\cup(R\cup I_A)^3\cup\cdots\\&=t(r(R))\end{aligned}$$

(3)

$$\begin{aligned}s(t(R))&=(R\cup R^2\cup R^3\cup\cdots)\cup(R\cup R^2\cup R^3\cup\cdots)^{-1}\\&=(R\cup R^2\cup R^3\cup\cdots)\cup[R^{-1}\cup(R^2)^{-1}\cup(R^3)^{-1}\cup\cdots]\\&=(R\cup R^2\cup R^3\cup\cdots)\cup[R^{-1}\cup(R^{-1})^2\cup(R^{-1})^3\cup\cdots]\\&=(R\cup R^{-1})\cup[R^2\cup(R^{-1})^2]\cup[R^3\cup(R^{-1})^3]\cup\cdots\\&\subseteq(R\cup R^{-1})\cup[R^2\cup R\circ R^{-1}\cup R^{-1}\circ R\cup(R^{-1})^2]\\&\quad\cup[R^3\cup R\circ R^{-1}\circ R\cup R^{-1}\circ R^2\cup(R^{-1})^2\circ R\cup R^2\circ R^{-1}\\&\quad\cup R\circ(R^{-1})^2\cup R^{-1}\circ R\circ R^{-1}\cup(R^{-1})^3]\cup\cdots\\&=t(s(R))\end{aligned}$$

从这里可以看出,如果计算关系的自反、对称、传递的闭包,为了不失去传递性,传递闭包运算应该放在对称闭包运算的后面,若令 $tsr(R)$表示 R 的自反、对称、传递的闭包,则

$$tsr(R)=t(s(r(R)))=t(r(s(R)))=r(t(s(R)))$$

应用的数学思想方法

1. 和谐统一的美学方法

本节中和谐统一的数学美有两层含义. 一是单一闭包的构造,关系不具有自反性(对称性或传递性),通过添加元素使关系具有这些性质,而添加的元素是最少的、简洁自然. 二是自反的、对称的和传递的闭包的构造,有三种不同的顺序,构造的复合闭包却是唯一的,统一和谐的.

2. 简单美的方法

本节中的简单美有三层含义. 一是闭包构造添加的元素最少;二是构造闭包各种形式的公式都是最少的步骤,没有一丝累赘;三是利用关系图构造闭包,简单、不容易出错.

7.6 等价关系与划分

"物以类聚,人以群分". 分类是我们处理集合中元素的方法,分类的标准是什么? 正是事物之间的关系,引进等价关系就可以对集合中的元素进行分类.

等价关系是一类特别重要的二元关系.

定义 7.6.1 设 R 是非空集合 A 上的关系,如果 R 是自反的、对称的和传递的,则称 R 为 A 上的等价关系. 设 R 为 A 上的等价关系,若 $<x,y>\in R$,则称 x 等价于 y,记为 $x\sim y$.

例 7.6.1 设 $A=\{1,2,3,4,5,6,7,8\}$,其上的等价关系为

$$R=\{<x,y>\mid x,y\in A\wedge x\equiv y(\mathrm{mod}3)\}$$

容易验证,R 满足自反性、对称性和传递性,从而为 A 上的等价关系.

R 的关系图如图 7.6.1 所示.

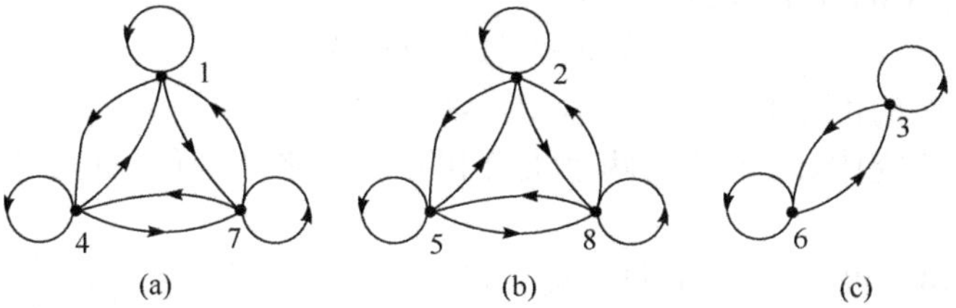

图 7.6.1

可以看出,关系图被分为三个互不连通的部分. 每部分中的数两两都有关系,不同部分的数则没有关系,每一部分中的所有的顶点构成一个等价类.

定义 7.6.2 R 为非空集合 A 上的关系,$\forall x\in A$,令

$$[x]_R=\{y \mid y\in A\wedge xRy\}$$

称$[x]_R$为x关于R的等价类,简称为x的等价类,简记为$[x]$,即x的等价类是A中所有与x等价的元素构成的集合. 上例中$[1]=[4]=[7]=\{1,4,7\}$,$[2]=[5]=[8]=\{2,5,8\}$,$[3]=[6]=\{3,6\}$.

定理 7.6.1 R为非空集合A上的等价关系,则

(1) $\forall x\in A$,$[x]$是A的非空子集.

(2) $\forall x,y\in A$,如果$<x,y>\in R$,则$[x]=[y]$.

(3) $\forall x,y\in A$,如果$<x,y>\notin R$,则$[x]\cap[y]=\varnothing$.

(4) $\bigcup\{[x] \mid x\in A\}=A$.

证明 这里仅证明(2)与(4).

(2) 任意$a\in A$,

$$\left.\begin{array}{r}a\in[x]\Leftrightarrow<a,x>\in R\\ <x,y>\in R\end{array}\right\}\Rightarrow<a,y>\in R\Leftrightarrow a\in[y]$$

所以$[x]\subseteq[y]$.

同理可证$[y]\subseteq[x]$,从而$[x]=[y]$.

(4) 先证$\bigcup\{[x] \mid x\in A\}\subseteq A$.

任取y,

$$y\in\bigcup\{[x] \mid x\in A\}\Rightarrow\exists x(x\in A\wedge y\in[x])\Rightarrow y\in A$$

从而有$\bigcup\{[x] \mid x\in A\}\subseteq A$.

再证$A\subseteq\bigcup\{[x] \mid x\in A\}$.

任取y,

$$y\in A\Rightarrow y\in[y]\wedge y\in A\Rightarrow y\in\bigcup\{[x] \mid x\in A\}$$

从而有$A\subseteq\bigcup\{[x] \mid x\in A\}$.

总之,$\bigcup\{[x] \mid x\in A\}=A$.

由非空集合及其上的等价关系可以构造等价类.

定义 7.6.3 设R为非空集合A上的关系,以R的所有等价类作为元素的集合称为A关于R的商集,记为A/R,即

$$A/R=\{[x] \mid x\in A\}$$

例 7.6.1 中的商集是$\{\{1,4,7\},\{2,5,8\},\{3,6\}\}$.

在集合的研究中,除了常把两个集合相互比较之外,有时也要把一个集合分成若干个子集加以讨论.

定义 7.6.4 设A是一个非空集合,若A的子集族$\pi=\{A_1,A_2,\cdots,A_n\}$($\pi\subseteq P(A)$)满足下面的条件:

(1) $\varnothing\notin\pi$;

(2) $A_i\cap A_j=\varnothing$, $i\neq j$;

(3) $\bigcup_{i=1}^{n}A_i=A$.

则称 π 是 A 的一个划分，称 π 中的元素 $A_i(i=1,2,\cdots,n)$ 为 A 的划分块(图 7.6.2).

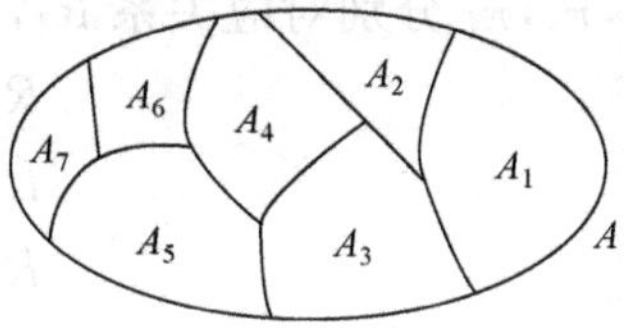

图 7.6.2 A 的划分

例 7.6.2 设 $A=\{a,b,c\}$，考虑下面的子集族：

$$\pi_1=\{\{a\},\{b,c\}\},\quad \pi_2=\{\{a,b,c\}\}$$

$$\pi_3=\{\{a,b\}\{b,c\}\},\quad \pi_4=\{\{a\},\{b\},\{c\}\}$$

则 π_1,π_2,π_4 是 A 的划分，π_3 不是 A 的划分，π_2 是 A 的最小的划分，π_4 是 A 的最大的划分.

定义 7.6.5 若 $\{A_1,A_2,\cdots,A_n\}$，$\{B_1,B_2,\cdots,B_m\}$ 是同一个集合 A 的两种划分，则其中所有 $A_i\cap B_j\neq\varnothing$ 组成的集合，称为原来两种划分的交叉划分.

例如，三角形集合可以分割成直角三角形集合、锐角三角形集合与钝角三角形集合，又可以分割成等边三角形集合与不等边三角形集合. 其交叉划分是等腰直角三角形集合，不等边直角三角形集合，等边锐角三角形集合或不等边的锐角三角形集合，等边钝角三角形集合或不等边钝角三角形集合.

定理 7.6.2 若 $\{A_1,A_2,\cdots,A_n\}$，$\{B_1,B_2,\cdots,B_m\}$ 是同一个集合 A 的两种划分，则交叉划分也是 A 的一种划分(证明略).

定义 7.6.6 给定 A 的两种划分 $\{A_1,A_2,\cdots,A_n\}$，$\{B_1,B_2,\cdots,B_m\}$，若对于每一个 A_i 均有 B_j 使得 $A_i\subseteq B_j$，则 $\{A_1,A_2,\cdots,A_n\}$ 称为 $\{B_1,B_2,\cdots,B_m\}$ 的加细.

定理 7.6.3 任何两种划分的交叉划分，都是原来各划分的加细.

把商集 A/R 和划分的定义相比较，易见商集就是 A 的一个划分，并且不同的商集对应于不同的划分. 反之，任给 A 的一个划分 π，如下定义 A 上的等价关系 R：

$$R=\{<x,y>\mid x,y\in A\wedge x,y\text{ 在 }\pi\text{ 的同一划分块中}\}$$

定理 7.6.4 集合 A 上的等价关系 R 决定了 A 的一个划分，该划分就是商集 A/R.

定理 7.6.5 集合 A 的一个划分确定了集合 A 的元素间的 个等价关系.

定理 7.6.6 设 R_1,R_2 是非空集合 A 上的等价关系，则 $R_1=R_2$ 当且仅当 $A/R_1=A/R_2$.

例 7.6.3 给出 $A=\{1,2,3\}$ 上所有的等价关系.

解 如图 7.6.3 所示，做出了 A 的所有划分.

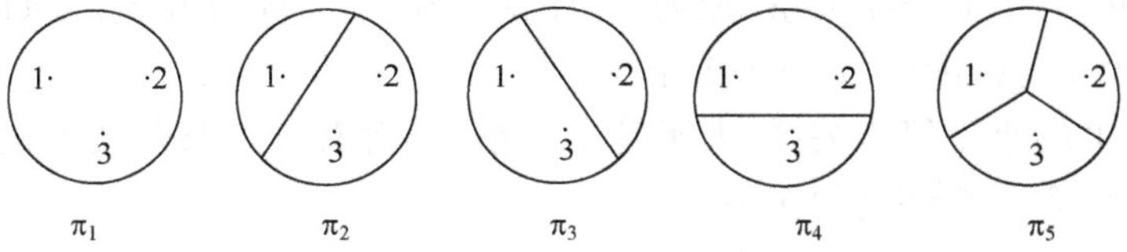

图 7.6.3

这些划分与 A 上的等价关系一一对应：π_1 对应全域关系，π_5 对应恒等关系，

π_2,π_3,π_4 分别对应关系 R_2,R_3,R_4，其中

$$R_2=\{<2,3>,<3,2>\}\cup I_A$$
$$R_3=\{<1,3>,<3,1>\}\cup I_A$$
$$R_4=\{<1,2>,<2,1>\}\cup I_A$$

应用的数学思想方法

1. 分类方法

分类要按一定的标准才能不重不漏，等价关系就是分类的标准. 按照集合上的等价关系，将集合分成不同的子集，可以展开更深入的研究.

2. 等价转化的方法

集合上的等价关系将集合分成几个等价类——商集，商集就构成对集合的一个划分，本节的内容就是从等价关系到划分，划分又确定唯一的等价关系，实现了它们之间一一对应的转化.

3. 数形结合方法导致创新猜想

本节开始的等价关系实例从关系图来看：关系图被分为三个互不连通的部分，每部分中的顶点两两都有关系，不同部分的顶点则没有关系. 自然每一部分中的所有的顶点构成一个等价类，会启发我们思考：集合中的元素是不同的，能分成几个小组，从而产生分类的猜想.

7.7 偏序关系

7.7.1 偏序关系与哈斯图

在一个集合上，我们常要考虑元素的次序关系，其中很重要的一类关系称为偏序关系.

定义 7.7.1 设 R 是非空集合 A 上的关系，如果 R 是自反的、反对称的和传递的，则称 R 为 A 上偏序关系，记为$\leqslant$. 序偶$<A,\leqslant>$称为偏序集. 如果$<x,y>\in\leqslant$，则记为 $x\leqslant y$，读作“x 小于等于 y”.

实数集上的小于等于关系、大于等于关系，不含有 0 的整数集上的整除关系，集合族上的包含关系都是偏序关系.

定义 7.7.2 设$<A,\leqslant>$为偏序集，定义

(1) $\forall x,y\in A, x<y \Leftrightarrow x\leqslant y\wedge x\neq y$;

(2) $\forall x,y\in A$，x 与 y 可比$\Leftrightarrow x\leqslant y\vee y\leqslant x$.

由以上两个定义可知，在具有偏序关系的集合上，任意两个元素之间可能发生下述情况：

$$x<y(y<x),x=y\text{ 以及 }x\text{ 与 }y\text{ 不可比}$$

例如，$A=\{1,2,3\}$，$\leqslant$是 A 上的整除关系，则有

$$1<2,1<3,$$
$$1=1,2=2,3=3,$$
$$2\text{ 和 }3\text{ 不可比.}$$

定义 7.7.3 设$<A,\leqslant>$为偏序集，$\forall x,y\in A$ 如果 $x<y$ 且不存在 $z\in A$ 使得 $x<z<y$，则称 y 覆盖 x.

例如，$\{1,2,4,6\}$上的整除关系，有 2 覆盖 1，4 和 6 都覆盖 2，但 4 不覆盖 1，6 也不覆盖 1.

鉴于偏序关系的这种性质，我们可以简化其关系图，称为哈斯图. 首先适当排列顶点的顺序，使得小的顶点在下方，覆盖的顶点之间用一条线段连接起来，而没有必要再画出箭头.

例 7.7.1 画出偏序集$<\{1,2,3,4,5,6,7,8,9\}$，整除$>$，$<P(\{a,b,c\}),R_{\subseteq}>$的哈斯图.

解 两个哈斯图如图 7.7.1 所示.

例 7.7.2 已知偏序集$<A,R>$的哈斯图如图 7.7.2 所示，求出集合 A 和关系 R 的表达式.

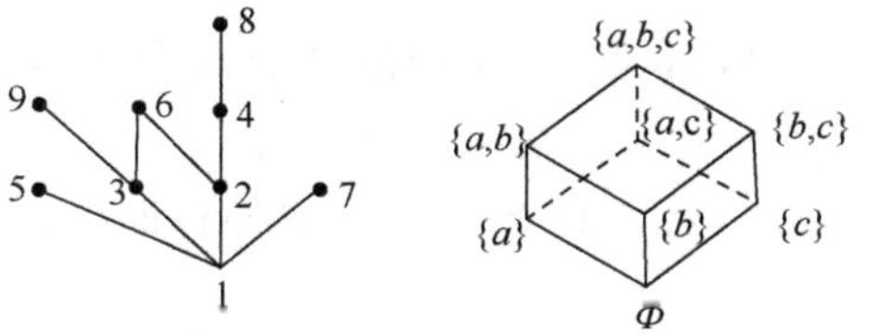

(a) (b)

图 7.7.1

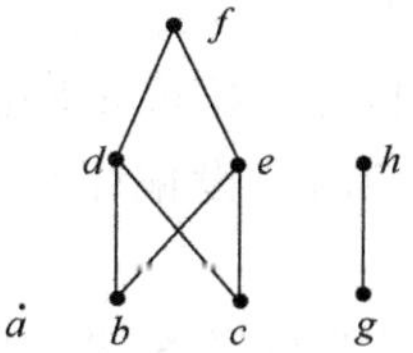

图 7.7.2

解

$$A=\{a,b,c,d,e,f,g,h\}$$

$$R=\{<b,d>,<b,e>,<b,f>,<c,d>,<c,e>,<c,f>,<g,h>\}\cup I_A$$

下面考虑偏序集中的一些特殊元素.

定义 7.7.4 设$<A,\leqslant>$为偏序集，$B\subseteq A$，$y\in B$.

(1) 若$\forall x(x\in B\rightarrow y\leqslant x)$成立，则称 y 为 B 的最小元.

(2) 若$\forall x(x\in B\rightarrow x\leqslant y)$成立，则称 y 为 B 的最大元.

(3) 若$\forall x(x\in B\wedge x\leqslant y\rightarrow x=y)$成立，则称 y 为 B 的极小元.

(4) 若$\forall x(x\in B\wedge y\leqslant x\rightarrow x=y)$成立，则称 y 为 B 的极大元.

例 7.7.3 中的极小元是 a,b,c,g，极大元是 a,f,h，没有最大元和最小元；例 7.7.2 中第一个偏序集上有最小元 1，极大元 5,6,7,8,9，无最大元，第二个偏序集上有最小元$\varnothing$，最大元$\{a,b,c\}$. 所以一个偏序集上的最元和极元借助于哈斯图很容易确定，且最元不一定存在，若存在必唯一；极元一定存在，但往往不唯一.

定义 7.7.5 $<A,\leqslant>$为偏序集，$B\subseteq A$，$y\in A$.

(1) 若$\forall x(x\in B\rightarrow x\leqslant y)$成立，则称 y 为 B 的上界.

(2) 若$\forall x(x\in B\rightarrow y\leqslant x)$成立，则称 y 为 B 的下界.

(3) 令 $C=\{y|y$ 为 B 的上界$\}$，则 C 的最小元为 B 的上确界.

(4) 令 $D=\{y|y$ 为 B 的下界$\}$，则 C 的最大元为 B 的下确界.

最元一定是界和确界，于是上界、下界、上确界、下确界不一定存在，若存在，确界必唯一.

7.7.2 全序和良序

定义 7.7.6 设$<A,\leqslant>$为偏序集，如果$\forall x,y\in A$，x,y 都是可比的，则$\leqslant$为 A 上的全序关系(线序关系). 全序集的哈斯图应该画成一条线段.

实数集上的大于等于关系、小于等于关系都是全序关系，$\{1,2,3\}$上的整除关系不是全序关系，因为 2 不整除 3，2 与 3 不可比.

例 7.7.3 给定 $A=\{\varnothing,\{1\},\{1,2\},\{1,2,3\}\}$上的包含关系$\subseteq$. 证明$<A,\subseteq>$构成全序集.

证明 因为$\varnothing\subseteq\{1\}\subseteq\{1,2\}\subseteq\{1,2,3\}$，即 A 中的任意两个元素都有包含关系，所以$<A,\subseteq>$构成全序集.

定义 7.7.7 设偏序集$<A,\leqslant>$，若任意 $S\subseteq A$，S 中都有最小元，则称$<A,\leqslant>$为良序集.

例如，自然数集 **N** 对于$\leqslant$来说是良序集.

定理 7.7.1 每一个良序集一定是全序集.

证明 设$<A,\leqslant>$是良序集，则对任意 $a,b\in A$，可以构成子集$\{a,b\}$，必存在最小元，这个最小元素不是 a 就是 b，因此一定有 $a\leqslant b$ 或 $b\leqslant a$，所以$<A,\leqslant>$是全序集.

但是，一个全序集却并不一定是良序集，如实数集.

定理 7.7.2 每一个有限的全序集一定是良序集.

证明 设$<A,\leqslant>$是任一一个有限全序集，B 为 A 的任一非空子集，则 B 也是有限全序集. 设 B 有 n 个元素，则最多经过 C_n^2 次每两个元素的考查，必可找到 B 的最小元，因而$<A,\leqslant>$是良序集.

本结论对无限的全序集不一定成立.

全序集的一个重要例子是字典序，如英语字典和汉语字典.

例 7.7.4 计算机科学中常用的字典排序如下：

设$\sum$是一有限的字母表. $\sum$上的字母组成的字母串称$\sum$上的字；$\sum^*$是包含空字“Λ”的$\sum$上的字组成的集合，建立$\sum^*$字母上的字典次序关系 L：

设 $x = x_1x_2\cdots x_n, y = y_1y_2\cdots y_m$，其中 $x_i, y_j \in \sum(i = 1,2,\cdots,n, j = 1,2,\cdots,m)$.

(1) 当 $x_1 \neq y_1$ 时，若 $x_1 \leqslant y_1$，则 xLy；若 $y_1 \leqslant x_1$，则 yLx.

(2) 当存在最大的 k 且 $k < \min\{m,n\}$，使 $x_i = y_i(i=1,2,\cdots,k)$时，若 $x_{k+1} \leqslant y_{k+1}$，则 xLy；若 $y_{k+1} \leqslant x_{k+1}$，则 yLx.

(3) 当存在最大的 k 且 $k = \min\{m,n\}$，使 $x_i = y_i(i=1,2,\cdots,k)$时，若 $n \leqslant m$，则 xLy；若 $m \leqslant n$，则 yLx.

显然，这样定义的关系 L 是一个全序关系.

应用的数学思想方法

1. 数形结合方法

偏序集的哈斯图是数形结合非常巧妙的结果. 小于等于关系是自反的，因而其关系图中边的方向朝向一侧，既然如此，我们约定了较小的元素在下方，边的方向就没有必要画出，非常简练也非常具有启发性. 用哈斯图求某个子集的极元等非常简单.

2. 特殊化方法

利用实数的小于等于关系来理解偏序关系，对于理解极元、最元和界的概念提供了直观支持.

3. 数学化思想

在偏序集中将顺序关系量化为熟悉的准小于等于关系，体现了数学的思维方式，充分地用数学的方式处理问题.

习 题 7

1. 已知 $A=\{\varnothing,\{\varnothing\}\}$，求 $A\times P(A)$.

2. 对于集合 A,B,C，若 $A\times B\subseteq A\times C$，是否一定有 $B\subseteq C$？为什么？

3. 设 A,B,C,D 是任意集合，

(1) 求证$(A\cap B)\times(C\cap D)=(A\times C)\cap(B\times D)$；

(2) 若 $A\times A=B\times B$，则 $A=B$.

4. 下列等式中哪些成立？哪些不成立？

(1) $(A\cup B)\times(C\cup D)=(A\times C)\cup(B\times D)$.

(2) $(A-B)\times(C-D)=(A\times C)-(B\times D)$.

(3) $A\cup(B\times C)=(A\cup B)\times(A\cup C)$.

(4) $A\times(B\cap C)=(A\times B)\cap(A\times C)$.

(5) 存在集合 A，使得 $A\subseteq A\times A$.

(6) $P(A)\times P(A)=P(A\times A)$.

5. 写出从集合 $A=\{a,b,c\}$ 到 $B=\{0,1\}$ 的所有二元关系.

6. 写出集合 $A=\{1,2,3,4,6\}$ 上的恒等关系、全域关系、小于等于关系、整除关系.

7. 写出集合 $A=\{a,b,c\}$ 的幂集 $P(A)$ 上的包含关系.

8. 设 $A=\{1,2,3\}$ 上的关系 $R=\{\langle a,b\rangle \mid a\in A\wedge b\in A\wedge 0\leqslant a-b<2\}$，用列举法写出关系 R，并写出关系矩阵.

9. 设 $A=\{1,2,3,4\}$ 到 $B=\{1,2,\sqrt{3}\}$ 的关系 $R=\{\langle a,b\rangle \mid a\in A\wedge b\in B\wedge a=b^2\}$，用列举法写出关系 R，并写出关系矩阵.

10. 设 $A=P(\{0,1\})$ 到 $B=P(\{0,1,2\})-\{0\}$ 的二元关系为

$$R=\{\langle a,b\rangle \mid a\in A\wedge b\in B\wedge a-b=\varnothing\}$$

给出关系矩阵和关系图.

11. 设 $A=\{\langle 1,2\rangle,\langle 2,4\rangle,\langle 3,3\rangle\}$，$B=\{\langle 1,3\rangle,\langle 2,4\rangle,\langle 4,2\rangle\}$，求 $A\cup B$，$A\cap B$，$\mathrm{dom}A$，$\mathrm{dom}B$，$\mathrm{dom}(A\cup B)$，$\mathrm{ran}A$，$\mathrm{ran}B$，$\mathrm{ran}(A\cap B)$，$\mathrm{fld}(A-B)$.

12. 设 $A=\{a,b,c,d\}$，R_1，R_2 是 A 上的关系，其中 $R_1=\{\langle a,a\rangle,\langle a,b\rangle,\langle b,d\rangle\}$，$R_2=\{\langle a,d\rangle,\langle b,c\rangle,\langle b,d\rangle,\langle c,b\rangle\}$，求 $R_1\circ R_2$，$R_2\circ R_1$，R_1^2，R_2^2.

13. 设 R_1，R_2 是 A 上的关系，

证明：(1) $(R_1\cup R_2)^{-1}=R_1^{-1}\cup R_2^{-1}$；　(2) $(R_1\cap R_2)^{-1}=R_1^{-1}\cap R_2^{-1}$.

14. 设 $A=\{1,2,3,4\}$ 上的二元关系，

$R_1=\{\langle 1,1\rangle,\langle 1,3\rangle,\langle 2,2\rangle,\langle 3,3\rangle,\langle 3,1\rangle,\langle 3,4\rangle,\langle 4,3\rangle,\langle 4,4\rangle\}$

$R_2=\{\langle 1,1\rangle,\langle 1,2\rangle,\langle 1,3\rangle,\langle 3,1\rangle,\langle 3,2\rangle,$
$\langle 3,3\rangle,\langle 4,1\rangle,\langle 4,2\rangle,\langle 4,3\rangle\}$

给出它们的关系矩阵 M_{R_1}，M_{R_2} 和关系图，并讨论它们的 5 种性质.

15. 确定下列关系具备哪些性质？

(1) 当且仅当 $|i-k|<11(i,k\in\mathbf{Z})$ 时，有 iRk；

(2) 当且仅当 $mn>8(m,n\in\mathbf{N})$ 时，有 mRn；

(3) 当且仅当 $i\leqslant k(i,k\in\mathbf{Z})$ 时，有 iRk.

16. 请在集合 $A=\{a,b,c\}$ 上分别构造满足下述要求的二元关系：

(1) 既是对称又是反对称的；

(2) 既不自反也不反自反；

(3) 对称且自反；

(4) 自反，对称且传递；

(5) 以$\{<a,b>,<b,c>\}$为子集而且是传递的.

(6) 同时不满足自反、反自反、对称、反对称和传递性.

17. 设$R=\{(x,y)|x,y\in N$，且$x+3y=12\}$，求R^2.

18. 设R是集合A上的关系：

(1) R是自反的，则$R\circ R$是自反的；

(2) R是对称的，则$R\circ R$是对称的；

(3) R是反自反和传递的，则R是反对称的.

19. 设R是集合A上的关系，若R是自反的和传递的，则$R\circ R=R$. 其逆命题也成立吗?

20. 证明：若关系R是对称的，则$R^k(k\geqslant 1,k\in N)$也是对称的.

21. 设集合$A=\{a,b,c,d\}$上的关系$R=\{<a,b>,<b,a>,<b,c>,<c,d>\}$，用矩阵运算求出$R$的自反、对称和传递闭包.

22. 设R和S是A上的二元关系，且$R\subseteq S$，证明：

(1) $r(R)\subseteq r(S)$；

(2) $s(R)\subseteq s(S)$；

(3) $t(R)\subseteq t(S)$.

23. 设R和S是A上的二元关系，证明：

(1) $r(R\cup S)=r(R)\cup r(S)$；

(2) $s(R\cup S)=s(R)\cup s(S)$；

(3) $t(R)\cup t(S)\subseteq t(R\cup S)$.

24. 求集合$\{a,b,c,d\}$的所有划分和等价关系.

25. 设R是非空集合A上的二元关系. 如果对$\forall a,b,c\in A$满足aRb且$bRc\Rightarrow cRa$，则称R为A上循环关系. 证明：R是自反和循环的关系当且仅当R是等价关系.

26. 设$S=\{1,2,3,4\}$，并设$A=S\times S$，在A上定义关系R为

$$(a,b)R(c,d)\text{当且仅当}a+b=c+d$$

(1) 证明R是等价关系；

(2) 计算出A/R.

27. 设R是A上的一个二元关系，$S=\{<a,b>|a,b\in A$，并且对于某个$c\in A$，有$<a,c>\in R$且$<c,b>\in R\}$. 证明：若R是A上的等价关系，则S是A上的等价关系.

28. 设A,B是非空集合，f是从A到B的映射. 定义A上二元关系R为

$$x, y \in A,\quad xRy \Leftrightarrow f(x)=f(y)$$

证明:R 是 A 上等价关系,并描述由 R 生成的 A 的划分.

29. 设 A_1, A_2, A_3 是全集 E 的子集,则形如 $\bigcap_{i=1}^{3} A_i'$(A_i' 为 A_i 或 $\sim A_i$)的集合称为由 A_1, A_2 和 A_3 产生的小项.试证由 A_1, A_2 和 A_3 所产生的所有非空小项的集合构成全集 E 的一个划分.

30. 给出一个既是等价关系又是偏序关系的二元关系.

31. 设 A 为集合,$B=P(A)-\{\varnothing\}-\{A\}$,且 $B\neq\varnothing$.求偏序集 $\langle B,\subseteq\rangle$ 的极大元,极小元,最小元.

32. 对于下列集合与整除关系,写出各集合的最大(小)元和极大(小)元,对于(2)分别写出$\{2,3,6\}$和$\{2,3,5\}$的上(下)界、上(下)确界.

(1) $\{1,2,3,4,5,6\}$;

(2) $\{1,2,3,4,5,6,7,8,6,8,9,10,11,12\}$;

(3) $\{1,2,3,4,6,8,12,24\}$.

8　函数及其数学思想方法

函数是一个基本的数学概念. 本章将分析学中的实值函数概念予以推广，把函数看成一种特殊的关系. 先简明扼要地介绍函数的基本概念和性质，然后讨论无限集.

8.1　函数的概念与性质

函数是一种特殊的二元关系.

8.1.1　函数的概念

定义 8.1.1　设 F 为二元关系，若对于 $\forall x\in \mathrm{dom}F$ 都存在唯一的 $y\in \mathrm{ran}F$，使得 $<x,y>\in F$，则称 F 为函数(或映射). 对于函数 F，如果有 $<x,y>\in F$，则记为 $y=F(x)$，并称 y 为 F 在 x 的值.

例 8.1.1　设

$$F_1=\{<x,y>,<y,z>,<z,a>\},\quad F_2=\{<x,y>,<x,z>,<a,x>\}$$

判断它们是否为函数.

解　F_1 是函数，而 F_2 不是函数，因为对于 x 存在 y,z 满足 $<x,y>\in F$，$<x,z>\in F$，与函数的定义矛盾.

由于函数是集合，可以用集合的相等来定义函数的相等.

定义 8.1.2　设 F,G 为函数，则

$$F=G\Leftrightarrow F\subseteq G\wedge G\subseteq F$$

由函数相等的定义可以看出，如果两个函数 F,G 相等，一定满足下面两个条件：

(1) $\mathrm{dom}F=\mathrm{dom}G$(函数的定义域相等)；

(2) $\forall x\in \mathrm{dom}F(\mathrm{dom}G)$，都有 $F(x)=G(x)$(相同自变量的函数值相等).

例如，函数 $F(x)=\dfrac{x^2-1}{x-1}$，$G(x)=x+1$ 是不相等的，因为 $\mathrm{dom}F=\{x\mid x\in R\wedge x\neq 1\}$，$\mathrm{dom}G=R$，$\mathrm{dom}F\neq \mathrm{dom}G$.

定义 8.1.3　设 A,B 为集合，如果 f 为函数，且 $\mathrm{dom}f=A$，$\mathrm{ran}f\subseteq B$，则称 f 是从 A 到 B 的函数，记为 $f:A\to B$.

所有从 A 到 B 的函数的集合记为 B^A，读作"B 上 A"，符号化表示为 $B^A=$

$\{f \mid f: A \to B\}$.

例如，设 $A=\{a,b,c\}$，$B=\{0,1\}$，则 $B^A=\{f_0,f_1,f_2,f_3,f_4,f_5,f_6,f_7\}$. 其中

$$f_0=\{<a,0>,<b,0>,<c,0>\}$$
$$f_1=\{<a,0>,<b,0>,<c,1>\}$$
$$f_2=\{<a,0>,<b,1>,<c,0>\}$$
$$f_3=\{<a,0>,<b,1>,<c,1>\}$$
$$f_4=\{<a,1>,<b,0>,<c,0>\}$$
$$f_5=\{<a,1>,<b,0>,<c,1>\}$$
$$f_6=\{<a,1>,<b,1>,<c,0>\}$$
$$f_7=\{<a,1>,<b,1>,<c,1>\}$$

若 $|A|=m$，$|B|=n$，$m>0$，$n>0$，则 $|B^A|=|B|^{|A|}=n^m$.

从 A 到 B 的函数首先是从 A 到 B 的关系，且具有特别的性质.

(1) A 中的每个元素均出现在关系中，并作为关系有序对的第一元；

(2) 如果有 $f(a)=b$，$f(a)=c$，则 $b=c$，即 A 中的每一个元素在 f 作用下的值是唯一的.

图 8.1.1 是一个函数的图形表示.

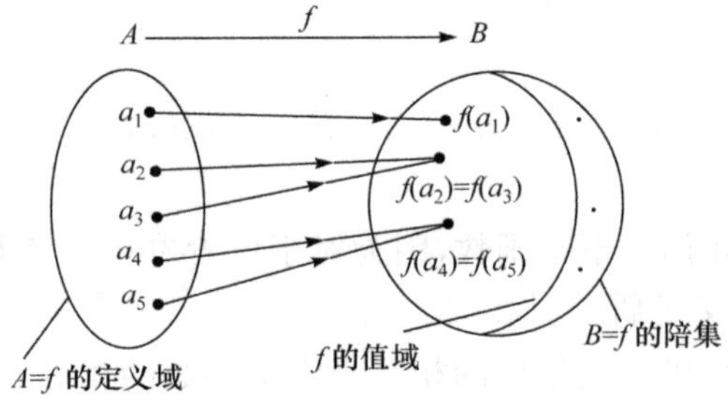

图 8.1.1　函数图

定义 8.1.4　设函数 $f: A \to B$，$A_1 \subseteq A$，$B_1 \subseteq B$.

(1) 令 $f(A_1)=\{f(x) \mid x \in A_1\}$，称 $f(A_1)$ 为 A_1 在 f 下的像，特别地，当 $A_1=A$ 时称 $f(A)$ 为函数的像.

(2) 令 $f^{-1}(B_1)=\{x \mid x \in A \wedge f(x) \in B_1\}$，称 $f^{-1}(B_1)$ 为 B_1 在 f 下的完全原像.

一般说来，$A_1 \subseteq f^{-1}(f(A_1))$，$f(f^{-1}(B_1)) \subseteq B_1$.

8.1.2　函数的性质

定义 8.1.5　设函数 $f: A \to B$.

(1) 若 $\mathrm{ran} f=B$，则称 $f: A \to B$ 是满射的.

(2) 若 $\forall y \in \operatorname{ran} f$，都存在唯一的 $x \in A$ 使得 $f(x)=y$，则称 $f: A \to B$ 是单射的.

(3) 若 $f: A \to B$ 既是满射的又是单射的，则称 $f: A \to B$ 是双射的.

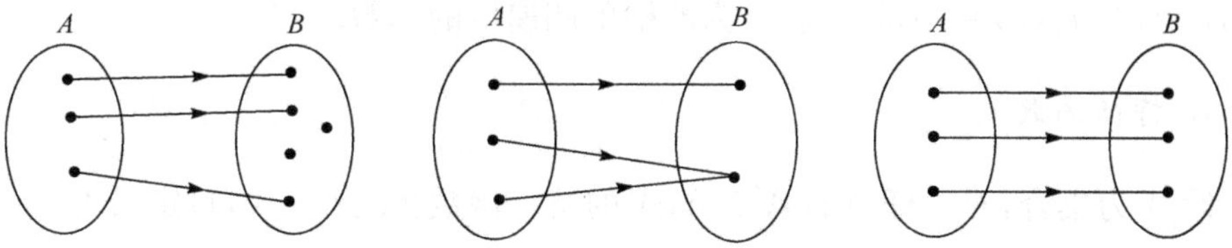

(a) 单射　　(b) 满射　　(c) 双射

图 8.1.2　三种函数图

由定义可得，我们要判断或证明 $f: A \to B$ 是满射，只需证明对任意的 $y \in B$，都存在 $x \in A$，使得 $f(x)=y$；要证明 $f: A \to B$ 是单射，只需证明对于 $x_1, x_2 \in A$，当 $x_1 \neq x_2$ 时，一定有 $f(x_1) \neq f(x_2)$，或者证其逆否命题当 $f(x_1)=f(x_2)$ 时，有 $x_1=x_2$.

例 8.1.2　下面是从 R 到 R 的四个函数.

(1) $f_1(x)=x^2$；　　(2)；$f_2(x)=2^x$；

(3) $f_3(x)=x^3$；　　(4) $f_4(x)=x^3-x^2+x-1$.

f_1 不是单射也不是满射，f_2 是单射不是满射，f_3 是双射，f_4 是满射不是单射.

8.1.3　几种常用的函数

1. 常数函数

设函数 $f: A \to B$，如果存在 $c \in B$，使得对所有 $x \in A$，都有 $f(x)=c$，则称 $f: A \to B$ 是常函数.

例如，$f(x)=1, x \in [0,1]$.

2. 恒等函数

A 上的恒等关系 I_A 所定义的函数称为 A 上的恒等函数.

例如，$f(x)=x, x \in R$.

3. 单调函数

设 $<A, \leqslant_1>$，$<B, \leqslant_2>$ 为偏序集，$f: A \to B$，如果对于任意的 $x_1, x_2 \in A$，$x_1 <_1 x_2$，就有 $f(x_1) \leqslant_2 f(x_2)$，则称 f 为单调递增的；如果对于任意的 $x_1, x_2 \in A$，$x_1 <_1 x_2$，就有 $f(x_1) <_2 f(x_2)$，则称 f 为严格单调递增的. 类似地，可以定义单调递减的和严格单调递减的函数.

例如，设 $A=\{1,2,3,6\}$，$B=\{\varnothing,\{a\},\{b\},\{a,b\}\}$，$\leqslant_1$ 是整除关系，$\leqslant_2$ 是包含关系，$<A,\leqslant_1>$，$<B,\leqslant_2>$都构成偏序集，定义 $f_1:A\to B$，$f_1(1)=\varnothing$，$f_1(2)=\varnothing$，$f_1(3)=\varnothing$，$f_1(6)=\{a,b\}$，则 f_1 为递增的函数；定义 $f_2:A\to B$，$f_2(1)=\varnothing$，$f_2(2)=\{a\}$，$f_2(3)=\{b\}$，$f_2(6)=\{a,b\}$，则 f_2 为严格单调递增的函数.

4. 特征函数

设 A 为集合，对于任意的 $A'\subseteq A$，A'的特征函数 $\chi_{A'}:A\to\{0,1\}$定义为

$$\chi_{A'}(a)=\begin{cases}1, & a\in A'\\ 0, & a\in A-A'\end{cases}$$

例如，$D(x)=\begin{cases}1, & x\in Q\\ 0, & x\in R-Q\end{cases}$ 即为有理数集的特征函数.

5. 自然映射

设 R 是 A 上的等价关系，令

$$g:A\to A/R$$
$$g(a)=[a],\quad \forall a\in A$$

称 g 是从 A 到 A 的商集 A/R 的自然映射.

例如，设 $A=\{1,2,3,4,5,6,7,8\}$，$xRy\Leftrightarrow x\equiv y(\mathrm{mod}3)$，$A/R=\{\{1,4,7\},\{2,5,8\},\{3,6\}\}$. 定义

$$g:A\to A/R$$
$$g(1)=g(4)=g(7)=\{1,4,7\}$$
$$g(2)=g(5)=g(8)=\{2,5,8\}$$
$$g(3)=g(6)=\{3,6\}$$

则 g 是从 A 到 A/R 的自然映射.

应用的数学思想方法

1. 公理化方法

20 世纪数学观念的最重要变革是现代意义上严格的公理化数学体系的形成. 在数学的一个特定公理系统之下，研究对象的实际内容可能无关紧要，最重要的是所讨论的对象只要它们互相之间的逻辑关系服从公理体系的法则即可. 本节中函数的关系定义将函数用集合论的语言加以描述，除集合论的概念外，没有使用其他未经定义的日常语言，因而是完全数学化的定义，也便于为计算机所接受，具有多方面的优越性，这种定义是函数形式化的.

2. 分类的方法

本节中根据函数的性质将函数区分为单射函数、满射函数、双射函数，便于后面研究函数复合与反函数的性质.

3. 普遍联系的辩证方法

通过构造各种特殊的函数，拓展了数集上函数的研究范围，并且与前面的集合论语言、等价关系、偏序关系联系起来，加深了对前述知识的理解.

8.2 函数的复合与反函数

函数是一种特殊的二元关系，函数的复合就是关系的右复合，一切和关系右复合有关的定理都适用于函数的复合. 这里着重考虑函数在复合中特有的性质.

定理 8.2.1 设 F,G 是函数，则 $F\circ G$ 也是函数，且满足：

(1) $\mathrm{dom}(F\circ G)=\{x\mid x\in \mathrm{dom}F\wedge F(x)\in \mathrm{dom}G\}$.

(2) $\forall x\in \mathrm{dom}(F\circ G),(F\circ G)(x)=G(F(x))$.

证明 因为 F,G 是关系，所以 $F\circ G$ 也是关系.

若对于某个 $x\in \mathrm{dom}(F\circ G)$ 有 $<x,y_1>,<x,y_2>\in F\circ G$，则

$$
\begin{aligned}
& <x,y_1>\in F\circ G\wedge<x,y_2>\in F\circ G \\
\Rightarrow & \exists t_1(<x,t_1>\in F\wedge<t_1,y_1>\in G)\wedge\exists t_2(<x,t_2>\in F\wedge<t_2,y_2>\in G) \\
\Rightarrow & \exists t_1\exists t_2(t_1=t_2\wedge<t_1,y_1>\in G\wedge<t_2,y_2>\in G) \\
\Rightarrow & y_1=y_2
\end{aligned}
$$

所以 $F\circ G$ 是函数.

任取 x

$$
\begin{aligned}
& x\in \mathrm{dom}(F\circ G) \\
\Rightarrow & \exists t\exists y(<x,t>\in F\wedge<t,y>\in G) \\
\Rightarrow & \exists t(x\in \mathrm{dom}F\wedge t=F(x)\wedge t\in \mathrm{dom}G) \\
\Rightarrow & x\in\{x\mid x\in \mathrm{dom}F\wedge F(x)\in \mathrm{dom}G\}
\end{aligned}
$$

所以，$\mathrm{dom}(F\circ G)\subseteq\{x\mid x\in \mathrm{dom}F\wedge F(x)\in \mathrm{dom}G\}$.

任取 x

$$
\begin{aligned}
& x\in \mathrm{dom}F\wedge F(x)\in \mathrm{dom}G \\
\Rightarrow & <x,F(x)>\in F\wedge<F(x),G(F(x))>\in G \\
\Rightarrow & <x,G(F(x))>\in F\circ G \\
\Rightarrow & x\in \mathrm{dom}(F\circ G)\wedge(F\circ G)(x)=G(F(x))
\end{aligned}
$$

因此，$\{x\mid x\in \mathrm{dom}F\wedge F(x)\in \mathrm{dom}G\}\subseteq \mathrm{dom}(F\circ G)$，且 $\forall x\in \mathrm{dom}(F\circ G),(F\circ G)(x)=$

$G(F(x))$.

所以(1)、(2)得证.

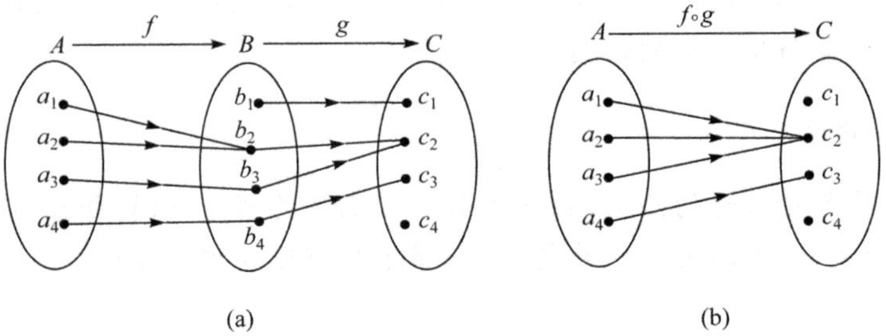

图 8.2.1 复合函数图

推论 8.2.1 F,G,H 是函数,则$(F\circ G)\circ H$,$F\circ(G\circ H)$也是函数,且

$$(F\circ G)\circ H=F\circ(G\circ H)$$

推论 8.2.2 设 $f:A\to B,g:B\to C$,则 $f\circ g:A\to C$,且 $\forall x\in A,(f\circ g)(x)=g(f(x))$.

证明 由定理 8.2.1 可知 $f\circ g$ 也是函数,且

$$\begin{aligned}\mathrm{dom}(f\circ g)&=\{x\mid x\in \mathrm{dom}f\wedge f(x)\in \mathrm{dom}g\}\\&=\{x\mid x\in A\wedge f(x)\in B\}=A\\ \mathrm{ran}(f\circ g)&\subseteq \mathrm{ran}g\subseteq C\end{aligned}$$

因此 $f\circ g:A\to C$,且 $\forall x\in A,(f\circ g)(x)=g(f(x))$.

定理 8.2.2 设 $f:A\to B,g:B\to C$.

(1) 如果 $f:A\to B,g:B\to C$ 都是满射的,则 $f\circ g:A\to C$ 也是满射的.

(2) 如果 $f:A\to B,g:B\to C$ 都是单射的,则 $f\circ g:A\to C$ 也是单射的.

(3) 如果 $f:A\to B,g:B\to C$ 都是双射的,则 $f\circ g:A\to C$ 也是双射的.

证明 (1) 任取 $c\in C$,因为 $g:B\to C$ 是满射的,则 $\exists b\in B$ 使得 $g(b)=c$,对于这个 b,由于 $f:A\to B$ 也是满射的,所以 $\exists a\in A$ 使得 $f(a)=b$. 于是$(f\circ g)(a)=g(f(a))=g(b)=c$,这就证明了 $f\circ g:A\to C$ 也是满射的.

(2) 假设 $x_1,x_2\in A,x_1\neq x_2$,因为 $f:A\to B$ 是单射的,所以 $f(x_1)\neq f(x_2)$, $f(x_1),f(x_2)\in B$,又因为 $g:B\to C$ 也是单射的,所以$(f\circ g)(x_1)=g(f(x_1))\neq g(f(x_2))=(g\circ f)(x_2)$,因此 $f\circ g:A\to C$ 是单射的.

(3) 由(1)和(2)可证.

这说明函数的复合运算能保持函数单射、满射的性质,但其逆命题不真.

定理 8.2.3 设 $f:A\to B$ 是双射的,则 $f^{-1}:B\to A$ 也是双射的.

证明 先证明 $f^{-1}:B\to A$ 是函数.

因为 $f:A\to B$ 是函数,所以 $f^{-1}:B\to A$ 是关系. 且

$$\mathrm{dom}f^{-1}=\mathrm{ran}f=B,\quad \mathrm{ran}f^{-1}=\mathrm{dom}f=A$$

对任意的 $x\in B=\mathrm{dom}f^{-1}$，假设有 $y_1,y_2\in A$，使得 $<x,y_1>\in f^{-1}\wedge<x,y_2>\in f^{-1}$ 成立，则 $<y_1,x>\in f\wedge<y_2,x>\in f$，根据 f 单射的性质，$y_1=y_2$，从而证明了 $f^{-1}:B\to A$ 是满射的函数.

再证明 $f^{-1}:B\to A$ 是单射的.

若存在 $x_1,x_2\in B$ 使得 $f^{-1}(x_1)=f^{-1}(x_2)=y$，从而有

$$
\begin{aligned}
&<x_1,y>\in f^{-1}\wedge<x_2,y>\in f^{-1}\\
\Rightarrow&<y,x_1>\in f\wedge<y,x_2>\in f\\
\Rightarrow&x_1=x_2
\end{aligned}
$$

从而 $f^{-1}:B\to A$ 是单射的.

对于双射函数 $f:A\to B$，称 $f^{-1}:B\to A$ 是它的反函数.

例 8.2.1 设 $f:R\to R,f(x)=\begin{cases}x^2, & x\geqslant 3\\ -2, & x<3\end{cases}$，$g:R\to R,g(x)=x+2$，则

$$
(f\circ g)(x):R\to R,\quad (f\circ g)(x)=\begin{cases}x^2+2, & x\geqslant 3\\ 0, & x<3\end{cases}
$$

$$
(g\circ f)(x):R\to R,\quad (g\circ f)(x)=\begin{cases}(x+2)^2, & x\geqslant 1\\ -2, & x<1\end{cases}
$$

因为 f 不是双射的，不存在反函数，而 $g:R\to R,g(x)=x+2$ 是双射的，它的反函数是

$$
g^{-1}:R\to R,\quad g^{-1}(x)=x-2
$$

应用的数学思想方法

对立统一的辩证方法

数学中充满着矛盾，矛盾的同一性是指矛盾着的对立面之间内在的有机的不可分割的联系，体现着对立面之间相互吸引、相互转化的性质和趋势. 矛盾的统一性有如下表现：

其一，矛盾双方相互依存，互为条件，共处于一个统一体中. 这就是说，任何矛盾的对立双方都不能单独存在，而是在一定条件下，各以自己的对立方面作为自己存在的前提，如果没有对方，它自己也将不会存在. 其二，矛盾着的对立面之间相互渗透、相互贯通. 这是矛盾同一性的更重要的一层含义. 矛盾的相互贯通表现为相互渗透和相互包含. 矛盾着的每一方都包含和渗透着对方的因素和属性，你中有我、我中有你，此中有彼、彼中有此. 其三，矛盾双方在一定条件下相互转化.

本节中的函数与反函数就是矛盾的双方，二者共处于统一体中，分析学的知识使我们对二者互相依存、互相渗透、相互转化的关系的认识更加深入.

8.3　集合的等势与优势

这里我们利用双射函数来讨论集合的势. 通俗地说,集合的势是度量集合所含元素多少的量. 集合的势越大,所含的元素越多.

定义 8.3.1　设 A,B 是集合,如果存在从 A 到 B 的双射函数,就称集合 A,B 是等势的,记为 $A\approx B$,否则就称集合 A,B 不等势,记为 $A\not\approx B$.

下面给出一些集合等势的例子,有的例子可能颠覆了我们从有限集那儿获得的一些朴素的认识. 其实,能与其真子集等势是无穷(限)集与有穷集区分的特征.

例 8.3.1　(1) $\mathbf{Z}\approx\mathbf{N}$.

分析:

$$
\begin{array}{lccccccccccl}
\mathbf{Z}: & 0, & -1, & 1, & -2, & 2, & -3, & 3, & -4, & 4, & \cdots \\
 & \downarrow & \downarrow & \downarrow & \downarrow & \downarrow & \downarrow & \downarrow & \downarrow & \downarrow & \\
\mathbf{N}: & 0, & 1, & 2, & 3, & 4, & 5, & 6, & 7, & 8, & \cdots
\end{array}
$$

定义双射函数 $f:\mathbf{Z}\to\mathbf{N}$, $f(x)=\begin{cases}2x, & x\geqslant 0\\ -2x-1, & x<0\end{cases}$,从而 $\mathbf{Z}\approx\mathbf{N}$.

(2) $\mathbf{N}\times\mathbf{N}\approx\mathbf{N}$.

我们可以有序地列出集合 $\mathbf{N}\times\mathbf{N}$ 的元素:按照第一元与第二元之和的大小排列,和较小的排在前边,和较大的排在后边,和相等时,第一元小的排在前边.

于是

$$
\begin{array}{lccccccl}
\mathbf{N}\times\mathbf{N}: & \langle 0,0\rangle, & \langle 0,1\rangle, & \langle 1,0\rangle, & \langle 0,2\rangle, & \langle 1,1\rangle, & \langle 2,0\rangle, & \cdots \\
 & \downarrow & \downarrow & \downarrow & \downarrow & \downarrow & \downarrow & \\
\mathbf{N}: & 0, & 1, & 2, & 3, & 4, & 5, & \cdots
\end{array}
$$

定义了一个双射函数 f,即

$$f:\mathbf{N}\times\mathbf{N}\to\mathbf{N}$$

$$f(\langle m,n\rangle)=\frac{(m+n+1)(m+n)}{2}+m$$

可以证明 $\mathbf{N}\times\mathbf{N}\approx\mathbf{N}$.

(3) $\mathbf{N}\approx\mathbf{Q}$.

为了建立 $\mathbf{N}$ 到 $\mathbf{Q}$ 的双射函数,先把有理数表示成分数的形式,再分别按照分子、分母增大的顺序,排列成一张表(图 8.3.1),显然任何一个分数都在这个表内. 然后,以 0/1 作为第一个数,按照箭头规定的顺序,可以"数遍"表中的所有的数,在数的过程中,一个有理数可能遇到多次,我们规定在排列的过程中,第二次及以后遇到同一个有理数就跳过去不计,这样就可以构造一个双射函数 $f:\mathbf{Q}\to\mathbf{N}$.

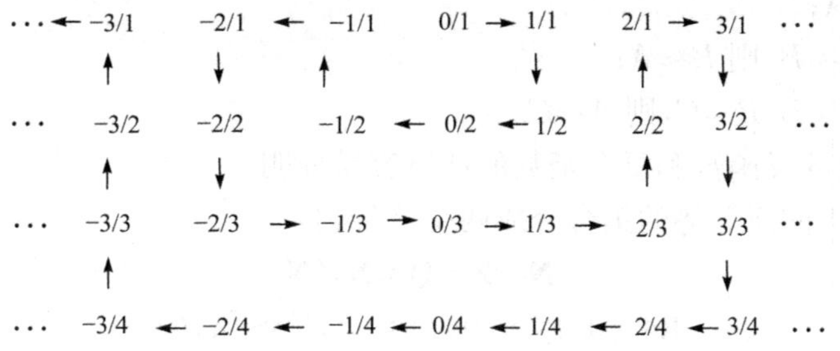

图 8.3.1

(4) $(0,1)\approx\mathbf{R}$.

令

$$f:(0,1)\to\mathbf{R},\quad f(x)=\tan\frac{2x-1}{2}\pi$$

则 f 是单调递增的双射函数,于是$(0,1)\approx\mathbf{R}$.

(5) $[0,1]\approx(0,1)$.

构造的双射函数是 $f:[0,1]\to(0,1)$, $f(x)=\begin{cases}\dfrac{1}{2}, & x=0,\\ \dfrac{1}{2^2}, & x=1,\\ \dfrac{1}{2^{n+2}}, & x=\dfrac{1}{2^n}(n\geqslant 1),\\ x, & \text{其他}.\end{cases}$

由这个函数的构造,很容易得到$[0,1]\approx(0,1)\approx[0,1)$.

(6) $[0,1]\approx[a,b](a,b\in\mathbf{R},a<b)$.

容易得到双射函数 $f:[0,1]\to[a,b]$, $f(x)=(b-a)x+a$.

例 8.3.2　设 A 是任意集合,则 $P(A)\approx\{0,1\}^A$.

证明　如下构造从 $P(A)$到$\{0,1\}^A$ 的函数.

$$f:P(A)\to\{0,1\}^A,\quad f(A')=\chi_{A'},\quad \forall A'\in P(A)$$

易见 f 是单射的,且对于任意的 $g\in\{0,1\}^A$,有 $g:A\to\{0,1\}$. 令

$$B=\{x\mid x\in A\wedge g(x)=1\}$$

则 $B\subseteq A$ 且 $\chi_B=g$,即存在 $B\in P(A)$,$f(B)=g$. 从而证明了 f 是满射的,由等势定义得 $P(A)\approx\{0,1\}^A$.

前面给出了若干个等势的集合. 一般说来,集合间的等势关系是一种等价关系,具有自反性对称性和传递性.

定理 8.3.1　设 A,B,C 都是集合.

(1) $A\approx A$；

(2) 若 $A\approx B$,则 $B\approx A$；

(3) 若 $A\approx B, B\approx C$,则 $A\approx C$.

根据函数的反函数和复合函数的性质容易证明.

于是,对于前面等势的集合分成两个等价类：

$$\mathbf{N}\approx\mathbf{Z}\approx\mathbf{Q}\approx\mathbf{N}\times\mathbf{N}$$

$$\mathbf{R}\approx[0,1]\approx(0,1)\approx[0,1)\approx[a,b]$$

这里要问的是 **N** 与 **R** 是否等势呢？答案是否定的.

定理 8.3.2 （康托尔定理）

(1) $\mathbf{N}\not\approx\mathbf{R}$.

(2) 对于任何集合 A,都有 $A\not\approx P(A)$.

证明 (1) 如果能证明 $\mathbf{N}\not\approx[0,1)$,就可以断定 $\mathbf{N}\not\approx\mathbf{R}$,为此只需要证明任何函数 $f:\mathbf{N}\to[0,1)$都不是满射的.

首先规定[0,1)中数的表示. 对于任意的 $x\in[0,1)$,令

$$x=0.x_1x_2x_3\cdots,\quad 0\leqslant x_i\leqslant 9$$

若出现 0.23999…和 0.24000…,显然是相同的表示,为了保证表示的唯一性,采取 0.24000…的表示形式,根据这种表示法,任何函数 $f:\mathbf{N}\to[0,1)$的值都可以用这种表示式给出.

设 $f:\mathbf{N}\to[0,1)$是任何一个函数,如下列出 f 的所有函数值

$$f(0)=0.a_1^1a_2^1a_3^1\cdots$$

$$f(1)=0.a_1^2a_2^2a_3^2\cdots$$

……

$$f(n-1)=0.a_1^na_2^na_3^n\cdots$$

……

设 $y\in[0,1)$,取 $y=0.b_1b_2b_3\cdots$,并且满足 $b_i\neq a_i^i, i=1,2,3,\cdots$,则 y 与上面所列出的任何一个函数值都不相等. 这样就推出了 $y\notin \mathrm{ran}f$,即 f 不是满射的.

(2) 和(1)的证明类似,也将证明任何函数 $g:A\to P(A)$不是满射的.

证明 设任何 $g:A\to P(A)$,如下构造集合 B

$$B=\{x\mid x\in A\wedge x\notin g(x)\}$$

则 $B\in P(A)$,但对任意 $x\in A$ 都有

$$x\in B\Leftrightarrow x\notin g(x)$$

从而证明了对任意的 $x\in A$ 都有 $B\neq g(x)$,即 $B\notin \mathrm{ran}g$.

根据这个定理可知 $N\not\approx P(N), N\not\approx\{0,1\}^N$. 实际上 $R, P(N), \{0,1\}^N$ 都是比 N“更大”的集合. 这里的“大”是加引号的,因为我们还没有给出集合“大,小”的严

格定义.

定义 8.3.2　设 A,B 是集合,如果存在从 A 到 B 的单射函数,就称集合 B 优势于 A,记为 $A\leqslant\cdot B$,否则集合 B 不优势于 A,记为 $A\not\leqslant\cdot B$.

(2) 设 A,B 是集合,若 $A\leqslant\cdot B$,且 $A\not\approx B$,则称 B 真优势于 A,记为 $A<\cdot B$,如果 B 不是真优势于 A,记为 $A\not<\cdot B$.

例如,$N\leqslant\cdot N$,$N\leqslant\cdot R$,$A\leqslant\cdot P(A)$,$N<\cdot R$,$A<\cdot P(A)$,$N\not<\cdot N$.

优势具有下述性质.

定理 8.3.3　设 A,B,C 都是集合,则

(1) $A\leqslant\cdot A$;

(2) 若 $A\leqslant\cdot B$,且 $B\leqslant\cdot A$,则 $A\approx B$;

(3) 若 $A\leqslant\cdot B$,且 $B\leqslant\cdot C$,则 $A\leqslant\cdot C$.

证明略.

定理 8.3.4　为证明集合之间的等势提供了一个有力的工具. 因为在某些情况下直接构造从 A 到 B 的双射函数是相当困难的,相比之下,构造两个单射函数则可能要容易得多. 下面使用这种方法证明 $\{0,1\}^N\approx[0,1)$.

定理 8.3.5　$\{0,1\}^N\approx[0,1)$.

证明　设 $x\in[0,1)$,$x=0.x_1x_2\cdots$(是二进制小数),为了保证表示的唯一性,在表示式中不允许出现无数个 1 的情况,例如,0.1010111…应记为 0.1011000….

任取 $x\in[0,1)$,$x=0.x_1x_2\cdots$,如下定义 $f:[0,1)\to\{0,1\}^N$,使得

$$f(x)=t_x,\quad t_x:N\to\{0,1\},\quad t_x(n)=x_{n+1},\quad n=0,1,2,\cdots$$

例如,$x=0.10110100\cdots$,则对应的 t_x 是

n	0	1	2	3	4	5	6	7	…
$t_x(n)$	1	0	1	1	0	1	0	0	…

易见 $t_x\in\{0,1\}^N$,且对于 $x,y\in[0,1)$,$x\neq y$ 时,必有 $f(x)=t_x\neq t_y=f(y)$. 这就证明了 $f:[0,1)\to\{0,1\}^N$ 是单射的.

如果这里的 f 是满射的,就直接证明了 $\{0,1\}^N\approx[0,1)$. 但这是不可能的,因为 f 不是满射的. 考虑 $t\in\{0,1\}^N$,其中 $t(0)=0$,$t(n)=1$,$n=1,2,\cdots$. 按照 f 的映射法则,只有 $x=0.0111\cdots$才能满足 $f(x)=t$,但根据我们的表示法,这个数 x 应该表示为 0.100…,所以根本不存在 $x\in[0,1)$,满足 $f(x)=t$.

为了解决这个问题,定义另一个单射函数 $g:\{0,1\}^N\to[0,1)$,g 的映射法则正好与 f 相反. $\forall t\in\{0,1\}^N$,$t:N\to\{0,1\}$,$g(t)=0.x_1x_2\cdots$,其中 $x_{n+1}=t(n)$,但不同的是,将 $0.x_1x_2\cdots$看成数 x 的十进制表示. 例如,$t_1,t_2\in\{0,1\}^N$,$g(t_1)=0.0111\cdots$,$g(t_2)=0.1000\cdots$,若将 $g(t_1)$,$g(t_2)$都看成二进制表示,则 $g(t_1)=g(t_2)$;但若看成十进制表示,则 $g(t_1)\neq g(t_2)$. 这样就避免了因进位制造成的干扰,从而保证了 g 的单射性.

总结前面的讨论，有

(1) $\mathbf{N}\approx\mathbf{Z}\approx\mathbf{Q}\approx\mathbf{N}\times\mathbf{N}$.

(2) $\mathbf{R}\approx[0,1]\approx(0,1)\approx[0,1)\approx[a,b]\approx\{0,1\}^N\approx P(N)$.

(3) $\{0,1\}^A\approx P(A)$.

(4) $N<\cdot R$.

(5) $A<\cdot P(A)$.

应用的数学思想方法

无限的观点

“无穷既是人类最伟大的朋友，也是人类心灵宁静的最大敌人.”(希尔伯特语)因为征服无穷的路毕竟是这样难行.康托尔提出无穷集合的概念，并以一一对应关系为基本原则，寻求无穷集合的“多少”关系.他把两个能一一对应的集合称为同势，利用势的概念，将无限集进行了分类，最小的无限集为可数集，即指与自然数集等势的无穷集.进一步，康托尔证明实数集的势，并且对任何一个集合，均可造出一个具有更大势的集合，即没有最大的势.

康托尔集合论的提出标志了近代数学的开端.他的观点中，无穷集合被看成一个现实的、完成的、存在着的整体，是可认识、可抓住的东西.他的无穷集合理论令世人耳目一新，人们对无穷的认识上升到了新的高度!

8.4　基数的概念

前面我们只是抽象地讨论了集合的等势与优势.下面进一步研究度量集合的势的方法，最简单的集合是有穷集.尽管我们已经多次用到“有穷集”这一概念，当时只是直观地理解成含有有限多个元素的集合，但一直没有精确地给出有穷集的定义.为了解决这个问题，需要先定义自然数和自然数集.

8.4.1　自然数集与自然数

定义 8.4.1　集合 A 的后继集定义为集合：

$$A^+=A\cup\{A\}.$$

若 A 为空集 $\varnothing$，则后继集为 $\varnothing^+$，$(\varnothing^+)^+$，$((\varnothing^+)^+)^+$，…这些集合可以写成如下形式：

$$\varnothing^+=\varnothing\cup\{\varnothing\}=\{\varnothing\}$$

$$(\varnothing^+)^+=\{\varnothing\}^+=\{\varnothing\}\cup\{\{\varnothing\}\}=\{\varnothing,\{\varnothing\}\}$$

$$((\varnothing^+)^+)^+=\{\varnothing,\{\varnothing\}\}^+=\{\varnothing,\{\varnothing\}\}\cup\{\{\varnothing,\{\varnothing\}\}\}=\{\varnothing,\{\varnothing\},\{\varnothing,\{\varnothing\}\}\}$$

……

若定义 $\varnothing$ 为 0，那么

$$\varnothing^+ = 0^+ \{\varnothing\} = 1$$
$$1^+ = \{\varnothing, \{\varnothing\}\} = \{0,1\} = 2$$
$$2^+ = \{\varnothing, \{\varnothing\}, \{\varnothing, \{\varnothing\}\}\} = \{0,1,2\} = 3$$
$$\cdots$$

这样就得到了自然数集合$\{0,1,2,3,4,\cdots\}$，这个集合也能概括为如下皮亚诺①(G. Peano，1858～1932)公理形式.

(1) $0 \in \mathbf{N} (0 = \varnothing)$；

(2) 如果$n \in \mathbf{N}$，那么$n^+ \in \mathbf{N} (n^+ = n \cup \{n\})$；

(3) 如果一个子集$S \subseteq \mathbf{N}$具有性质：

①$0 \in S$，②如果$n \in S$，那么$n^+ \in S$，则$S = N$.

其中性质(3)导致了自然数系统的最小性，即自然数系统是满足公理(1)和(2)的最小集合.

从上述定义可以看到，任意一个自然数可看成一个集合的名称. 此外，从实际生活中可知任意自然数，如"3"这个概念是从观察许多只含有三个元素的集合的共同特点而加以抽象概括出来的，这个共同特点就是这些被观察的集合都与集合$\{\varnothing, \{\varnothing\}, \{\varnothing, \{\varnothing\}\}\}$等势.

自然数的性质：

(1) 对任何自然数n，有$n \approx n$；

(2) 对任何自然数n, m，若$m \subset n$则$m \not\approx n$；

(3) 对任何自然数n, m，若$m \in n$则$m \subset n$；

(4) 对任何自然数n, m，以下三个式子：

$$m \in n, \quad m \approx n, \quad n \in m$$

必成立其一，这个性质称为自然数的三歧性.

有了这些概念，我们就可以定义自然数的相等与大小，即对任何自然数n，m，有

$$m = n \Leftrightarrow m \approx n, \quad m < n \Leftrightarrow m \in n$$

8.4.2　集合的基数

定义 8.4.2　一个集合是有穷的当且仅当它与某个自然数等势；如果一个集合不是有穷集就称为无穷集.

例如，$\{a,b,c\}$是有穷集，因为$3 \approx \{0,1,2\} = 3$，而$\mathbf{N}$，$\mathbf{R}$都是无穷集，因为没有自然数与$\mathbf{N}$和$\mathbf{R}$等势. 任何有穷集都只与唯一的自然数等势.

---

① 皮亚诺：意大利数学家. 皮亚诺致力于发展布尔所创始的符号逻辑系统. 1889 年他出版了《几何原理的逻辑表述》一书，书中他把符号逻辑作为数学的基础.

定义 8.4.3 (1) 对于有穷集合 A,称与 A 等势的唯一的自然数为 A 的基数,记为 $\mathrm{card}A(|A|)$即

$$\mathrm{card}A=n \Leftrightarrow A\approx n$$

(2) 自然数集 **N** 的基数记为$\aleph$(读作阿列夫零),即 $\mathrm{card}\mathbf{N}=\aleph_0$.

(3) 实数集 **R** 的基数记为$\aleph$(读作阿列夫),即 $\mathrm{card}\mathbf{R}=\aleph$.

定义 8.4.4 设 A,B 为集合,则

(1) $\mathrm{card}A=\mathrm{card}B \Leftrightarrow A\approx B$.

(2) $\mathrm{card}A\leqslant \mathrm{card}B \Leftrightarrow A\leqslant\cdot B$.

(3) $\mathrm{card}A< \mathrm{card}B \Leftrightarrow A<\cdot B$.

根据 8.3 节关于势的结果,可以得到

$$\mathrm{card}\mathbf{N}=\mathrm{card}\mathbf{Z}=\mathrm{card}\mathbf{Q}=\mathrm{card}(\mathbf{N}\times\mathbf{N})=\aleph_0$$

$$\mathrm{card}\mathbf{R}=\mathrm{card}[0,1]=\mathrm{card}(0,1)=\mathrm{card}[a,b]=\mathrm{card}2^N=\mathrm{card}P(N)=\aleph_1$$

将已知的基数按照从小到大的顺序排列就得到

$$0,1,2,3,\cdots,n,\cdots,\aleph_0,\aleph_1,\cdots$$

其中,$0,1,2,3,\cdots,n,\cdots$恰好是全体自然数,是有穷集合的基数,也称为有穷基数,而$\aleph_0,\aleph_1,\cdots$是无穷集的基数,称为无穷基数,$\aleph_0$ 是最小的无穷基数,而$\aleph_1$ 后面还有更大的基数,如 $\mathrm{card}P(R)$,$\mathrm{card}P(P(R))$等.

8.4.3 可数集

定义 8.4.5 设 A 为集合,若 $\mathrm{card}A\leqslant\aleph_0$,则称 A 为可数集或可列集.

有限集是可数集,**N**,**Z**,**Q**,$\mathbf{N}\times\mathbf{N}$ 都是可数集,而 **R** 不是可数集. 对于可数集,它的元素都可以排列成一个有序序列,也就是说,都可以找到一个"数遍"集合中全体元素的顺序. 回顾前边的可数集等势的证明,基本都采用这种方法.

下面关于可数集的命题都是成立的.

(1) 可数集的任何子集都是可数集.

(2) 两个可数集的并集是可数集,可数个可数集的并集是可数集.

(3) 两个可数集的笛卡儿积是可数集,可数个可数集的笛卡儿积是可数集.

(4) 无穷集的幂集不是可数集.

例 8.4.1 求下列集合的基数.

(1) $T=\{x\,|\,x$ 是单词"mathematics"中的字母$\}$.

(2) $B=\{x\,|\,x\in\mathbf{Z}\wedge x^2=4\}$.

(3) $C=P(A)$,$A=\{0,1,2,3\}$.

解 (1) 由于 $T=\{m,a,t,h,e,i,c,s\}$,所以 $\mathrm{card}T=8$.

(2) 由于 $B=\{-2,2\}$,所以 $\mathrm{card}B=2$.

(3) 由于$|A|=4$,所以 $\mathrm{card}P(A)=2^4=16$.

例 8.4.2 设 A,B 集合，且

$$\mathrm{card}A=n \quad (n\in\mathbf{N},n\neq 0),\quad \mathrm{card}B=\aleph_0$$

求 $\mathrm{card}(A\times B)$.

解 设

$$A=\{a_0,a_1,a_2,\cdots,a_{n-1}\}$$
$$B=\{b_0,b_1,b_2,\cdots,b_{n-1},\cdots\}$$

定义函数

$$f:A\times B\rightarrow\mathbf{N}$$
$$f(<a_i,b_j>)=jn+i,\quad i=0,1,2,\cdots,n-1,j=0,1,2,\cdots$$

则 f 是从 $A\times B$ 到 $\mathbf{N}$ 的双射函数，所以 $A\times B\approx\mathbf{N}$，$\mathrm{card}(A\times B)=\aleph_0$.

8.4.4 计算机中空间与时间的无限性

计算机能存储数据，它有存储数据的存储单元. 这些存储单元包括内存、外存以及寄存器等所有一切存储实体. 我们称它们为计算机的存储空间. 计算机的存储空间有一定的特性.

(1) 计算机的存储空间是有基本单位的. 在计算机中存储数据的最基本单位是一个二进位数据，这种单位称为“位”或称为“比特”. 没有比它更小的单位了，因此，它是最基本的单位. 计算机的对外界面是字，一个字可由若干个比特组成，它们可以是 8 个、16 个、24 个、32 个等. 因此，也可用字作为存储空间的基本单位.

存储空间存在基本单位这个事实告诉我们，在计算机中存储空间是离散的、可数的.

(2) 计算机存储空间的大小. 计算机的存储空间到底有多大？是有限还是无限？这个我们得从存储器谈起. 我们知道，计算机的内存、寄存器等一般都有相对固定的数量，因此，它们都是有限的. 计算机的外存则情况不同，我们可以将其分成为两部分来讨论. ①对于固定的磁盘盘片，它们的容量是有限的；②对于磁带、活动的磁盘盘片，情况就有所不同了. 因为虽然对于每盘磁带或每片磁片的存储空间都是有限的，但是，由于它们都是活动的，一台磁带机可以在一盘磁带存储满后再换上一盘空磁带继续存储，这样，一台磁带机的可存储容量就不再是固定的了. 从理论上讲，它可以存储任意多的数据量，因此，它的存储容量是可数无限. 当然，在实际上，人类无法搜集可数无限多个数据，当今世界也没有可数无限多磁带，我们也没有这么无限多的时间去存储这么多的数据，因此，一般这种可数无限称为潜在的可数无限. 即它是在理论上的可数无限，而实际上并没有实现，但它的确可以存储任意多的数据量. 对可装活动盘片的磁盘也有类似的情况.

因此，总的说来，计算机的存储空间是可数无限.

其次，讨论计算机中的时间概念. 计算机中的时间也有一定特性.

(3) 计算机中的时间是有基本单位的,它的基本单位是主频的一个周期. 因此,计算机中的时间概念与一般的所谓时间概念不同,计算机中的时间是离散的、可数的. 在计算机的时间概念中存在一个起始时间,这个起始时间一般可用 $t=0$ 表示.

(4) 计算机中时间的长短. 从理论上讲,任一台计算机可以计算任意大、任意复杂的算题,即它可以计算在时间上任意长的算题,这就是说,计算机的时间可以是可数无限的. 当然世界上现存的计算机,即使速度相当快,实际上由于各种物理上的原因,它们也远无法计算任意长的时间. 而且,即使它们确能计算在时间上任意长的算题,但可能任何一代人都无法亲眼目睹其全过程. 因此,这种时间上的可数无限也是潜在的可数无限.

计算机中空间和时间的可数无限是计算机理论的一个极其重要基础. 它告诉我们计算机所能处理的信息以及时间的幅度的范围是可数集,即有限集或可数无限集.

应用的数学思想方法

构造法:

本节中通过后继的定义,从空集开始,具体、直观地构造出了自然数及自然数集.

习　题　8

1. 下列关系中,哪些能构成函数?

(1) $\{<x,y>|x,y\in\mathbf{N},x+y<10\}$.

(2) $\{<x,y>|x,y\in\mathbf{R},y=x^2\}$.

(3) $\{<x,y>|x,y\in\mathbf{R},x=y^2\}$.

2. 下列集合能否定义函数? 若能,指出它的定义域和值域.

(1) $\{<1,<2,3>>,<2,<3,4>>,<3,<3,2>>\}$.

(2) $\{<1,<2,3>>,<2,<3,4>>,<1,<2,4>>\}$.

(3) $\{<1,<2,3>>,<2,<3,4>>,<3,<2,3>>\}$.

(4) $\{<1,<2,3>>,<2,<3,4>>,<3,<1,4>>,<4,<1,4>>\}$.

3. 分析下列各个函数,指出其性质(单射、满射或双射).

(1) $f:\mathbf{Z}\to\mathbf{Z},f(j)=j(\mathrm{mod}3)$.

(2) $f:\mathbf{N}\to\mathbf{N},f(n)=n^2+3$.

(3) $f:\mathbf{N}\to\mathbf{N},f(j)=\begin{cases}1, & j\text{ 是偶数},\\ 0, & j\text{ 是奇数}.\end{cases}$

(4) $f:\mathbf{N}\to\{0,1\}, f(j)=\begin{cases}1, & j\text{ 是偶数},\\ 0, & j\text{ 是奇数}.\end{cases}$

(5) $f:\mathbf{Z}\to\mathbf{N}, f(j)=|2j|+1$.

(6) $f:\mathbf{R}\to\mathbf{R}, f(x)=2x-15$.

(7) $f:\mathbf{N}^2\to\mathbf{N}, f\langle m,n\rangle=m^n$.

(8) $f:\mathbf{N}^+\to\mathbf{R}, f(n)=\log_{10}n$.

4. 对下列每一组集合 X,Y，构造从 X 到 Y 的双射函数：

(1) $X=(0,1), Y=(0,2)$.

(2) $X=\mathbf{Z}, Y=\mathbf{N}$.

(3) $X=\mathbf{N}, Y=\mathbf{N}\times\mathbf{N}$

(4) $X=\mathbf{Z}\times\mathbf{Z}, Y=\mathbf{N}$.

(5) $X=\mathbf{R}, Y=(0,+\infty)$.

(6) $X=(-1,1), Y=\mathbf{R}$.

(7) $X=[0,1], Y=\left(\frac{1}{4},\frac{1}{2}\right)$.

(8) $X=2^{\{a,b,c\}}, Y=\{0,1\}^{\{a,b,c\}}$.

5. 假设 f 和 g 是函数，证明：$f\cap g$ 也是函数.

6. 设 $A=\{1,2,\cdots,n\}$，证明从 A 到 A 的任意单射函数必是满射函数，其逆亦真.

7. 证明从 $\mathbf{N}\times\mathbf{N}$ 到 $\mathbf{N}$ 的函数 $f(x,y)=x+y$ 和 $g(x,y)=x\cdot y$ 是满射，但不是单射.

8. 试给出满足下列条件的函数例子.

(1) 是单射而不是满射；

(2) 是满射而不是单射；

(3) 不是单射也不是满射；

(4) 既是单射又是满射.

9. 设有限集 A 和 B，$|A|=m, |B|=n$，问：

(1) 从 A 到 B 的不同的二元关系有多少？

(2) 从 A 到 B 存在多少不同的函数？

(3) 从 A 到 B 存在满射的条件是什么？有多少不同的满射？

(4) 从 A 到 B 存在双射的条件是什么？有多少不同的双射？

10. 设 $f:X\to Y$ 是函数，A,B 是 X 的子集，证明：

(1) $f(A\cup B)=f(A)\cup f(B)$.

(2) $f(A\cap B)\subseteq f(A)\cap f(B)$.

(3) $f(A)-f(B)\subseteq f(A-B)$.

11. f 是满射函数，且函数 $g:B\to P(A)$ 定义为

$$g(y)=\{x\mid x\in A\wedge f(x)=y\}$$

证明：g 是单射. 其逆成立吗？若成立给出证明，否则给出例子予以说明.

12. 证明：若 $f:A\to B$，$g:B\to A$，且 $g\circ f=I_B$，$f\circ g=I_A$，则 $g=f^{-1}$，且 $f=g^{-1}$.

13. $f:R\to R$，$f(x)=x^2-1$，$g:R\to R$，$g(x)=x+2$. 求：

(1) $f\circ g$，$g\circ f$.

(2) 说明上述函数是单射、满射还是双射？

14. 设 $A=\{1,2,3,4\}$，

(1) 作双射函数 $f:A\to A$，使得 $f\neq I_A$，并求 f^2，f^3，f^{-1}，$f\circ f^{-1}$.

(2) 是否存在双射函数 $g:A\to A$，使得 $g\neq I_A$，但 $g^2=I_A$.

15. 设 A 是无限集合，B 是有限集合，回答下列问题并阐明理由.

(1) $A\cap B$ 是无限集合吗？

(2) $A\cup B$ 是无限集合吗？

(3) $A-B$ 是无限集合吗？

16. 设 A,B,C,D 为集合，若 $A\approx B$，$C\approx D$，证明：$A\times B\approx C\times D$.

17. 设 a,b 为任意实数，$a<b$，证明：$[0,1]\approx[a,b]$.

18. 求下列集合的基数：

(1) $\{(a,b,c)\mid a,b,c\in\mathbf{Z}\}$；

(2) 所有整系数的一次多项式集合；

(3) $\{(a,b)\mid a,b\in\mathbf{R}\wedge a^2+b^2=1\}$；

(4) 实数轴上所有两个不相交的有限开区间组成的集合.

19. 写出 3 个与 $\mathbf{N}$ 等势的 $\mathbf{N}$ 的真子集.

20. 证明：(1) 设 A 是有限集，B 是可数集，则 $A\times B$ 是可数集.

(2) 设 A,B 是可数集，则 $A\times B$ 是可数集.

(3) 设 A 是不可数无限集合，B 是 A 的可数子集，则 $(A-B)\approx A$.

(4) 设 A 是任意无限集合，B 是可数集，则 $(A\cup B)\approx A$.

参 考 文 献

[1] 耿素云等. 离散数学. 北京:高等教育出版社,1998.
[2] 左凌孝等. 离散数学. 上海:上海科学技术文献出版社,1982.
[3] 刘光奇等. 离散数学. 上海:复旦大学出版社,1988.
[4] 倪子伟,蔡经球. 离散数学. 北京:科学出版社,2002.
[5] 左凌孝等. 离散数学(理论 分析 题解). 上海:上海科学技术文献出版社,1988.
[6] Bernard Kolman 等. 离散数学结构. 5 版. 罗平译. 北京:高等教育出版社,2005.
[7] 徐洁磐等. 离散数学及其在计算机中的应用. 北京:人民邮电出版社,2005.
[8] Rosen K H. 离散数学及其应用. 4 版. 袁崇义等译. 北京:机械工业出版社,2006.
[9] Johnsonbaugh R. 离散数学. 6 版. 石纯一等译. 北京:电子工业出版社,2005.
[10] 武庆生,邓建编. 数字逻辑. 北京:机械工业出版社,2004.
[11] 王卓. 布尔代数与自动机. 兰州:甘肃科学技术出版社,2006.
[12] 刘书家,左敏. 离散数学. 北京:电子工业出版社,2006.
[13] 何向东等. 广义模态逻辑及其应用. 北京:人民出版社,2005.
[14] 莫里斯 克莱因. 古今数学思想(第二册). 朱学贤等译. 上海:上海科学技术出版社,2002.
[15] 亚历山大洛夫 A D. 数学——它的内容,方法和意义. 孙小礼等译. 北京:科学出版社,2001.
[16] 徐利治. 数学方法论十二讲. 大连:大连理工大学出版社,2007.
[17] 徐树道. 数学方法论. 桂林:广西师范大学出版社,2001.
[18] 解恩泽,徐本顺. 数学思想方法. 济南:山东教育出版社,1995.
[19] 钱佩玲. 中学数学思想方法. 北京:北京师范大学出版社,2001.
[20] 张奠宙. 张奠宙自选集/数学教育经纬. 南京:江苏教育出版社,2003.
[21] 彭漪涟,余式厚. 趣味逻辑学. 北京:中国青年出版社,1981.
[22] 章士藻. 数学方法论简明教程. 南京:南京大学出版社,2006.
[23] 徐品方,张红. 数学符号学. 北京:科学出版社,2006.
[24] 中华人民共和国教育部. 普通高中数学课程标准(实验). 北京:人民教育出版社,2003.
[25] 数学课程标准研制组. 普通高中数学课程标准(实验)解读. 南京:江苏教育出版社,2004.
[26] 张奠宙,过伯祥. 数学方法论稿. 上海:上海教育出版社,1996.
[27] 21 世纪中国数学教育展望课题组. 21 世纪中国数学教育展望. 北京:北京师范大学出版社,1993.
[28] 高夯. 现代数学与中学数学. 北京:北京师范大学出版社,2010.
[29] Katz V J. 数学史通论. 2 版. 李文林等译. 北京:高等教育出版社,2004.
[30] 喻平等. 数学教育学导引. 桂林:广西师范大学出版社,1998.
[31] 吕世虎等. 从高等数学看中学数学. 北京:科学出版社,1995.
[32] http/www. baidu. com/cndex. php?. tn=98012888_3_dg&ch=1